普通高等教育“十二五”系列教材

现代控制理论基础

（第二版）

主　编　宋丽蓉　邢灿华
副主编　刘美俊
编　写　刘　坤　周　磊
主　审　黄　坚　孙扬声

中国电力出版社
CHINA ELECTRIC POWER PRESS

内 容 提 要

本书是针对应用型本科及各类成人高等教育而编写的。为了简单明了地表述现代控制理论的基本概念，本书仅以线性定常系统作为讨论对象。本书主要介绍了线性控制系统的状态空间描述、线性控制系统的状态空间分析、线性控制系统的能控性和能观测性、控制系统的稳定性分析以及状态反馈和状态观测器。

本书可作为自动化类等相关专业的教学用书，也可作为其他相近专业的读者和工程技术人员学习和参考用书。

图书在版编目（CIP）数据

现代控制理论基础/宋丽蓉，邢灿华主编. —2 版. —北京：中国电力出版社，2015.2（2025.2重印）

普通高等教育“十二五”规划教材

ISBN 978-7-5123-7111-8

Ⅰ.①现… Ⅱ.①宋… ②邢… Ⅲ.①现代控制理论－高等学校－教材 Ⅳ.①O231

中国版本图书馆 CIP 数据核字（2015）第 014821 号

中国电力出版社出版、发行

（北京市东城区北京站西街 19 号 100005 http://www.cepp.sgcc.com.cn）

北京天宇星印刷厂印刷

各地新华书店经售

*

2006 年 2 月第一版

2015 年 2 月第二版 2025 年 2 月北京第十三次印刷

787 毫米×1092 毫米 16 开本 13 印张 319 千字

定价 **37.00** 元

前　言

本书是在普通高等教育"十五"规划教材《现代控制理论基础》的基础上，根据我国高等教育的发展形势和对人才培养新的需求，结合前期教材的使用情况而编写的。

近年来，计算机技术的进一步飞速发展为现代控制理论的应用提供了更好的基础和平台，该理论的应用也越来越广泛，理论本身也在不断发展和完善，现代控制理论的基础也越显重要。

本书对现代控制理论的核心基础——状态空间分析法的基本概念和分析方法作了简要的介绍。为了简单明了地表述现代控制理论的基本概念，本书仅以线性定常系统作为讨论对象。

本书除保留了前一版突出物理概念、简明扼要等特点外，更加突出了理论的应用；另外，增加了绪论，使读者能较全面快捷地了解现代控制理论的概貌及其与经典控制理论的异同；增加了许多例题，体现了根据使用者的特点，将抽象叙述具象化的思路；还增加了习题解答，方便自学。

读者在阅读本书之前，需掌握线性代数和经典自动控制理论的基本概念。

本书由南京工程学院宋丽蓉老师和邢灿华老师任主编，宋丽蓉老师编写了绪论和第一章以及全书的统稿，南京工程学院的刘坤老师编写了第二章，邢灿华老师编写了第三章以及附录、习题解答和 MATLAB 的内容，厦门理工学院刘美俊老师任副主编，编写了第四章，南京工程学院周磊老师编写了第五章。本书由南京工程学院黄坚教授、华中科技大学孙扬声教授主审，在此表示衷心感谢。

限于编者水平，加之时间较紧，书中难免有不妥和疏漏之处，恳请广大读者和专家批评指正。

编　者

2015 年 1 月

目　录

前言

绪论 …… 1
第一章　线性控制系统的状态空间描述 …… 6
　第一节　控制系统的状态空间表达式 …… 6
　第二节　经典数学模型转化为状态空间表达式 …… 17
　第三节　状态空间表达式转换为传递函数矩阵 …… 33
　第四节　状态方程的线性变换 …… 38
　第五节　离散系统的状态空间表达式 …… 52
　第六节　MATLAB 用于状态空间描述 …… 59
　习题 …… 62
第二章　线性控制系统的状态空间分析 …… 65
　第一节　线性连续系统的状态空间分析 …… 65
　第二节　状态转移矩阵的几种算法 …… 74
　第三节　线性离散系统的状态空间分析 …… 80
　第四节　MATLAB 用于状态空间分析 …… 85
　习题 …… 87
第三章　线性控制系统的能控性和能观测性 …… 90
　第一节　线性连续系统的能控性 …… 90
　第二节　线性连续系统的能观测性 …… 95
　第三节　线性定常离散系统的能控性和能观测性 …… 100
　第四节　对偶原理 …… 102
　第五节　系统的结构分解 …… 105
　第六节　能控标准型和能观测标准型 …… 113
　第七节　MATLAB 用于能控性能观测性分析 …… 118
　习题 …… 122
第四章　控制系统的稳定性分析 …… 125
　第一节　李雅普诺夫稳定性定义 …… 125
　第二节　李雅普诺夫稳定性定理 …… 128
　第三节　线性系统李雅普诺夫稳定性分析 …… 137
　第四节　非线性系统的李雅普诺夫稳定性分析 …… 141
　第五节　基于 MATLAB 的李雅普诺夫稳定性分析 …… 149
　习题 …… 150

第五章　状态反馈和状态观测器 …… 153
第一节　线性系统的状态反馈和输出反馈 …… 153
第二节　闭环系统的极点配置 …… 156
第三节　镇定问题 …… 161
第四节　线性系统的解耦 …… 163
第五节　状态观测器 …… 168
第六节　状态反馈和状态观测器的应用 …… 173
第七节　MATLAB 用于极点配置和状态观测器 …… 177
习题 …… 179
附录 1　矩阵的基础知识 …… 182
附录 2　MATLAB 应用简介 …… 187
部分习题参考答案 …… 193
参考文献 …… 201

绪　论

一、控制理论的形成及其发展

控制理论的形成和发展来自于控制工程的实际需求，同时理论又反过头来指导和促进了控制技术的进步。

一般将控制理论的形成和发展分为三个阶段。

1. 经典控制理论阶段

1769年，英国人瓦特设计出离心式飞锤调速器，并应用于其发明的蒸汽机，这是人类比较自觉地运用反馈原理来设计控制装置的最早实例之一。实际使用中，遇到了如何才能平稳运行的问题，这就需要理论的指导。1868年，英国数学家麦克斯韦发表论文，对该系统进行了分析，提出系统的动态性能可由相应的微分方程来描述，其稳定性则与方程的解相关。

对于线性系统，可用拉普拉斯变换将描述它的微分方程变换为代数方程求解。英国人劳斯和德国人赫尔维茨分别于1875年和1895年提出了根据代数方程系数来判别线性系统稳定性的准则。在此期间，俄国人李雅普诺夫于1892年发表专著，提出可用李雅普诺夫（能量）函数的正定性及其导数的负定性来判别系统稳定性的准则，创立了动力学系统的一般稳定性理论。

20世纪20～30年代，电子技术的快速发展促进了自动控制技术及其理论的发展。美国人奈奎斯特和伯德在贝尔实验室研究电话系统和电子反馈放大器。1932年，奈奎斯特提出了根据频率响应判断反馈系统稳定性的奈奎斯特判据；1948年，伯德提出了频率响应分析法，即伯德图法；同年，美国人伊文思提出了另一种图解分析法，即根轨迹法；这两种方法都是图解的方法，避免了求解高阶方程，分析过程也直观简便。还是在这一年，美国著名科学家韦纳出版了《控制论——关于在动物和机器中控制和通信的科学》一书，推广了反馈的概念，系统论述了控制理论的一般原理和方法。一般情况下，也将该书的出版作为控制学科诞生的标志。

从20世纪30年代初到50年代末，逐步发展形成了以反馈控制为主题的经典控制理论。研究的对象主要是单变量、线性定常的连续系统，主要数学工具为拉普拉斯变换，分析研究方法有时域法、根轨迹法和频率法。对于非线性系统的分析，在一定条件下，采用线性化方法可以将其近似处理成线性系统；针对某些特殊情况下的非线性，则主要采用相平面法和描述函数法。

经典控制理论存在两个突出的问题：其一，应用范围有限，它只适于单变量的线性系统；其二，用它来综合设计系统时，只能按要求的性能指标来“试凑”，不能寻得某项指标的“最优”。

2. 现代控制理论阶段

20世纪50年代，航空航天事业快速发展，研究对象往往是多变量、非线性、时变、离散的系统，对控制技术提出了新的要求，而计算机技术的发展也为新理论的产生奠定了基础。于是有了现代控制理论的基础，也是重要的组成部分——线性系统理论。它能解决“多变量”的问题，并能方便地推广到时变系统和离散系统。而关于非线性系统分析，也引入了微分几何、李代数、非线性动力学等方法并有了很大的进展，但依然没有找到一种有效的一般分析方法。

如何从“满足”性能指标，发展到在给定的性能指标和限制条件下，使系统性能在一定意义下达到最优，这就产生了最优控制理论。从某种意义上来讲，现代控制理论就是围绕“最优”控制来展开的。

1956 年，美国人贝尔曼提出了寻求最优控制的动态规划。1958 年，美国人卡尔曼提出了递推估计的自动优化控制，1960 年，他发表了“关于控制系统的一般理论”等论文，陈述了优化问题的新观点，引入状态空间分析法来分析系统，提出了能控性、能观测性、最优调节器以及卡尔曼滤波等新概念。1961 年，前苏联学者庞特里亚金证明了极大值原理，为系统研究最优轨迹控制奠定了理论基础。

控制中遇到的另外一个问题是：当被控对象的结构及参数在事先不可预知并随时间发生变化时，如何使系统保持原有的性能？解决这一问题的一种思路是：通过测量相关信息并进行处理之后，根据被控对象的变化，在线修改控制器的结构和参数，以保持系统的性能，这就是自适应控制。

20 世纪 50～60 年代，自适应控制得到了迅速发展。1967 年瑞典人阿斯特勒姆提出了以最小二乘法为基础的系统辨识，解决了线性定常系统的参数估计问题，他和法国人朗道等一起，为自适应控制理论作出了重要贡献。

这一时期最主要的成果研究是：以状态空间分析法为基础内容，形成了以极大值原理和动态规划为主要方法的最优控制；以卡尔曼滤波理论为核心的最佳估计；基于最小二乘法的系统辨识以及自适应控制。

解决被控对象的结构及参数在事先不可预知并随时间发生变化这一问题的另一种思路就是鲁棒控制，即在系统设计的时候就考虑了被控对象结构和参数的变化问题，设计的控制器“以不变应万变”，能在被控对象变化时，保持系统性能不变。

20 世纪 70 年代末到 80 年代初，基于输入/输出或频率分析设计的方法有了新的进展，这种方法和鲁棒控制有较好的结合，即允许对所有镇定控制器参数化，并可从中选择其性能在所有频率范围内均一致符合要求的一个控制器。鲁棒控制中的 H_∞ 方法是这个年代最重要的成果之一。

3. 智能控制和复杂系统理论阶段

当系统的规模越来越大，结构越来越复杂，特别是应用范围除了复杂的工程系统之外，还涉及社会、经济以及管理等其他非工程系统时，原有的理论难以应对这些问题。于是，有了相应的大系统理论和复杂系统理论。复杂系统理论主要针对大型及复杂的工程、社会、经济、管理等系统，进行相关的控制理论研究。

在工程实际中，被控对象往往是复杂的、不确定的，相应的数学模型难以精确地描述其动力学特征。有一种观点认为，控制效果的好坏取决于被控对象数学模型的精确与否；另一种观点则认为，可以通过反馈来减小包括模型误差在内的不确定性的影响，关键是从控制理论来保证控制的鲁棒性，而不是依赖精确的模型。实际上，在不同的应用场合会各有侧重。例如，在航天控制中，精确的模型显得非常重要；而在过程控制中，难以得到精确的模型，因而更依赖于从控制器的设计理论来保证控制的效果。

在无法获取确定的精确数学模型的情况下，如何保证系统的控制性能，这是又一个重要的问题。现代控制理论是基于被控对象精确模型的，因而显得无能为力。而智能控制则无需精确的模型，因而是解决这一问题的利器。

智能控制是指模仿人类智能的非传统控制方法。它包括模仿人类思维模式的模糊控制，模拟人类大脑神经系统结构的神经网络控制，仿照人类处理问题经验的专家系统等。智能控制不基于被控对象的精确数学模型，有些还有自学习能力。

20 世纪 60 年代中期，出现了用基于计算机的数字控制器来代替模拟控制器的直接数字控制 DDC，用计算机来确定最优设定值的计算机监督控制 SCC。由此，推动了对各种控制算法和采样周期选择的研究。

20 世纪 60～70 年代以来，一方面计算机控制及相关理论得到了快速发展；另一方面，控制理论与计算技术、人工智能等其他学科交叉渗透，形成了智能控制和大系统理论（后发展为复杂系统理论）。

二、现代控制理论的主要分支

随着社会生产力的不断发展以及控制理论应用范围的不断扩大，新的问题将不断涌现，这将推动控制理论的发展，新的理论分支也将随之产生。

构建一个动态系统需要一些基本的步骤，由这些步骤可以引出现代控制理论的主要分支。

1. 线性系统理论（基本规律的研究）

在构建任何一个动态系统时，都需要对其运动规律及改进措施进行研究。线性系统理论主要研究在外部作用下线性系统状态的变化规律及其改变的措施，揭示系统内部结构、参数和性能之间的关系。其内容主要包括系统的状态空间描述、能控性、能观测性、稳定性分析以及状态反馈、极点配置和状态观测器等内容。线性系统理论是现代控制理论的基础，也是应用最广的部分。

2. 建模及系统辨识

现代控制理论中，要对动态系统进行分析和综合设计，需要先建立能反映系统各变量间关系的数学模型——状态空间表达式。如果不能通过解析的方法建立模型，就需要采用系统辨识的方法来建立模型。系统辨识就是通过系统的输入、输出数据来确定其模型的过程。如果模型的结构已经确定，只是其参数有待确定，则系统辨识成为参数估计问题。

3. 最优滤波理论（信号的处理）

如何从被噪声污染的信号中重构出原信息，以利于进一步的控制，是现代控制理论的一个重要分支。该理论也应用于需要对信号进行处理的其他场合。最优滤波理论也称最佳估计理论，即运用统计的方法，从被噪声等污染的数据中获得原有用信号的最优估计值。韦纳滤波理论是按均方意义的最佳滤波，仅针对平稳随机过程；卡尔曼滤波理论则是运用状态空间法设计的最佳滤波器，可适合于非平稳过程。

4. 控制的综合

如何形成系统的控制规律以达到预想的控制效果就是控制的综合，它或多或少与上述理论分支有关。控制规律主要有：

（1）最优控制。最优控制是针对确定的被控对象及其环境，在满足一定约束条件下，寻求最优控制规律，使得给定的性能指标（目标函数）取得极值。其主要方法有庞特里亚金的极大值原理、贝尔曼的动态规划以及各种广义梯度描述的优化算法等。

（2）自适应控制。自适应控制是针对不确定的被控对象及其环境，自动辨识系统的模型，并据此调整控制规律，以保持系统的最佳控制性能。自适应控制可分为模型参考自适应和自校正控制两种基本类型。

（3）鲁棒控制。系统的鲁棒性就是其健壮性，是指系统在一定参数摄动下维持某些性能的特性。鲁棒控制的着重点是系统的稳定性和可靠性。一般情况下，系统并不工作在最优状态。按鲁棒控制理论进行设计，可使系统保持良好的性能而不受模型与信号中不确定性因素的影响。

（4）智能控制。智能控制可针对模型不确定、高度非线性以及有复杂任务要求的系统。智能控制是传统控制理论的发展，但又突破了传统控制理论中被控对象有明确的数学描述，控制目标是可以数量化的限制。智能控制是模仿人类智能来进行控制的，虽然理论还不够成熟，但在实际中已得到广泛的应用。

针对不同的应用场合，还有多变量控制、随机控制、分布参数控制、离散事件控制以及非线性控制等专项研究。

三、现代控制理论的应用现状及前景

现代控制理论的应用基础及环境是数字计算机及相应的计算技术。随着计算机技术的发展，现代控制理论才有了较为广阔的应用空间。目前，现代控制理论的应用已经涉及许多行业。

现代控制理论最典型的实验室应用就是倒立摆的控制，如采用经典控制理论来实现这种控制将很难达到理想的控制效果。

现代控制理论最成功的应用领域是空间工程。例如，用于飞机，包括航天飞机的数字飞行控制系统就是一种典型的应用；在船舶自动驾驶仪中也有很好的应用。

在电力行业中，一种成功的应用就是电力生产管理控制。当水电、风电以及太阳能发电等供电电源受环境影响而不确定，用电负荷也不确定时，如何以最小代价满足电力需求，就是此应用所要完成的任务。另外，在有源电力滤波器中的应用也取得了良好的效果。

在石油化工、钢铁、水泥等生产过程控制中也得到了应用。这是一种需要对多变量进行控制的场合，许多工程实例中都采用了多变量的自适应控制策略。

在建筑行业中，也用到了现代控制理论。例如，对高层建筑采用主动阻尼系统，对结构主动控制，以减少建筑在承受强风时的动态漂移。

在机电行业中也有许多应用，如机器人、汽车发动机、内热机、交流电机的控制等。

在医药行业中的一种成功应用就是给药速率控制系统的构建。

现代控制理论能够解决一些运用经典控制理论解决不了的问题，但是它也有一些局限性。因为现代控制理论和数学的关联度很强，对系统精确数学模型的依赖程度比较高，故在一些难以获取系统精确数学模型及模型不确定的场合，其应用效果不太理想。因此，前面提到的智能控制在这些方面得到了快速的发展。

四、关于本书

本书着重介绍现代控制理论的基本内容，即线性系统理论的主要内容。它主要面向应用型本科院校，力图使重点放在基本理论及其应用的介绍上。书中尽量减少纯数学的推导，加强物理概念的阐述。本书前一版已使用多年，在此基础上做了进一步的修改，相信将更加贴近应用型本科院校的教学。

第一章　线性控制系统的状态空间描述

系统的数学模型有两种基本类型：一种是描述系统输入、输出特性的。这种描述将系统看作一个"黑箱"，只反映系统输入、输出变量间的关系，即系统的外部特性描述，而不能表征系统内部各独立变量的变化，因而不能包含系统的所有信息，这种描述只是对系统的一种不完全描述。经典控制理论中的微分方程或传递函数就属于这种类型。另一种则反映系统输入、输出变量与内部状态变量之间的关系，揭示系统内在的运动规律，包含系统动态性能的全部信息，这就是系统的状态空间描述，它是对系统的完全描述。现代控制理论中的状态空间表达式就是这样一种描述。

第一节　控制系统的状态空间表达式

一、系统状态空间描述的基本概念

1. 状态和状态变量

状态：系统在时域中的行为或运动信息的集合。

状态变量：能完全表征系统状态的一组（最小个数）独立变量。对于 n 阶系统，必须由 n 个独立变量组成状态变量组。状态变量的选取不具有唯一性。状态变量常用符号 $x_1(t)$，$x_2(t)$，…，$x_n(t)$ 表示。

当给定了状态变量在初始时刻 $t=t_0$ 时的值，又已知 $t\geqslant t_0$ 时系统输入的时间函数，则系统在 $t\geqslant t_0$ 任何瞬时的行为就完全而且唯一地确定了。

2. 状态向量和状态空间

状态向量：将描述系统状态的 n 个状态变量 $x_1(t)$，$x_2(t)$，…，$x_n(t)$ 作为向量 $\boldsymbol{x}(t)$ 的分量，表示为

$$\boldsymbol{x}(t)=\begin{bmatrix} x_1(t) \\ x_2(t) \\ \vdots \\ x_n(t) \end{bmatrix}$$

则 $\boldsymbol{x}(t)$ 称为 n 维状态向量。

状态空间：以 n 个状态变量为坐标轴所构成的 n 维空间称为状态空间。

3. 状态空间表达式

状态空间表达式是基于状态空间的数学模型，通常由两个数学表达式组成。一个是反映系统内部变量与输入变量间关系的一阶微分方程组，即一阶向量微分方程，称之为状态方程；另一个是表征系统输入变量、内部变量与输出变量间关系的代数方程组，即向量代数方程，称之为输出方程。由于采用了矩阵表示法，使得系统的数学表达式简洁明了，易于计算机求解，也为多输入、多输出系统的分析研究提供了方便。

若描述系统的数学模型是线性的，且其系数不是时间变量的函数，则称此类系统为线性

定常系统。虽然利用状态空间描述也可以解决非线性和时变系统的分析问题，但本书仅以线性定常系统作为讨论对象。

线性定常系统的状态空间表达式的一般形式为

$$\dot{\boldsymbol{x}}(t)=\boldsymbol{A}\boldsymbol{x}(t)+\boldsymbol{B}\boldsymbol{u}(t) \tag{1-1a}$$

$$\boldsymbol{y}(t)=\boldsymbol{C}\boldsymbol{x}(t)+\boldsymbol{D}\boldsymbol{u}(t) \tag{1-1b}$$

式中：$\boldsymbol{A}$ 为系统矩阵；$\boldsymbol{B}$ 为输入矩阵；$\boldsymbol{C}$ 为输出矩阵；$\boldsymbol{D}$ 为直联矩阵。

式（1-1a）称为状态方程，它表征了系统由输入所引起的系统内部状态的变化；式（1-1b）称为输出方程。

状态空间表达式可用图 1-1 所示结构图表示。

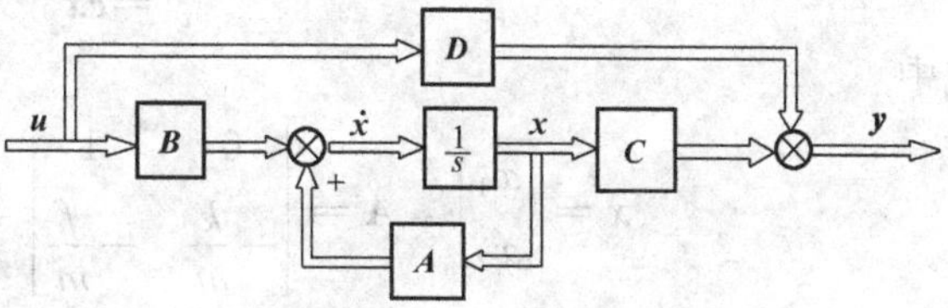

图 1-1　状态空间表达式结构图

4. 状态空间分析法

在状态空间中描述和分析系统的方法。

二、线性定常连续系统状态空间表达式的建立

根据控制系统所遵循的基本定律，选择适当的状态变量，就可建立系统的状态空间表达式。其一般步骤为：

（1）确定系统的输入变量、输出变量，选取状态变量；

（2）根据变量所遵循的物理、化学定律，列出系统的微分方程；

（3）将微分方程转化为关于状态变量的一阶导数与状态变量、输入变量的关系式以及输出变量与状态变量、输入变量的关系式；

（4）将关系式整理成状态方程和输出方程的标准形式，见式（1-1）所示。

下面举例说明。

【例 1-1】　试建立图 1-2 所示机械位移系统的状态空间表达式。图中，k 为弹簧的弹性系数，f 为阻尼器的阻尼系数。

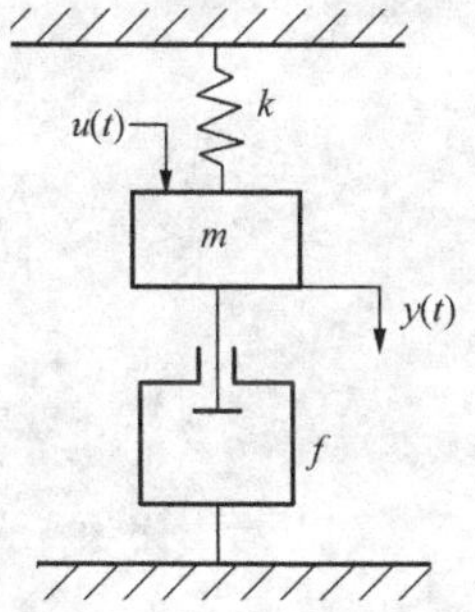

图 1-2　机械位移系统

解　机械位移系统的输入变量为外作用力 $u(t)$，输出为质量 m 的位移量 $y(t)$

根据牛顿定律可写出系统的微分方程

$$m\frac{\mathrm{d}^2y(t)}{\mathrm{d}t^2}+f\frac{\mathrm{d}y(t)}{\mathrm{d}t}+ky(t)=u(t)$$

选择 $y(t)$ 和 $\frac{\mathrm{d}y(t)}{\mathrm{d}t}$ 作为状态变量，令

$$\begin{cases}x_1=y(t)\\ x_2=\dfrac{\mathrm{d}y(t)}{\mathrm{d}t}\end{cases}$$

将状态变量代入微分方程并整理得状态方程

$$\begin{cases}\dot{x}_1=x_2\\ \dot{x}_2=-\dfrac{k}{m}x_1-\dfrac{f}{m}x_2+\dfrac{1}{m}u(t)\end{cases}$$

输出方程

$$y=x_1$$

写成矩阵形式

$$\begin{bmatrix}\dot{x}_1\\ \dot{x}_2\end{bmatrix}=\begin{bmatrix}0 & 1\\ -\dfrac{k}{m} & -\dfrac{f}{m}\end{bmatrix}\begin{bmatrix}x_1\\ x_2\end{bmatrix}+\begin{bmatrix}0\\ \dfrac{1}{m}\end{bmatrix}u$$

$$y=\begin{bmatrix}1 & 0\end{bmatrix}\begin{bmatrix}x_1\\ x_2\end{bmatrix}$$

或表示成

$$\begin{cases}\dot{\boldsymbol{x}}=\boldsymbol{A}\boldsymbol{x}+\boldsymbol{B}u\\ y=\boldsymbol{c}\boldsymbol{x}\end{cases}$$

式中

$$\boldsymbol{x}=\begin{bmatrix}x_1\\ x_2\end{bmatrix},\ \boldsymbol{A}=\begin{bmatrix}0 & 1\\ -\dfrac{k}{m} & -\dfrac{f}{m}\end{bmatrix},\ \boldsymbol{B}=\begin{bmatrix}0\\ \dfrac{1}{m}\end{bmatrix},\ \boldsymbol{c}=\begin{bmatrix}1 & 0\end{bmatrix}$$

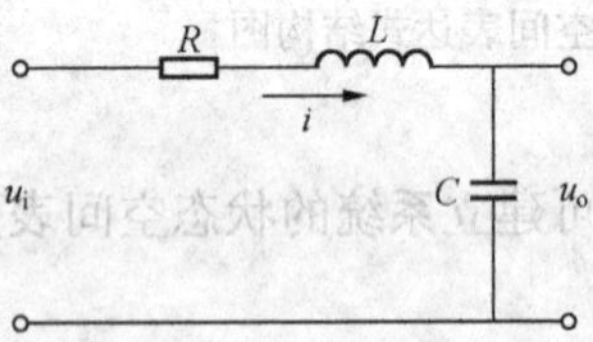

图 1-3 *RLC* 电路

【例 1-2】 试建立图 1-3 所示 *RLC* 电路的状态空间表达式。

解 输入变量为 u_i，输出变量为 u_o。根据电路定律可写出微分方程

$$u_i=Ri+L\frac{di}{dt}+\frac{1}{C}\int i\,dt$$

（1）设状态变量为

$$\begin{cases}x_1=i\\ x_2=\dfrac{1}{C}\displaystyle\int i\,dt\end{cases}$$

则状态方程为

$$\begin{cases}\dot{x}_1=-\dfrac{R}{L}x_1-\dfrac{1}{L}x_2+\dfrac{1}{L}u_i\\ \dot{x}_2=\dfrac{1}{C}x_1\end{cases}$$

输出方程

$$u_o=x_2$$

写成矩阵形式

$$\begin{bmatrix}\dot{x}_1\\ \dot{x}_2\end{bmatrix}=\begin{bmatrix}-\dfrac{R}{L} & -\dfrac{1}{L}\\ \dfrac{1}{C} & 0\end{bmatrix}\begin{bmatrix}x_1\\ x_2\end{bmatrix}+\begin{bmatrix}\dfrac{1}{L}\\ 0\end{bmatrix}u_i$$

$$u_o=\begin{bmatrix}0 & 1\end{bmatrix}\begin{bmatrix}x_1\\ x_2\end{bmatrix}$$

或表示成

$$\dot{\boldsymbol{x}}=\boldsymbol{A}\boldsymbol{x}+\boldsymbol{B}u_i$$

$$u_o=\boldsymbol{c}\boldsymbol{x}$$

（2）设状态变量为

$$\begin{cases}x_1=i\\ x_2=\int i\,\mathrm{d}t\end{cases}$$

则状态方程为

$$\begin{cases}\dot{x}_1=-\dfrac{R}{L}x_1-\dfrac{1}{LC}x_2+\dfrac{1}{L}u_{\mathrm{i}}\\ \dot{x}_2=x_1\end{cases}$$

输出方程

$$u_{\mathrm{o}}=\frac{1}{C}x_2$$

状态空间表达式

$$\begin{bmatrix}\dot{x}_1\\ \dot{x}_2\end{bmatrix}=\begin{bmatrix}-\dfrac{R}{L} & -\dfrac{1}{LC}\\ 1 & 0\end{bmatrix}\begin{bmatrix}x_1\\ x_2\end{bmatrix}+\begin{bmatrix}\dfrac{1}{L}\\ 0\end{bmatrix}u_{\mathrm{i}}$$

$$u_{\mathrm{o}}=\begin{bmatrix}0 & \dfrac{1}{C}\end{bmatrix}\begin{bmatrix}x_1\\ x_2\end{bmatrix}$$

(3) 设选状态变量为

$$\begin{cases}x_1=i\\ x_2=u_{\mathrm{o}}\end{cases}$$

考虑到

$$i=C\frac{\mathrm{d}u_{\mathrm{o}}}{\mathrm{d}t}$$

则状态方程为

$$\begin{cases}\dot{x}_1=-\dfrac{R}{L}x_1-\dfrac{1}{L}x_2+\dfrac{1}{L}u_{\mathrm{i}}\\ \dot{x}_2=\dfrac{1}{C}x_1\end{cases}$$

输出方程

$$u_{\mathrm{o}}=x_2$$

状态空间表达式

$$\begin{bmatrix}\dot{x}_1\\ \dot{x}_2\end{bmatrix}=\begin{bmatrix}-\dfrac{R}{L} & -\dfrac{1}{L}\\ \dfrac{1}{C} & 0\end{bmatrix}\begin{bmatrix}x_1\\ x_2\end{bmatrix}+\begin{bmatrix}\dfrac{1}{L}\\ 0\end{bmatrix}u_{\mathrm{i}}$$

$$u_{\mathrm{o}}=\begin{bmatrix}0 & 1\end{bmatrix}\begin{bmatrix}x_1\\ x_2\end{bmatrix}$$

通过这个例子可见，系统的状态空间表达式不具有唯一性。对于同一个系统，若选取不同的状态变量，则对应着不同的状态空间表达式。

【例 1-3】　图 1-4 所示为电枢控制的直流电动机转速控制系统。试列写以电枢电压 u_{a} 为输入，电动机角位移 θ 为输出的状态空间表达式。

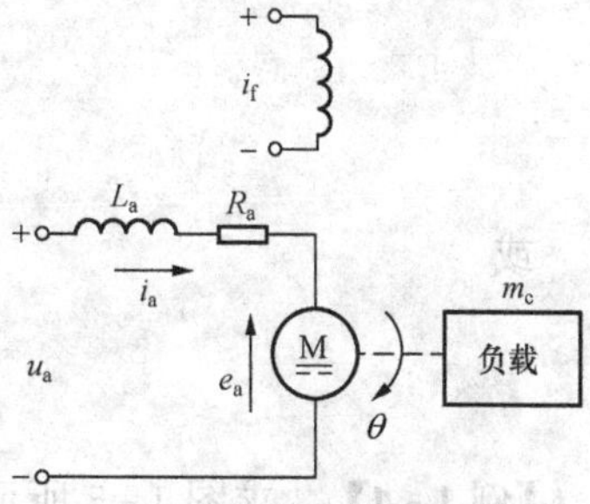

图 1-4　直流电动机转速控制系统

解　设电动机的反电动势系数为 C_{e}，转矩系数为 C_{m}，

电动机轴上的转动惯量为 J，摩擦系数为 f。

电动机电枢回路的微分方程和电动机轴的运动方程为

$$u_a = R_a i_a + L_a \frac{di_a}{dt} + e_a$$

$$e_a = C_e \frac{d\theta}{dt}$$

$$M = J\frac{d^2\theta}{dt^2} + f\frac{d\theta}{dt}$$

$$M = C_m i_a$$

合并后得

$$u_a = R_a i_a + L_a \frac{di_a}{dt} + C_e \frac{d\theta}{dt}$$

$$C_m i_a = J\frac{d^2\theta}{dt^2} + f\frac{d\theta}{dt}$$

选状态变量为

$$\begin{cases} x_1 = i_a \\ x_2 = \theta \\ x_3 = \dot{\theta} \end{cases}$$

则

$$\begin{cases} \dot{x}_1 = -\frac{R_a}{L_a}x_1 - \frac{C_e}{L_a}x_3 + \frac{1}{L_a}u_a \\ \dot{x}_2 = x_3 \\ \dot{x}_3 = \frac{C_m}{J}x_1 - \frac{f}{J}x_3 \end{cases}$$

$$\theta = x_2$$

状态空间表达式

$$\begin{bmatrix} \dot{x}_1 \\ \dot{x}_2 \\ \dot{x}_3 \end{bmatrix} = \begin{bmatrix} -\frac{R_a}{L_a} & 0 & -\frac{C_e}{L_a} \\ 0 & 0 & 1 \\ \frac{C_m}{J} & 0 & -\frac{f}{J} \end{bmatrix} \begin{bmatrix} x_1 \\ x_2 \\ x_3 \end{bmatrix} + \begin{bmatrix} \frac{1}{L_a} \\ 0 \\ 0 \end{bmatrix} u_a$$

$$\theta = \begin{bmatrix} 0 & 1 & 0 \end{bmatrix} \begin{bmatrix} x_1 \\ x_2 \\ x_3 \end{bmatrix}$$

或

$$\dot{\boldsymbol{x}} = \boldsymbol{A}\boldsymbol{x} + \boldsymbol{B}u$$

$$y = \boldsymbol{c}\boldsymbol{x}$$

【例 1-4】 求图 1-5 所示 RLC 网络的状态空间表达式。

解 输入/输出如图中所示。根据基尔霍夫定律列写回路、节点电压、电流方程为

$$u_1=R_1i_1+L_1\frac{\mathrm{d}i_1}{\mathrm{d}t}+u_C$$

$$u_c=R_2i_2+L_2\frac{\mathrm{d}i_2}{\mathrm{d}t}+u_2$$

$$i_1=i_2+C\frac{\mathrm{d}u_C}{\mathrm{d}t}$$

$$y=R_2i_2+u_2$$

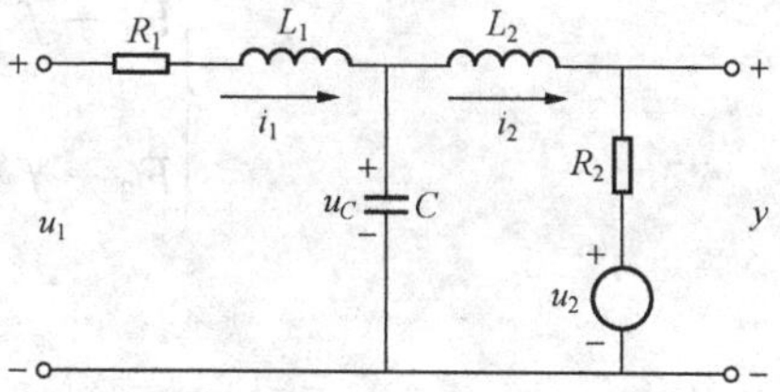

图 1-5　*RLC* 网络

选状态变量

$$\begin{cases}x_1=i_1\\x_2=i_2\\x_3=u_c\end{cases}$$

则

$$\begin{cases}\dot{x}_1=-\dfrac{R_1}{L_1}x_1-\dfrac{1}{L_1}x_3+\dfrac{1}{L_1}u_1\\ \dot{x}_2=-\dfrac{R_2}{L_2}x_2+\dfrac{1}{L_2}x_3-\dfrac{1}{L_2}u_2\\ \dot{x}_3=\dfrac{1}{C}x_1-\dfrac{1}{C}x_2\end{cases}$$

$$y=R_2x_2+u_2$$

状态空间表达式为

$$\dot{\boldsymbol{x}}=\begin{bmatrix}-\dfrac{R_1}{L_1} & 0 & -\dfrac{1}{L_1}\\ 0 & -\dfrac{R_2}{L_2} & \dfrac{1}{L_2}\\ \dfrac{1}{C} & -\dfrac{1}{C} & 0\end{bmatrix}\boldsymbol{x}+\begin{bmatrix}\dfrac{1}{L_1} & 0\\ 0 & -\dfrac{1}{L_2}\\ 0 & 0\end{bmatrix}\boldsymbol{u}$$

$$y=[0\quad R_2\quad 0]\boldsymbol{x}+[0\quad 1]\boldsymbol{u}$$

状态空间表达式中的状态变量可以用向量表示即可。

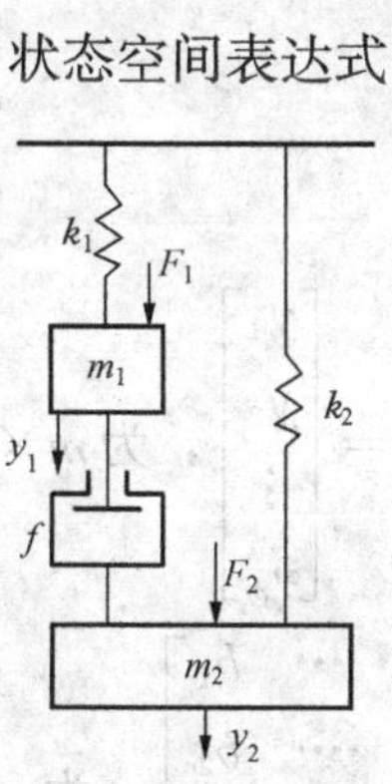

图 1-6　机械位移系统

【例 1-5】　求图 1-6 所示系统的状态空间表达式。其中 m_1 和 m_2 为质量，F_1 和 F_2 为外作用力，y_1 和 y_2 为 m_1 和 m_2 的位移量，k_1 和 k_2 为弹簧系数，f 为阻尼系数。

解　F_1 和 F_2 为系统的输入，y_1 和 y_2 为系统的输出，以 m_1 和 m_2 为对象，根据牛顿第二定律，列出两个基本方程

$$\begin{cases}F_1-f\dfrac{\mathrm{d}(y_1-y_2)}{\mathrm{d}t}-k_1y_1=m_1\dfrac{\mathrm{d}^2y_1}{\mathrm{d}t^2}\\ F_2-f\dfrac{\mathrm{d}(y_2-y_1)}{\mathrm{d}t}-k_2y_2=m_2\dfrac{\mathrm{d}^2y_2}{\mathrm{d}t^2}\end{cases}$$

将上式整理得

$$\begin{cases} F_1 - f\dfrac{dy_1}{dt} + f\dfrac{dy_2}{dt} - k_1 y_1 = m_1\dfrac{d^2 y_1}{dt^2} \\ F_2 - f\dfrac{dy_2}{dt} + f\dfrac{dy_1}{dt} - k_2 y_2 = m_2\dfrac{d^2 y_2}{dt^2} \end{cases}$$

设状态变量

$$\begin{cases} x_1 = y_1 \\ x_2 = y_2 \\ x_3 = \dfrac{dy_1}{dt} \\ x_4 = \dfrac{dy_2}{dt} \end{cases}$$

则

$$\begin{cases} \dot{x}_1 = x_3 \\ \dot{x}_2 = x_4 \\ \dot{x}_3 = -\dfrac{k_1}{m_1}x_1 - \dfrac{f}{m_1}x_3 + \dfrac{f}{m_1}x_4 + \dfrac{1}{m_1}F_1 \\ \dot{x}_4 = -\dfrac{k_2}{m_2}x_2 + \dfrac{f}{m_2}x_3 - \dfrac{f}{m_2}x_4 + \dfrac{1}{m_2}F_2 \end{cases}$$

求得系统状态空间表达式

$$\dot{\boldsymbol{x}} = \begin{bmatrix} 0 & 0 & 1 & 0 \\ 0 & 0 & 0 & 1 \\ -\dfrac{k_1}{m_1} & 0 & -\dfrac{f_1}{m_1} & \dfrac{f_1}{m_1} \\ 0 & -\dfrac{k_2}{m_2} & \dfrac{f_1}{m_2} & -\dfrac{f_1}{m_2} \end{bmatrix}\boldsymbol{x} + \begin{bmatrix} 0 & 0 \\ 0 & 0 \\ \dfrac{1}{m_1} & 0 \\ 0 & \dfrac{1}{m_2} \end{bmatrix}\boldsymbol{F}$$

$$\boldsymbol{y} = \begin{bmatrix} 1 & 0 & 0 & 0 \\ 0 & 1 & 0 & 0 \end{bmatrix}\boldsymbol{x}$$

前面三个例子都是单输入/单输出系统，［例 1-4］是两输入/单输出系统，［例 1-5］是两输入/两输出系统。在状态空间表达式中，标量用小写字母表示，向量用小写粗体字母表示，矩阵用大写粗体的字母表示。设系统有 n 个状态变量，r 个输入变量，m 个输出变量，线性定常系统状态空间表达式的一般形式为

$$\begin{cases} \dot{\boldsymbol{x}} = \boldsymbol{Ax} + \boldsymbol{Bu} \\ \boldsymbol{y} = \boldsymbol{Cx} + \boldsymbol{Du} \end{cases} \tag{1-2}$$

其中

$\boldsymbol{x} = \begin{bmatrix} x_1 \\ x_2 \\ \vdots \\ x_n \end{bmatrix}$，为 $n\times 1$ 维状态向量；$\boldsymbol{u} = \begin{bmatrix} u_1 \\ u_2 \\ \vdots \\ u_r \end{bmatrix}$，为 $r\times 1$ 维输入向量；$\boldsymbol{y} = \begin{bmatrix} y_1 \\ y_2 \\ \vdots \\ y_m \end{bmatrix}$，为 $m\times 1$ 维输出向量；$\boldsymbol{A} = \begin{bmatrix} a_{11} & a_{12} & \cdots & a_{1n} \\ a_{21} & a_{22} & \cdots & a_{2n} \\ \vdots & \vdots & \vdots & \vdots \\ a_{n1} & a_{n2} & \cdots & a_{nn} \end{bmatrix}$，为 $n\times n$ 维系统矩阵；$\boldsymbol{B} = \begin{bmatrix} b_{11} & b_{12} & \cdots & b_{1r} \\ b_{21} & b_{22} & \cdots & b_{2r} \\ \vdots & \vdots & \vdots & \vdots \\ b_{n1} & b_{n2} & \cdots & b_{nr} \end{bmatrix}$，为 $n\times r$ 维

输入矩阵；$\boldsymbol{C}=\begin{bmatrix} c_{11} & c_{12} & \cdots & c_{1n} \\ c_{21} & c_{22} & \cdots & c_{2n} \\ \vdots & \vdots & \vdots & \vdots \\ c_{m1} & c_{m2} & \cdots & c_{mn} \end{bmatrix}$，为 $m\times n$ 维输出矩阵；$\boldsymbol{D}=\begin{bmatrix} d_{11} & d_{12} & \cdots & d_{1r} \\ d_{21} & d_{22} & \cdots & d_{2r} \\ \vdots & \vdots & \vdots & \vdots \\ d_{m1} & d_{m2} & \cdots & d_{mr} \end{bmatrix}$，为 $m\times r$ 维直联矩阵。

系统矩阵 $\boldsymbol{A}$ 表示了系统内部各状态变量之间的关系，它取决于被控系统的作用原理、结构和各项参数；输入矩阵 $\boldsymbol{B}$ 表示了各输入变量对状态变量的控制作用；输出矩阵 $\boldsymbol{C}$ 表示了状态变量与输出变量之间的作用关系；直联矩阵 $\boldsymbol{D}$ 反映了输入对输出的直接作用。一般情况下，输入与输出的直接作用是不存在的。

三、组合系统的状态空间表达式

一个实际的控制系统往往都是由一些子系统组合而成。子系统的连接方式主要有串联、并联以及反馈连接。根据子系统的状态空间表达式和连接方式可以很方便地求得组合后系统的状态空间表达式。

1. 子系统的串联

设系统$\sum_1(\boldsymbol{A}_1\boldsymbol{B}_1\boldsymbol{C}_1\boldsymbol{D}_1)$和系统$\sum_2(\boldsymbol{A}_2\boldsymbol{B}_2\boldsymbol{C}_2\boldsymbol{D}_2)$串联连接的组合系统如图 1-7 所示。

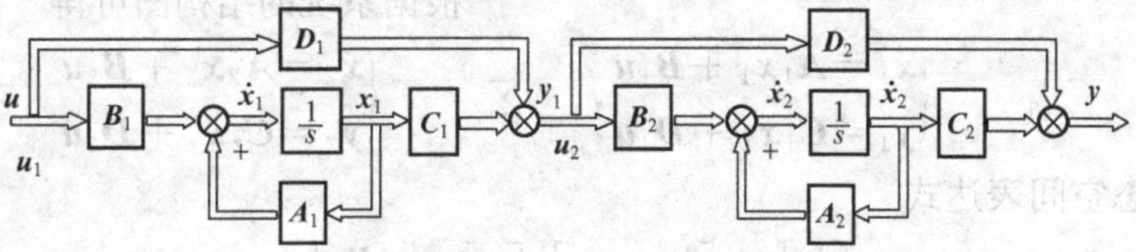

图 1-7　子系统串联结构图

根据系统的结构图可得系统的状态方程

$$\textstyle\sum_1 \qquad \dot{\boldsymbol{x}}_1=\boldsymbol{A}_1\boldsymbol{x}_1+\boldsymbol{B}_1\boldsymbol{u}_1=\boldsymbol{A}_1\boldsymbol{x}_1+\boldsymbol{B}_1\boldsymbol{u}$$

$$\begin{aligned}\textstyle\sum_2 \qquad \dot{\boldsymbol{x}}_2&=\boldsymbol{A}_2\boldsymbol{x}_2+\boldsymbol{B}_2\boldsymbol{u}_2=\boldsymbol{A}_2\boldsymbol{x}_2+\boldsymbol{B}_2\boldsymbol{y}_1\\&=\boldsymbol{A}_2\boldsymbol{x}_2+\boldsymbol{B}_2(\boldsymbol{C}_1\boldsymbol{x}_1+\boldsymbol{D}_1\boldsymbol{u})=\boldsymbol{B}_2\boldsymbol{C}_1\boldsymbol{x}_1+\boldsymbol{A}_2\boldsymbol{x}_2+\boldsymbol{B}_2\boldsymbol{D}_1\boldsymbol{u}\end{aligned}$$

系统的输出方程为

$$\begin{aligned}\boldsymbol{y}&=\boldsymbol{C}_2\boldsymbol{x}_2+\boldsymbol{D}_2\boldsymbol{u}_2=\boldsymbol{C}_2\boldsymbol{x}_2+\boldsymbol{D}_2\boldsymbol{y}_1\\&=\boldsymbol{C}_2\boldsymbol{x}_2+\boldsymbol{D}_2(\boldsymbol{C}_1\boldsymbol{x}_1+\boldsymbol{D}_1\boldsymbol{u})\\&=\boldsymbol{D}_2\boldsymbol{C}_1\boldsymbol{x}_1+\boldsymbol{C}_2\boldsymbol{x}_2+\boldsymbol{D}_2\boldsymbol{D}_1\boldsymbol{u}\end{aligned}$$

系统的状态空间表达式

$$\begin{bmatrix}\dot{\boldsymbol{x}}_1\\ \dot{\boldsymbol{x}}_2\end{bmatrix}=\begin{bmatrix}\boldsymbol{A}_1 & \boldsymbol{0}\\ \boldsymbol{B}_2\boldsymbol{C}_1 & \boldsymbol{A}_2\end{bmatrix}\begin{bmatrix}\boldsymbol{x}_1\\ \boldsymbol{x}_2\end{bmatrix}+\begin{bmatrix}\boldsymbol{B}_1\\ \boldsymbol{B}_2\boldsymbol{D}_1\end{bmatrix}\boldsymbol{u} \tag{1-3}$$

$$\boldsymbol{y}=[\boldsymbol{D}_2\boldsymbol{C}_1 \quad \boldsymbol{C}_2]\begin{bmatrix}\boldsymbol{x}_1\\ \boldsymbol{x}_2\end{bmatrix}+\boldsymbol{D}_2\boldsymbol{D}_1\boldsymbol{u} \tag{1-4}$$

【例 1-6】　求两个子系统串联的状态空间表达式。

$$\textstyle\sum_1: \quad \dot{\boldsymbol{x}}_1=\begin{bmatrix}0 & 1\\ -2 & -3\end{bmatrix}\boldsymbol{x}_1+\begin{bmatrix}0\\ 1\end{bmatrix}u_1,\ y_1=[1\ \ 0]\,\boldsymbol{x}_1$$

$$\Sigma_2:\quad \dot{\boldsymbol{x}}_2=\begin{bmatrix}0 & 1\\ -12 & -7\end{bmatrix}\boldsymbol{x}_2+\begin{bmatrix}0\\1\end{bmatrix}u_2,\ y_2=[2\quad 1]\,\boldsymbol{x}_2$$

解 根据式（1-3）和式（1-4）可得

$$\boldsymbol{B}_2\boldsymbol{C}_1=\begin{bmatrix}0\\1\end{bmatrix}[1\quad 0]=\begin{bmatrix}0 & 0\\ 1 & 0\end{bmatrix},\ \boldsymbol{D}_1=\boldsymbol{D}_2=0$$

系统的状态空间表达式为

$$\dot{\boldsymbol{x}}=\begin{bmatrix}0 & 1 & 0 & 0\\ -2 & -3 & 0 & 0\\ 0 & 0 & 0 & 1\\ 1 & 0 & -12 & -7\end{bmatrix}\boldsymbol{x}+\begin{bmatrix}0\\1\\0\\0\end{bmatrix}u$$

$$y=[1\quad 0\quad 2\quad 1]\,\boldsymbol{x}$$

2. 子系统的并联

设系统 Σ_1（$\boldsymbol{A}_1\boldsymbol{B}_1\boldsymbol{C}_1\boldsymbol{D}_1$）和系统 Σ_2（$\boldsymbol{A}_2\boldsymbol{B}_2\boldsymbol{C}_2\boldsymbol{D}_2$）并联连接的组合系统如图 1-8 所示。

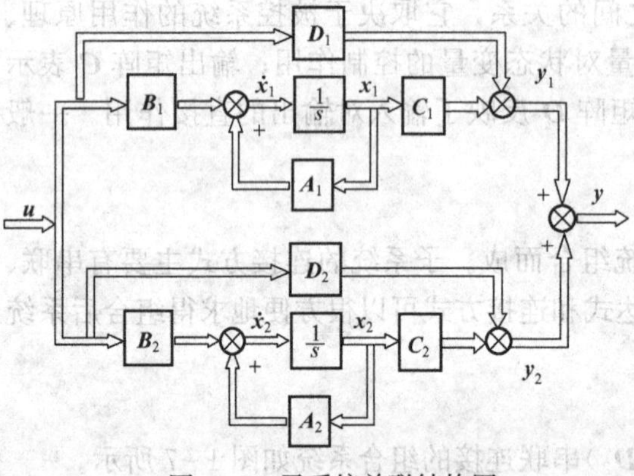

图 1-8 子系统并联结构图

根据系统的结构图可得

$$\Sigma_1\begin{cases}\dot{\boldsymbol{x}}_1=\boldsymbol{A}_1\boldsymbol{x}_1+\boldsymbol{B}_1\boldsymbol{u}\\ \boldsymbol{y}_1=\boldsymbol{C}_1\boldsymbol{x}_1+\boldsymbol{D}_1\boldsymbol{u}\end{cases},\quad \Sigma_2\begin{cases}\dot{\boldsymbol{x}}_2=\boldsymbol{A}_2\boldsymbol{x}_2+\boldsymbol{B}_2\boldsymbol{u}\\ \boldsymbol{y}_2=\boldsymbol{C}_2\boldsymbol{x}_2+\boldsymbol{D}_2\boldsymbol{u}\end{cases}$$

系统的状态空间表达式

$$\begin{bmatrix}\dot{\boldsymbol{x}}_1\\ \dot{\boldsymbol{x}}_2\end{bmatrix}=\begin{bmatrix}\boldsymbol{A}_1 & 0\\ 0 & \boldsymbol{A}_2\end{bmatrix}\begin{bmatrix}\boldsymbol{x}_1\\ \boldsymbol{x}_2\end{bmatrix}+\begin{bmatrix}\boldsymbol{B}_1\\ \boldsymbol{B}_2\end{bmatrix}\boldsymbol{u} \tag{1-5}$$

$$\boldsymbol{y}=\boldsymbol{y}_1+\boldsymbol{y}_2=\boldsymbol{C}_1\boldsymbol{x}_1+\boldsymbol{D}_1\boldsymbol{u}+\boldsymbol{C}_2\boldsymbol{x}_2+\boldsymbol{D}_2\boldsymbol{u}$$

$$\boldsymbol{y}=[\boldsymbol{C}_1\quad \boldsymbol{C}_2]\begin{bmatrix}\boldsymbol{x}_1\\ \boldsymbol{x}_2\end{bmatrix}+[\boldsymbol{D}_1+\boldsymbol{D}_2]\,\boldsymbol{u} \tag{1-6}$$

【例 1-7】 求两个子系统并联的状态空间表达式。

$$\dot{\boldsymbol{x}}_1=\begin{bmatrix}0 & 1\\ -2 & -3\end{bmatrix}\boldsymbol{x}_1+\begin{bmatrix}0\\1\end{bmatrix}u_1,\ y_1=[1\quad 0]\,\boldsymbol{x}_1$$

$$\dot{\boldsymbol{x}}_2=\begin{bmatrix}0 & 1\\ -12 & -7\end{bmatrix}\boldsymbol{x}_2+\begin{bmatrix}0\\1\end{bmatrix}u_2,\ y_2=[2\quad 1]\,\boldsymbol{x}_2$$

解 $D_1=D_2=0$。根据式（1-4）和式（1-5）可得系统的状态空间表达式为

$$\dot{\boldsymbol{x}}=\begin{bmatrix}0 & 1 & 0 & 0\\ -2 & -3 & 0 & 0\\ 0 & 0 & 0 & 1\\ 0 & 0 & -12 & -7\end{bmatrix}\boldsymbol{x}+\begin{bmatrix}0\\1\\0\\1\end{bmatrix}u$$

$$y=[1\quad 0\quad 2\quad 1]\,\boldsymbol{x}$$

3. 子系统的反馈

设系统 Σ_1（$\boldsymbol{A}_1\boldsymbol{B}_1\boldsymbol{C}_1\boldsymbol{D}_1$）和系统 Σ_2（$\boldsymbol{A}_2\boldsymbol{B}_2\boldsymbol{C}_2\boldsymbol{D}_2$）反馈连接的组合系统如图 1-9 所示。

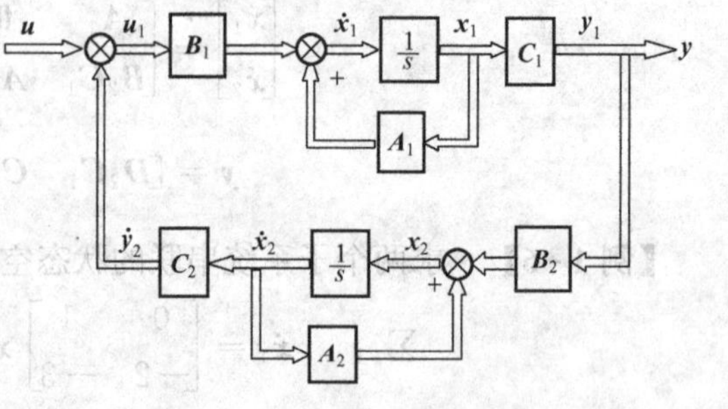

图 1-9 子系统反馈结构图

根据系统的结构图可得

$$\sum\nolimits_1 \begin{cases}\dot{\boldsymbol{x}}_1 = \boldsymbol{A}_1\boldsymbol{x}_1 + \boldsymbol{B}_1\boldsymbol{u}_1 \\ \boldsymbol{y}_1 = \boldsymbol{C}_1\boldsymbol{x}_1\end{cases},\quad \sum\nolimits_2 \begin{cases}\dot{\boldsymbol{x}}_2 = \boldsymbol{A}_2\boldsymbol{x}_2 + \boldsymbol{B}_2\boldsymbol{y} \\ \boldsymbol{y}_2 = \boldsymbol{C}_2\boldsymbol{x}_2\end{cases}$$

$$\begin{cases}\dot{\boldsymbol{x}}_1 = \boldsymbol{A}_1\boldsymbol{x}_1 + \boldsymbol{B}_1(\boldsymbol{u} - \boldsymbol{y}_2) = \boldsymbol{A}_1\boldsymbol{x}_1 - \boldsymbol{B}_1\boldsymbol{C}_2\boldsymbol{x}_2 + \boldsymbol{B}_1\boldsymbol{u} \\ \dot{\boldsymbol{x}}_2 = \boldsymbol{A}_2\boldsymbol{x}_2 + \boldsymbol{B}_2\boldsymbol{u}_2 = \boldsymbol{A}_2\boldsymbol{x}_2 + \boldsymbol{B}_2\boldsymbol{y} = \boldsymbol{A}_2\boldsymbol{x}_2 + \boldsymbol{B}_2\boldsymbol{C}_1\boldsymbol{x}_1 \\ \boldsymbol{y} = \boldsymbol{C}_1\boldsymbol{x}_1\end{cases}$$

系统的状态空间表达式为

$$\begin{bmatrix}\dot{\boldsymbol{x}}_1 \\ \dot{\boldsymbol{x}}_2\end{bmatrix} = \begin{bmatrix}\boldsymbol{A}_1 & -\boldsymbol{B}_1\boldsymbol{C}_2 \\ \boldsymbol{B}_2\boldsymbol{C}_1 & \boldsymbol{A}_2\end{bmatrix}\begin{bmatrix}\boldsymbol{x}_1 \\ \boldsymbol{x}_2\end{bmatrix} + \begin{bmatrix}\boldsymbol{B}_1 \\ 0\end{bmatrix}\boldsymbol{u} \tag{1-7}$$

$$\boldsymbol{y} = \begin{bmatrix}\boldsymbol{C}_1 & 0\end{bmatrix}\begin{bmatrix}\boldsymbol{x}_1 \\ \boldsymbol{x}_2\end{bmatrix} \tag{1-8}$$

【例 1-8】　求两个子系统反馈连接的状态空间表达式。

$$\dot{\boldsymbol{x}}_1 = \begin{bmatrix}0 & 1 \\ -2 & -3\end{bmatrix}\boldsymbol{x}_1 + \begin{bmatrix}0 \\ 1\end{bmatrix}u_1,\quad y_1 = \begin{bmatrix}1 & 0\end{bmatrix}\boldsymbol{x}_1$$

$$\dot{\boldsymbol{x}}_2 = \begin{bmatrix}0 & 1 \\ -12 & -7\end{bmatrix}\boldsymbol{x}_2 + \begin{bmatrix}0 \\ 1\end{bmatrix}u_2,\quad y_2 = \begin{bmatrix}2 & 1\end{bmatrix}\boldsymbol{x}_2$$

解

$$\boldsymbol{B}_2\boldsymbol{C}_1 = \begin{bmatrix}0 \\ 1\end{bmatrix}\begin{bmatrix}1 & 0\end{bmatrix} = \begin{bmatrix}0 & 0 \\ 1 & 0\end{bmatrix},\quad \boldsymbol{B}_1\boldsymbol{C}_2 = \begin{bmatrix}0 \\ 1\end{bmatrix}\begin{bmatrix}2 & 1\end{bmatrix} = \begin{bmatrix}0 & 0 \\ 2 & 1\end{bmatrix}$$

根据式（1-6）和式（1-7）可得系统的状态空间表达式为

$$\dot{\boldsymbol{x}} = \begin{bmatrix}0 & 1 & 0 & 0 \\ -2 & -3 & -2 & -1 \\ 0 & 0 & 0 & 1 \\ 1 & 0 & -12 & -7\end{bmatrix}\boldsymbol{x} + \begin{bmatrix}0 \\ 1 \\ 0 \\ 0\end{bmatrix}u$$

$$y = \begin{bmatrix}1 & 0 & 0 & 0\end{bmatrix}\boldsymbol{x}$$

四、系统的状态变量图

系统的状态变量图由积分器、放大器、比较器（加法器）等方框以及有向线段组成。一般，n 阶系统就含有 n 个积分器。若设每个积分器的输出作为状态变量，并标识在模拟图中，则该图称为状态变量图。可根据系统的传递函数来画系统的状态变量图，进而由状态变量图列写出系统的状态空间表达式；也可根据状态空间表达式，直接画出系统的状态变量图。

放大器、比较器、积分器用图表示如图 1-10 所示。积分器的传递函数为$\frac{1}{s}$，所以也可表示为如图 1-10（d）所示。

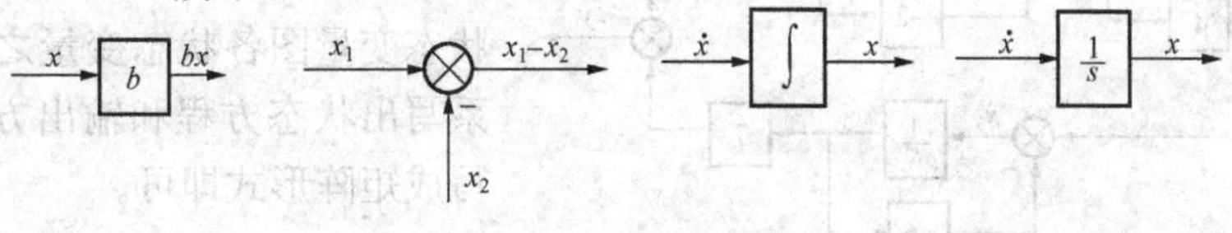

图 1-10　状态变量图

（a）放大器；（b）比较器（加法器）；（c）、（d）积分器系统状态变量图绘制步骤：

（1）先绘制积分器；

（2）画出加法器和放大器；

（3）根据各变量的数学关系用变量线连接各器件，并用箭头表示信号的传递方向。

【例 1-9】 设一系统的状态空间表达式为

$$\begin{cases}\dot{x}=ax+bu\\ y=cx\end{cases}$$

试绘制系统的状态变量图。

解 根据状态方程有

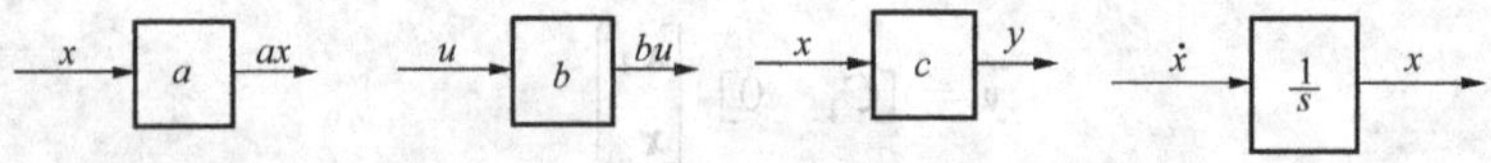

将它们连接起来就是系统的状态变量图，如图 1-11 所示。

【例 1-10】 已知系统的状态空间表达式

$$\dot{\boldsymbol{x}}=\begin{bmatrix}0 & 1 & 0\\ 0 & 0 & 1\\ -6 & -3 & -2\end{bmatrix}\boldsymbol{x}+\begin{bmatrix}0\\ 0\\ 1\end{bmatrix}u,$$

$$y=\begin{bmatrix}1 & 1 & 0\end{bmatrix}\boldsymbol{x}$$

试绘制系统的状态变量图。

解 根据状态空间表达式可得

$$\begin{cases}\dot{x}_1=x_2\\ \dot{x}_2=x_3\\ \dot{x}_3=-6x_1-3x_2-2x_3+u\\ y=x_1+x_2\end{cases}$$

根据以上表达式画出系统的状态变量图如图 1-12 所示。

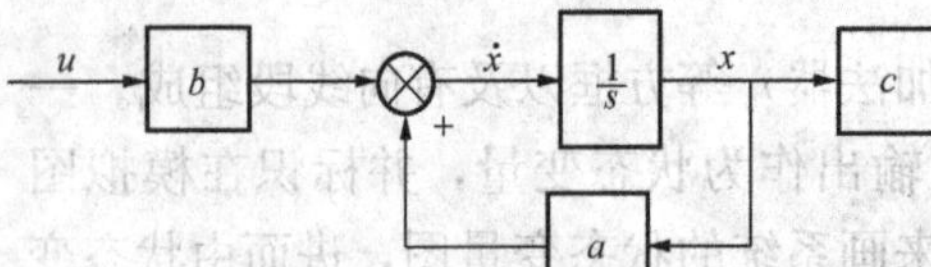

图 1-11 系统的状态变量图

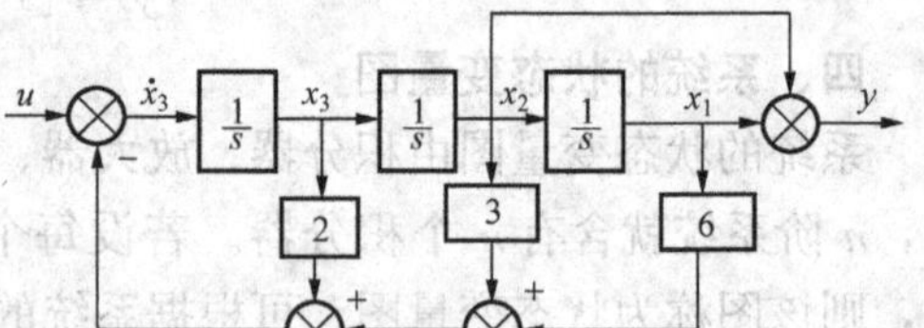

图 1-12 系统的状态变量图

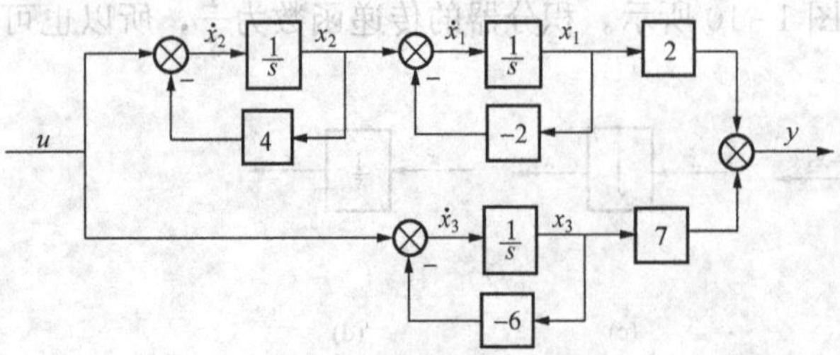

图 1-13 系统的状态变量图

根据系统的状态变量图也可以写出系统的状态空间表达式。首先根据状态变量图各状态变量之间的数学关系写出状态方程和输出方程，然后再写成矩阵形式即可。

【例 1-11】 已知系统的状态变量图如图 1-13 所示，写出系统的状态空间表达式。

解　根据状态变量图可得状态方程和输出方程

$$\begin{cases}\dot{x}_1=2x_1+x_2\\ \dot{x}_2=-4x_2+u\\ \dot{x}_3=6x_3+u\end{cases}$$

$$y=2x_1+7x_3$$

再写成矩阵形式

$$\dot{\boldsymbol{x}}=\begin{bmatrix}2&1&0\\0&-4&0\\0&0&6\end{bmatrix}\boldsymbol{x}+\begin{bmatrix}0\\1\\1\end{bmatrix}u$$

$$y=[2\quad 0\quad 7]\,\boldsymbol{x}$$

第二节　经典数学模型转化为状态空间表达式

在经典控制理论中，系统的数学模型常采用微分方程或传递函数来表示，这里称之为经典数学模型。如何将其转化为状态空间表达式是现代控制理论中首先要解决的问题之一。将经典模型转化为状态空间表达式的原则是保持其输入、输出关系不变，而且这种转化不是唯一的，即与状态变量的选择有关。

由于在零初始条件下，经典模型之间有着确定的对应关系，故只需以一种经典模型为例来讨论，结论既适合微分方程也适合传递函数。

一、微分方程中不包含输入导数项

输入项中不包含导数的微分方程的一般形式为

$$y^{(n)}+a_1y^{(n-1)}+\cdots+a_{n-1}\dot{y}+a_ny=bu \tag{1-9}$$

与微分方程的一般形式相对应的传递函数形式为

$$\frac{Y(s)}{U(s)}=\frac{b}{s^n+a_1s^{n-1}+\cdots+a_n}$$

式中：a_1，a_2，$\cdots a_n$，b 是由系统结构确定的常系数。对于 n 阶系统，可选择 n 个状态变量。

设状态变量为
$$\begin{cases}x_1=y\\ x_2=\dot{y}\\ \quad\vdots\\ x_{n-1}=y^{(n-2)}\\ x_n=y^{(n-1)}\end{cases}$$

则
$$\begin{cases}\dot{x}_1=x_2\\ \dot{x}_2=x_3\\ \quad\vdots\\ \dot{x}_{n-1}=x_n\\ \dot{x}_n=-a_nx_1-a_{n-1}x_2-\cdots-a_2x_{n-1}-a_1x_n+bu\end{cases}$$

输出方程 $y=x_1$

状态空间表达式

$$\begin{bmatrix}\dot{x}_1\\ \dot{x}_2\\ \vdots\\ \dot{x}_n\end{bmatrix}=\begin{bmatrix}0 & 1 & 0 & \cdots & 0\\ 0 & 0 & 1 & \cdots & 0\\ \vdots & \vdots & \vdots & \vdots & \vdots\\ 0 & 0 & 0 & \cdots & 1\\ -a_n & -a_{n-1} & -a_{n-2} & \cdots & -a_1\end{bmatrix}\begin{bmatrix}x_1\\ x_2\\ \vdots\\ x_n\end{bmatrix}+\begin{bmatrix}0\\ 0\\ \vdots\\ b\end{bmatrix}u \tag{1-10}$$

$$y=\begin{bmatrix}1 & 0 & \cdots & 0\end{bmatrix}\begin{bmatrix}x_1\\ x_2\\ \vdots\\ x_n\end{bmatrix} \tag{1-11}$$

或

$$\begin{aligned}\dot{\boldsymbol{x}}&=\boldsymbol{A}\boldsymbol{x}+\boldsymbol{b}u\\ y&=\boldsymbol{c}\boldsymbol{x}\end{aligned} \tag{1-12}$$

系统的状态变量图如图 1-14 所示。

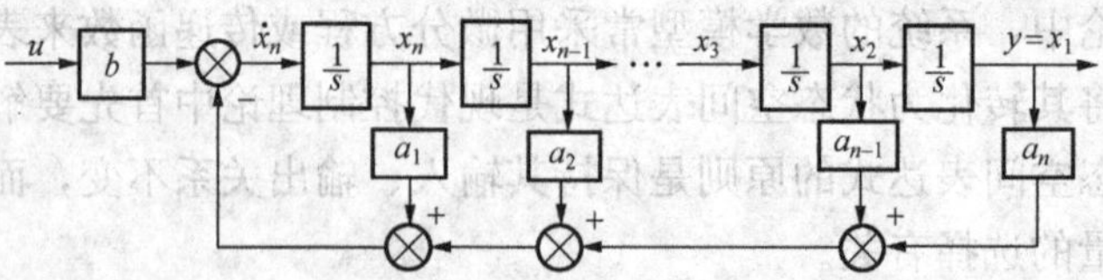

图 1-14 系统的状态变量图

【例 1-12】 将微分方程 $\dddot{y}+6\ddot{y}+11\dot{y}+6y=3u$ 变换成状态空间表达式。

解 选状态变量为

$$\begin{cases}x_1=y\\ x_2=\dot{y}\\ x_3=\ddot{y}\end{cases}$$

上式两边求导，并考虑原微分方程得

$$\begin{cases}\dot{x}_1=x_2\\ \dot{x}_2=x_3\\ \dot{x}_3=-6x_1-11x_2-6x_3+3u\\ y=x_1\end{cases}$$

写成状态空间表达式

$$\dot{\boldsymbol{x}}=\begin{bmatrix}0 & 1 & 0\\ 0 & 0 & 1\\ -6 & -11 & -6\end{bmatrix}\boldsymbol{x}+\begin{bmatrix}0\\ 0\\ 3\end{bmatrix}u$$

$$y=\begin{bmatrix}1 & 0 & 0\end{bmatrix}\boldsymbol{x}$$

系统的状态变量图如图 1-15 所示。

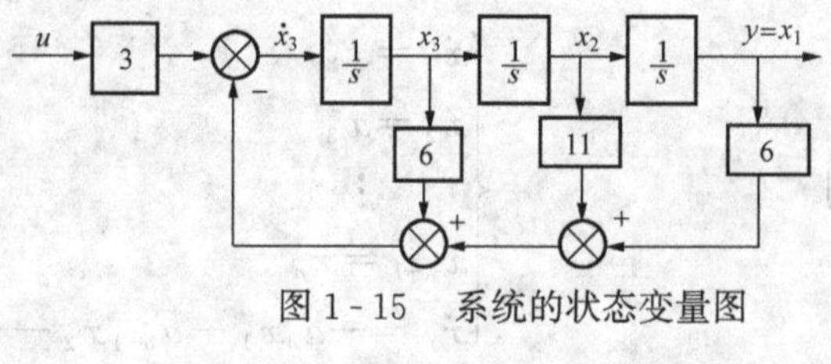

图 1-15 系统的状态变量图

二、微分方程中包含输入导数项

输入项中包含导数的微分方程的一般形式为

$$\begin{aligned}&y^{(n)}+a_1y^{(n-1)}+\cdots+a_{n-1}\dot{y}+a_ny\\&=b_0u^{(n)}+b_1u^{(n-1)}+\cdots+b_{n-1}\dot{u}+b_nu\end{aligned}\tag{1-13}$$

与微分方程的一般形式相对应的传递函数形式为

$$\frac{Y(s)}{U(s)}=\frac{b_0s^n+b_1s^{n-1}+\cdots+b_n}{s^n+a_1s^{n-1}+\cdots+a_n}$$

状态方程是关于状态变量的一阶微分方程组，为了使其中不含输入 u 的导数项，通常选用输出 y 和输入 u 以及它们的各阶导数组成状态变量，常用以下两种方法。

1. 方法一

设状态变量为

$$\begin{cases}x_1=y-\beta_0u\\x_2+\beta_1u=\dot{y}-\beta_0\dot{u}\\x_3+\beta_2u=\ddot{y}-\beta_0\ddot{u}-\beta_1\dot{u}\\\quad\vdots\\x_n+\beta_{n-1}u=y^{(n-1)}-\beta_0u^{(n-1)}-\beta_1u^{(n-2)}-\cdots\beta_{n-2}\dot{u}\end{cases}\tag{1-14}$$

式中：β_0，β_1，…，β_{n-1} 为待定系数。

对式（1-14）两边求导，并考虑式（1-14）中的关系，得

$$\begin{cases}\dot{x}=\dot{y}-\beta_0\dot{u}=x_2+\beta_1u\\\dot{x}_2=\ddot{y}-\beta_0\ddot{u}-\beta_1\dot{u}=x_3+\beta_2u\\\dot{x}_3=\dddot{y}-\beta_0\dddot{u}-\beta_1\ddot{u}-\beta_2\dot{u}-\beta_3u=x_4+\beta_3u\\\quad\vdots\\\dot{x}_n=y^{(n)}-\beta_0u^{(n)}-\beta_1u^{(n-1)}-\cdots-\beta_{n-1}\dot{u}\end{cases}\tag{1-15}$$

为了得到状态方程，首先应将式（1-15）最后一个方程中的 $y^{(n)}$ 替代掉。为此，改写式（1-14），得

$$\begin{cases}y=x_1+\beta_0u\\\dot{y}=x_2+\beta_0\dot{u}+\beta_1u\\\ddot{y}=x_3+\beta_0\ddot{u}+\beta_1\dot{u}+\beta_2u\\\dddot{y}=x_4+\beta_0\dddot{u}+\beta_1\ddot{u}+\beta_2\dot{u}+\beta_3u\\\quad\vdots\\y^{(n-1)}=x_n+\beta_0u^{(n-1)}+\beta_1u^{(n-2)}+\cdots+\beta_{n-2}\dot{u}+\beta_{n-1}u\end{cases}\tag{1-16}$$

将式（1-16）代入微分方程式（1-13）中，得

$$\begin{aligned}y^{(n)}=&-a_1y^{(n-1)}-a_2y^{(n-2)}-\cdots-a_{n-1}\dot{y}-a_ny\\&+b_0u^{(n)}+b_1u^{(n-1)}+\cdots+b_0u\\=&-a_1x_n-a_2x_{n-1}-\cdots\cdots a_{n-1}x_2-a_nx_1\\&-a_1(\beta_0u^{(n-1)}+\beta_1u^{(n-2)}+\cdots+\beta_{n-2}\dot{u}+\beta_{n-1}u)\\&-a_2(\beta_0u^{(n-2)}+\beta_1u^{(n-3)}+\cdots+\beta_{n-3}\dot{u}+\beta_{n-2}u)\\&-\cdots-a_{n-1}(\beta_0\dot{u}+\beta_1u)-a_n\beta_0u+b_0u^{(n)}\\&+b_1u^{(n-1)}+\cdots+b_{n-1}\dot{u}+b_0u\end{aligned}\tag{1-17}$$

将式（1-17）代入式（1-15）的最后一个方程，得

$$\begin{aligned}\dot{x}_n = & -a_n x_1 - a_{n-1} x_2 - \cdots - a_2 x_n + (b_0 - \beta_0) u^{n} \\ & + (b_1 - \beta_1 - a_1\beta_0) u^{(n-1)} + (b_2 - \beta_2 - a_1\beta_1 - a_2\beta_0) u^{(n-2)} \\ & + \cdots + (b_{n-1} - \beta_{n-1} - a_1\beta_{n-2} - a_2\beta_{n-3} - \cdots - a_{n-1}\beta_0)\dot{u} \\ & + (b_n - a_1\beta_{n-1} - a_2\beta_{n-2} - \cdots - a_n\beta_0) u\end{aligned} \tag{1-18}$$

为了去掉输入 u 的各导数项，选择

$$\begin{cases}\beta_0 = b_0 \\ \beta_1 = b_1 - a_1\beta_0 \\ \beta_2 = b_2 - a_1\beta_1 - a_2\beta_0 \\ \quad\vdots \\ \beta_{n-1} = b_{n-1} - a_1\beta_{n-2} - a_2\beta_{n-3} - \cdots - a_{n-1}\beta_0 \\ \beta_n = b_n - a_1\beta_{n-1} - a_2\beta_{n-2} - \cdots - a_n\beta_0\end{cases} \tag{1-19}$$

这样，可使得式（1-18）中输入各阶导数项的系数均为零，最终，也就使得式（1-15）成为状态方程，即

$$\begin{cases}\dot{x}_1 = x_2 + \beta_1 u \\ \dot{x}_2 = x_3 + \beta_2 u \\ \quad\vdots \\ \dot{x}_{n-1} = x_n + \beta_{n-1} u \\ \dot{x}_n = -a_n x_1 - a_{n-1} x_2 - \cdots - a_2 x_{n-1} - a_1 x_n + \beta_n u\end{cases} \tag{1-20}$$

式中：输入 u 的系数 $\beta_n = b_n - a_1\beta_{n-1} - a_2\beta_{n-2} - \cdots - a_n\beta_0$。

另外，由式（1-16）的第一个方程，可知输出方程为

$$y = x_1 + \beta_0 u \tag{1-21}$$

故有状态空间表达式

$$\begin{bmatrix}\dot{x}_1 \\ \dot{x}_2 \\ \vdots \\ \dot{x}_{n-1} \\ \dot{x}_n\end{bmatrix} = \begin{bmatrix}0 & 1 & 0 & \cdots & 0 & 0 \\ 0 & 0 & 1 & \cdots & 0 & 0 \\ \vdots & \vdots & \vdots & \vdots & \vdots & \vdots \\ 0 & 0 & 0 & \cdots & 0 & 1 \\ -a_n & -a_{n-1} & -a_{n-2} & \cdots & -a_2 & -a_1\end{bmatrix}\begin{bmatrix}x_1 \\ x_2 \\ \vdots \\ x_{n-1} \\ x_n\end{bmatrix} + \begin{bmatrix}\beta_1 \\ \beta_2 \\ \vdots \\ \beta_{n-1} \\ \beta_n\end{bmatrix} u \tag{1-22}$$

$$y = \begin{bmatrix}1 & 0 & \cdots & 0 & 0\end{bmatrix}\begin{bmatrix}x_1 \\ x_2 \\ \vdots \\ x_{n-1} \\ x_n\end{bmatrix} + \beta_0 u$$

系统的状态变量图如图 1-16 所示。

对于以传递函数形式给出的经典数学模型，可按照同样的方法建立状态空间表达式。

【例 1-13】　设系统的微分方程为 $\dddot{y} + 4\ddot{y} + 2\dot{y} + y = \ddot{u} + \dot{u} + 3u$，试建立系统的状态空间表达式。

解　由微分方程各系数可知

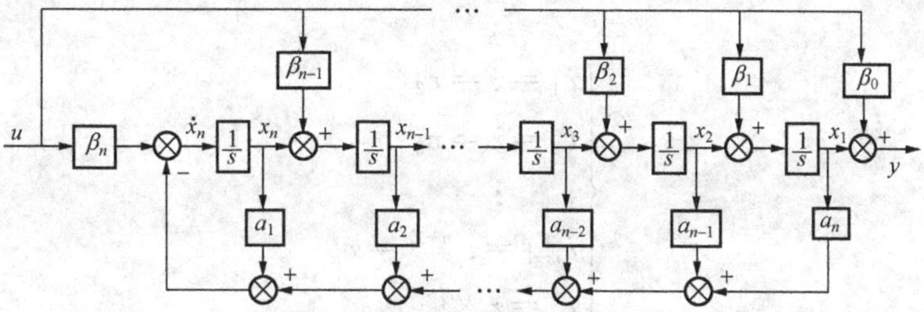

图 1-16　系统的状态变量图

$$a_1=4,\ a_2=2,\ a_3=1$$

$$b_0=0,\ b_1=1,\ b_2=1,\ b_3=3$$

根据式（1-19）可得待定系数

$$\begin{cases}\beta_0=b_0=0\\ \beta_1=b_1-a_1\beta_0=1\\ \beta_2=b_2-a_1\beta_1-a_2\beta_0=-3\\ \beta_3=b_3-a_1\beta_2-a_2\beta_1-a_3\beta_0=13\end{cases}$$

系统的状态空间表达式

$$\dot{\boldsymbol{x}}=\begin{bmatrix}0&1&0\\0&0&1\\-1&-2&-4\end{bmatrix}\boldsymbol{x}+\begin{bmatrix}1\\-3\\13\end{bmatrix}u$$

$$y=[1\quad 0\quad 0]\,\boldsymbol{x}$$

系统的状态变量图如图 1-17 所示。

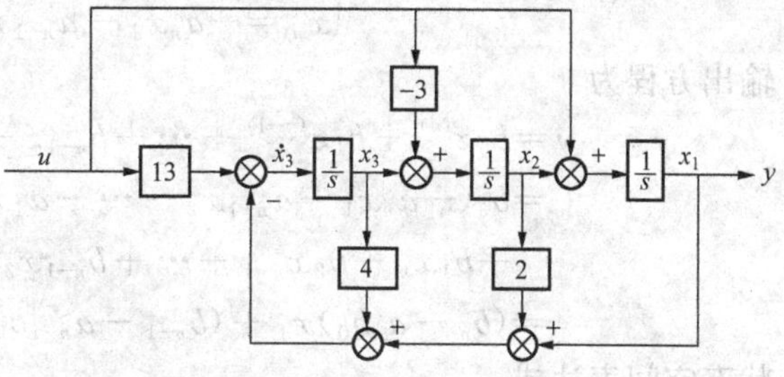

图 1-17　系统的状态变量图

2. 方法二

状态变量的选择不是唯一的，也可以按以下方法来设定状态变量。

设微分方程为

$$y^{(n)}+a_1y^{(n-1)}+\cdots+a_{n-1}\dot{y}+a_ny=b_0u^{(n)}+b_1u^{(n-1)}+\cdots+b_{n-1}\dot{u}+b_nu$$

为讨论问题方便，可先写出该方程对应的传递函数

$$\frac{Y(s)}{U(s)}=\frac{b_0s^n+b_1s^{n-1}+\cdots+b_n}{s^n+a_1s^{n-1}+\cdots+a_n}$$

再将传递函数拆分成两部分，如图 1-18 所示。

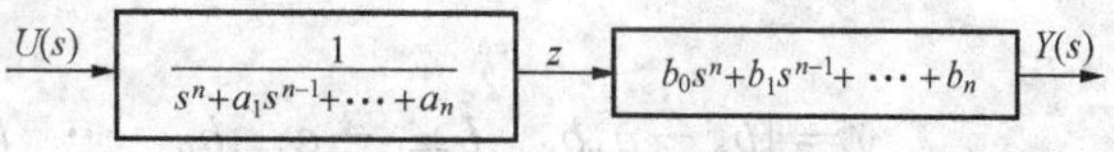

图 1-18　传递函数结构图

如图所示，引入新的变量 z，可见有

$$u=z^{(n)}+a_1z^{(n-1)}+\cdots+a_{n-1}\dot{z}+a_nz \tag{1-23}$$

以及

$$y=b_0z^{(n)}+b_1z^{(n-1)}+\cdots+b_{n-1}\dot{z}+b_nz$$

设状态变量为

$$\begin{cases}x_1=z\\ x_2=\dot{z}\\ \quad\vdots\\ x_{n-1}=z^{(n-2)}\\ x_n=z^{(n-1)}\end{cases}$$

两边求导，得

$$\begin{cases}\dot{x}_1=\dot{z}=x_2\\ \dot{x}_2=\ddot{z}=x_3\\ \quad\vdots\\ \dot{x}_{n-1}=z^{(n-1)}=x_n\\ \dot{x}_n=z^{(n)}\end{cases}$$

考虑到式（1-23），其中最后一式，可写为

$$\begin{aligned}\dot{x}_n&=z^{(n)}=-a_nz-a_{n-1}\dot{z}-\cdots-a_1z^{(n-1)}+u\\ &=-a_nx_1-a_{n-1}x_2-\cdots-a_1x_n+u\end{aligned}$$

故状态方程为

$$\begin{cases}\dot{x}_1=x_2\\ \dot{x}_2=x_3\\ \quad\vdots\\ \dot{x}_{n-1}=x_n\\ \dot{x}_n=-a_nx_1-a_{n-1}x_2-\cdots-a_1x_n+u\end{cases}\tag{1-24}$$

输出方程为

$$\begin{aligned}y&=b_0z^{(n)}+b_1z^{(n-1)}+\cdots+b_{n-1}\dot{z}+b_nz\\ &=b_0(-a_nx_1-a_{n-1}x_2-\cdots-a_1x_n+u)\\ &\quad+b_1x_n+b_2x_{n-1}+\cdots+b_{n-1}x_2+b_nx_1\\ &=(b_n-a_nb_0)x_1+(b_{n-1}-a_{n-1}b_0)x_2+\cdots+(b_1-a_1b_0)x_n+b_0u\end{aligned}\tag{1-25}$$

状态空间表达式

$$\begin{bmatrix}\dot{x}_1\\ \dot{x}_2\\ \vdots\\ \dot{x}_{n-1}\\ \dot{x}_n\end{bmatrix}=\begin{bmatrix}0&1&0&\cdots&0&0\\ 0&0&1&\cdots&0&0\\ \vdots&\vdots&\vdots&&\vdots&\vdots\\ 0&0&0&\cdots&0&1\\ -a_n&-a_{n-1}&-a_{n-2}&\cdots&-a_2&-a_1\end{bmatrix}\begin{bmatrix}x_1\\ x_2\\ \vdots\\ x_{n-1}\\ x_n\end{bmatrix}+\begin{bmatrix}0\\ 0\\ \vdots\\ 0\\ 1\end{bmatrix}u$$

$$y=\begin{bmatrix}b_n-a_nb_0 & b_{n-1}-a_{n-1}b_0 & \cdots & b_2-a_2b_0 & b_1-a_1b_0\end{bmatrix}\begin{bmatrix}x_1\\ x_2\\ \vdots\\ x_{n-1}\\ x_n\end{bmatrix}+b_0u\tag{1-26}$$

系统的状态变量图如图 1-19 所示。

【例 1-14】 设系统的微分方程为 $\dddot{y}+4\ddot{y}+2\dot{y}+y=\ddot{u}+\dot{u}+3u$，试建立系统的状态空间表达式。

解 由微分方程各系数可知

$$a_1=4,\ a_2=2,\ a_3=1$$

$$b_0=0,\ b_1=1,\ b_2=1,\ b_3=3$$

根据式（1-26）可直接写出状态空间表达式

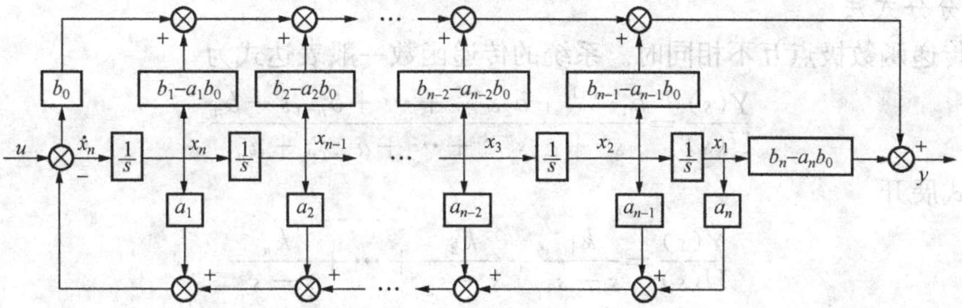

图 1-19　系统的状态变量图

$$\dot{\boldsymbol{x}}=\begin{bmatrix}0&1&0\\0&0&1\\-1&-2&-4\end{bmatrix}\boldsymbol{x}+\begin{bmatrix}0\\0\\1\end{bmatrix}u$$

$$y=\begin{bmatrix}3&1&1\end{bmatrix}\boldsymbol{x}$$

微分方程的系数与传递函数的系数是对应的，因而上述方法可直接用于传递函数转换为状态空间表达式。值得注意的是，以上方法特别适合于当传递函数分子、分母均为多项式时，直接将其转换为状态空间表达式的情况。

【例 1-15】　设系统的传递函数为

$$G(s)=\frac{2s+1}{s^3+7s^2+14s+8}$$

试建立系统的状态空间表达式。

解　对照一般传递函数式，有

$$a_1=7，a_2=14，a_3=8$$

$$b_0=0，b_1=0，b_2=2，b_3=1$$

按照方法一，有

$$\begin{aligned}&\beta_0=b_0=0\\&\beta_1=b_1-a_1\beta_0=0\\&\beta_2=b_2-a_1\beta_1-a_2\beta_0=2\\&\beta_3=b_3-a_1\beta_2-a_2\beta_1-a_3\beta_0=-13\end{aligned}$$

系统的状态空间表达式

$$\dot{\boldsymbol{x}}=\begin{bmatrix}0&1&0\\0&0&1\\-8&-14&-7\end{bmatrix}\boldsymbol{x}+\begin{bmatrix}0\\2\\-13\end{bmatrix}u$$

$$y=\begin{bmatrix}1&0&0\end{bmatrix}\boldsymbol{x}$$

按照方法二，可直接写出系统的状态空间表达式

$$\dot{\boldsymbol{x}}=\begin{bmatrix}0&1&0\\0&0&1\\-8&-14&-7\end{bmatrix}\boldsymbol{x}+\begin{bmatrix}0\\0\\1\end{bmatrix}u$$

$$y=\begin{bmatrix}1&2&0\end{bmatrix}\boldsymbol{x}$$

三、传递函数转换成状态空间表达式

除了上述方法之外，也可采用以下两种方法由传递函数推导出系统的状态空间表达式。

1. 部分分式法

(1) 传递函数极点互不相同时。系统的传递函数一般表达式为

$$\frac{Y(s)}{U(s)}=\frac{b_1s^{n-1}+b_2s^{n-2}+\cdots+b_{n-1}s+b_n}{s^n+a_1s^{n-1}+\cdots+a_{n-1}s+a_n}$$

按部分分式展开

$$\frac{Y(s)}{U(s)}=\frac{k_1}{s-s_1}+\frac{k_2}{s-s_2}+\cdots+\frac{k_n}{s-s_n} \tag{1-27}$$

式中：s_1，s_2，$\cdots s_n$ 为传递函数特征方程的根；k_1，k_2，$\cdots k_n$ 为待定系数。

设状态变量的拉氏变换为

$$\begin{cases}X_1(s)=\dfrac{1}{s-s_1}U(s)\\ X_2(s)=\dfrac{1}{s-s_2}U(s)\\ \vdots\\ X_n(s)=\dfrac{1}{s-s_n}U(s)\end{cases} \tag{1-28}$$

根据式（1-28）得

$$\begin{cases}sX_1(s)=s_1X_1(s)+U(s)\\ sX_2(s)=s_2X_2(s)+U(s)\\ \vdots\\ sX_n(s)=s_nX_n(s)+U(s)\end{cases} \tag{1-29}$$

将式（1-29）求拉氏反变换

$$\begin{cases}\dot{x}_1=s_1x_1+u\\ \dot{x}_2=s_2x_2+u\\ \vdots\\ \dot{x}_n=s_nx_n+u\end{cases} \tag{1-30}$$

式（1-30）即为系统的状态方程。

根据式（1-27）可得

$$Y(s)=\frac{k_1}{s-s_1}U(s)+\frac{k_2}{s-s_2}U(s)+\cdots+\frac{k_n}{s-s_n}U(s)$$

对上式求拉氏反变换可得系统的输出方程

$$y=k_1x_1+k_2x_2+\cdots+k_nx_n$$

状态空间表达式为

$$\begin{bmatrix}\dot{x}_1\\ \dot{x}_2\\ \vdots\\ \dot{x}_n\end{bmatrix}=\begin{bmatrix}s_1 & 0 & \cdots & 0\\ 0 & s_2 & \cdots & 0\\ \vdots & \vdots & \vdots & \vdots\\ 0 & \cdots & 0 & s_n\end{bmatrix}\begin{bmatrix}x_1\\ x_2\\ \vdots\\ x_n\end{bmatrix}+\begin{bmatrix}1\\ 1\\ \vdots\\ 1\end{bmatrix}u \tag{1-31}$$

$$y=\begin{bmatrix}k_1 & k_2 & \cdots & k_n\end{bmatrix}\begin{bmatrix}x_1\\x_2\\\vdots\\x_n\end{bmatrix} \tag{1-32}$$

系统的状态变量图如图 1-20 所示。

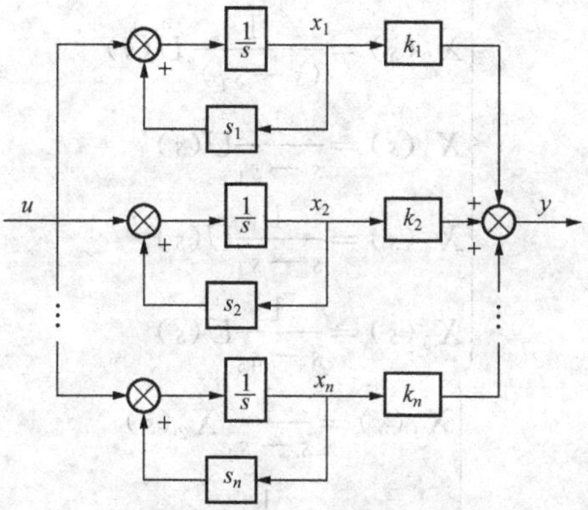

图 1-20　系统的状态变量图

【例 1-16】　设系统的传递函数为

$$\boldsymbol{G}(s)=\frac{2s+1}{s^3+7s^2+14s+8}$$

试求系统的状态空间表达式。

解　根据传递函数的特征方程

$$s^3+7s^2+14s+8=0$$

可求得特征方程的根

$$s_1=-1,\ s_2=-2,\ s_3=-4$$

传递函数的部分分式展开式为

$$G(s)=\frac{k_1}{s+1}+\frac{k_2}{s+2}+\frac{k_3}{s+4}$$

求待定系数

$$k_1=G(s)(s+1)|_{s=-1}=-\frac{1}{3}$$

$$k_2=G(s)(s+2)|_{s=-2}=\frac{3}{2}$$

$$k_3=G(s)(s+4)|_{s=-4}=-\frac{7}{6}$$

将求得的参数代入式（1-31）、式（1-32），得状态空间表达式

$$\dot{\boldsymbol{x}}=\begin{bmatrix}-1 & 0 & 0\\0 & -2 & 0\\0 & 0 & -4\end{bmatrix}\boldsymbol{x}+\begin{bmatrix}1\\1\\1\end{bmatrix}u$$

$$y=\begin{bmatrix}-\frac{1}{3} & \frac{3}{2} & -\frac{7}{6}\end{bmatrix}\boldsymbol{x}$$

（2）传递函数有重极点时，为了方便推导，以五阶系统为例。设系统的传递函数为

$$\frac{\boldsymbol{Y}(s)}{\boldsymbol{U}(s)}=\frac{k_{11}}{(s-s_1)^3}+\frac{k_{12}}{(s-s_1)^2}+\frac{k_{13}}{s-s_1}+\frac{k_4}{s-s_4}+\frac{k_5}{s-s_5}$$

设系统状态变量的拉氏变换为

$$\begin{cases} X_1(s)=\dfrac{1}{(s-s_1)^3}U(s) \\ X_2(s)=\dfrac{1}{(s-s_1)^2}U(s) \\ X_3(s)=\dfrac{1}{s-s_1}U(s) \\ X_4(s)=\dfrac{1}{s-s_4}U(s) \\ X_5(s)=\dfrac{1}{s-s_5}U(s) \end{cases}$$

得

$$\begin{cases} X_1(s)=\dfrac{1}{s-s_1}X_2(s) \\ X_2(s)=\dfrac{1}{s-s_1}X_3(s) \\ X_3(s)=\dfrac{1}{s-s_1}U(s) \\ X_4(s)=\dfrac{1}{s-s_4}U(s) \\ X_5(s)=\dfrac{1}{s-s_5}U(s) \end{cases}$$

对上式进行整理得

$$\begin{cases} sX_1(s)=s_1X_1(s)+X_2(s) \\ sX_2(s)=s_1X_2(s)+X_3(s) \\ sX_3(s)=s_1X_3(s)+U(s) \\ sX_4(s)=s_4X_4(s)+U(s) \\ sX_5(s)=s_5X_5(s)+U(s) \end{cases} \tag{1-33}$$

将式（1-33）进行拉氏反变换得系统的状态方程

$$\begin{cases} \dot{x}_1=s_1x_1+x_2 \\ \dot{x}_2=s_2x_2+x_3 \\ \dot{x}_3=s_1x_3+u \\ \dot{x}_4=s_4x_4+u \\ \dot{x}_5=s_5x_5+u \end{cases}$$

根据传递函数可求得

$$Y(s)=k_{11}X_1(s)+k_{12}X_2(s)+k_{13}X_3(s)+k_4X_4(s)+k_5X_5(s)$$

将上式求拉氏反变换，即得输出方程

$$y=k_{11}x_1+k_{12}x_2+k_{13}x_3+k_4x_4+k_5x_5$$

系统的状态空间表达式为

$$\begin{bmatrix}\dot{x}_1\\ \dot{x}_2\\ \dot{x}_3\\ \dot{x}_4\\ \dot{x}_5\end{bmatrix}=\left[\begin{array}{ccc|cc}s_1 & 1 & 0 & 0 & 0\\ 0 & s_1 & 1 & 0 & 0\\ 0 & 0 & s_1 & 0 & 0\\ \hline 0 & 0 & 0 & s_4 & 0\\ 0 & 0 & 0 & 0 & s_5\end{array}\right]\begin{bmatrix}x_1\\ x_2\\ x_3\\ x_4\\ x_5\end{bmatrix}+\begin{bmatrix}0\\ 0\\ 1\\ 1\\ 1\end{bmatrix}u \tag{1-34}$$

$$y=\begin{bmatrix}k_{11} & k_{12} & k_{13} & k_4 & k_5\end{bmatrix}\begin{bmatrix}x_1\\ x_2\\ x_3\\ x_4\\ x_5\end{bmatrix} \tag{1-35}$$

系统的状态变量图如图 1-21 所示。

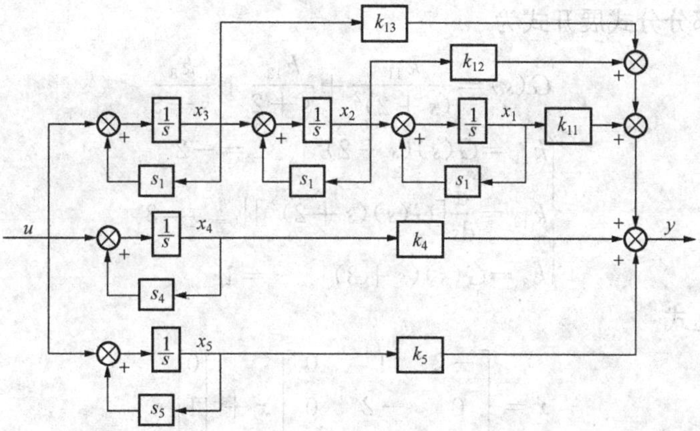

图 1-21　系统的状态变量图

这种形式的状态空间表达式称为约当标准型。如果传递函数中分子阶次等于分母阶次，输入与输出间的直联部分 d 不等于零。

将以上的结果推广至 n 阶系统，设 s_1，s_2，…，s_k 为系统的 k 个单极点，s_{k+1} 为 l 个重极点，s_{k+l+1} 为 m 个重极点，且 $k+l+m=n$，则可写出系统的状态空间表达式

$$\begin{bmatrix}\dot{x}_1\\ \vdots\\ \dot{x}_k\\ \hdashline \dot{x}_{k+1}\\ \vdots\\ \vdots\\ \dot{x}_{k+l}\\ \hdashline \dot{x}_{k+l+1}\\ \vdots\\ \vdots\\ \dot{x}_n\end{bmatrix}=\left[\begin{array}{ccc:ccc:ccc}s_1 & & 0 & & & & & & 0\\ & \ddots & & & & & & & \\ 0 & & s_k & & & & & & \\ \hdashline & & & s_{k+1} & 1 & & & & \\ & & & & \ddots & \ddots & & & \\ & & & & & \ddots\ 1 & & & \\ & & & & & s_{k+1} & & & \\ \hdashline & & & & & & s_{k+l+1} & 1 & \\ & & & & & & & \ddots & \ddots \\ & & & & & & & & \ddots\ 1\\ 0 & & & & & & & & s_n\end{array}\right]\begin{bmatrix}x_1\\ \vdots\\ x_k\\ \hdashline x_{k+1}\\ \vdots\\ \vdots\\ x_{k+l}\\ \hdashline x_{k+l+1}\\ \vdots\\ \vdots\\ x_n\end{bmatrix}+\begin{bmatrix}1\\ \vdots\\ 1\\ 0\\ \vdots\\ 0\\ 1\\ 0\\ \vdots\\ 0\\ 1\end{bmatrix}u$$

(1-36)

$$y=[k_1 \quad \cdots \quad k_k \quad k_{k+1} \quad \cdots \quad k_{k+l} \quad k_{k+l+1} \quad \cdots \quad k_n]\begin{bmatrix}x_1\\ \vdots \\ x_n\end{bmatrix} \tag{1-37}$$

【例 1-17】 设系统的传递函数为

$$G(s)=\frac{4s^2+17s+16}{s^3+7s^2+16s+12}$$

试求系统的状态空间表达式。

解 根据传递函数的特征方程

$$s^3+7s^2+16s+12=0$$

可求得特征方程的根

$$s_1=-2,\ s_2=-2,\ s_3=-3$$

传递函数的部分分式展开式为

$$G(s)=\frac{k_{11}}{(s+2)^2}+\frac{k_{12}}{s+2}+\frac{k_3}{s+3}$$

求待定系数

$$\begin{cases}k_{11}=G(s)(s+2)^2|_{s=-2}=-2\\ k_{12}=\dfrac{\mathrm{d}}{\mathrm{d}s}[G(s)(s+2)^2]|_{s=-2}=3\\ k_3=G(s)(s+3)|_{s=-3}=1\end{cases}$$

即得状态空间表达式

$$\dot{\boldsymbol{x}}=\begin{bmatrix}-2 & 1 & 0\\ 0 & -2 & 0\\ 0 & 0 & -3\end{bmatrix}\boldsymbol{x}+\begin{bmatrix}0\\ 1\\ 1\end{bmatrix}u$$

$$y=[-2 \quad 3 \quad 1]\boldsymbol{x}$$

2. 状态变量图法

状态变量图法，就是由系统的传递函数画出系统的状态变量图，然后根据状态变量图写出系统的状态空间表达式。

例如，若系统的传递函数为

$$\frac{Y(s)}{U(s)}=\frac{1}{s+a}$$

可将上式写成

$$\frac{Y(s)}{U(s)}=\frac{s^{-1}}{1+as^{-1}}$$

即

$$[U(s)-aY(s)]s^{-1}=Y(s)$$

用状态变量图表示如图 1-22 所示。

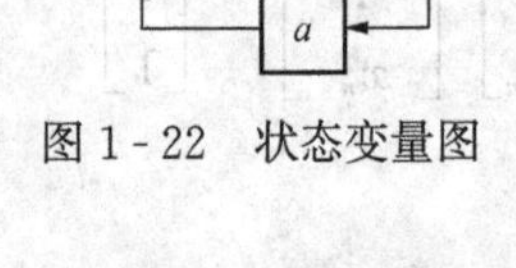

图 1-22 状态变量图

由状态变量图可得系统的状态空间表达式

$$\dot{x}_1=-ax_1+u$$

$$y=x_1$$

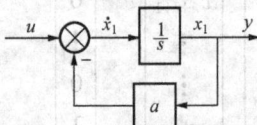

下面讨论一般情况，设 n 阶线性系统的传递函数为

$$\frac{Y(s)}{U(s)}=\frac{b_1s^{n-1}+b_2s^{n-2}+\cdots+b_{n-1}s+b_n}{s^n+a_1s^{n-1}+\cdots+a_{n-1}s+a_n}$$

可采用以下几种状态变量图法来列写状态空间表达式。

(1) 级联法。对上式分子分母同乘以 s^{-n}，将系统传递函数改写成

$$\frac{Y(s)}{U(s)}=\frac{b_1s^{-1}+b_2s^{-2}+\cdots+b_{n-1}s^{-(n-1)}+b_ns^{-n}}{1+a_1s^{-1}+a_2s^{-2}+\cdots+a_{n-1}s^{-(n-1)}+a_ns^{-n}}$$

得

$$Y(s)=U(s)\frac{b_1s^{-1}+b_2s^{-2}+\cdots+b_{n-1}s^{-(n-1)}+b_ns^{-n}}{1+a_1s^{-1}+a_2s^{-2}+\cdots+a_{n-1}s^{-(n-1)}+a_ns^{-n}}$$

令

$$E(s)=U(s)\frac{1}{1+a_1s^{-1}+a_2s^{-2}+\cdots+a_{n-1}s^{-(n-1)}+a_ns^{-n}}$$

则

$$E(s)=U(s)-a_1s^{-1}E(s)-a_2s^{-2}E(s)-\cdots-a_ns^{-n}E(s) \tag{1-38}$$

$$\begin{aligned}Y(s)&=E(s)(b_1s^{-1}+b_2s^{-2}+\cdots+b_ns^{-n})\\&=b_1s^{-1}E(s)+b_2s^{-2}E(s)+\cdots+b_ns^{-n}E(s)\end{aligned} \tag{1-39}$$

由式 (1-38) 和式 (1-39) 可作出系统的状态变量图，如图 1-23 所示。

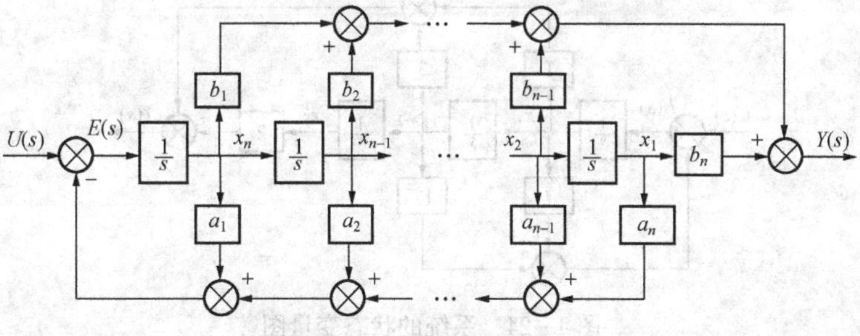

图 1-23　系统的状态变量图

由状态变量图，可写出系统的状态方程和输出方程

$$\begin{cases}\dot{x}_1=x_2\\ \dot{x}_2=x_3\\ \quad\vdots\\ \dot{x}_{n-1}=x_n\\ \dot{x}_n=-a_nx_1-a_{n-1}x_2-\cdots-a_2x_{n-1}-a_1x_n+u\end{cases}$$

$$y=b_nx_1+b_{n-1}x_2+\cdots+b_2x_{n-1}+b_1x_n$$

则系统的状态空间表达式为

$$\begin{bmatrix}\dot{x}_1\\ \dot{x}_2\\ \vdots\\ \dot{x}_{n-1}\\ \dot{x}_n\end{bmatrix}=\begin{bmatrix}0&1&0&\cdots&0\\0&0&1&\cdots&0\\ \vdots&\vdots&\vdots&\vdots&\vdots\\0&0&\cdots&0&1\\-a_n&-a_{n-1}&-a_{n-2}&\cdots&-a_1\end{bmatrix}\begin{bmatrix}x_1\\x_2\\ \vdots\\x_{n-1}\\x_n\end{bmatrix}+\begin{bmatrix}0\\0\\ \vdots\\0\\1\end{bmatrix}u \tag{1-40}$$

$$y=\begin{bmatrix}b_n & b_{n-1} & \cdots & b_2 & b_1\end{bmatrix}\begin{bmatrix}x_1\\x_2\\\vdots\\x_{n-1}\\x_n\end{bmatrix} \tag{1-41}$$

【例 1-18】 设线性系统的传递函数为

$$\frac{Y(s)}{U(s)}=\frac{s^2+3s+2}{s(s^2+7s+12)}$$

试绘制系统的状态变量图，并根据状态变量图写出系统的状态空间表达式。

解 将传递函数改写成

$$\frac{Y(s)}{U(s)}=\frac{s^{-1}+3s^{-2}+2s^{-3}}{1+7s^{-1}+12s^{-2}}$$

令
$$E(s)=U(s)\frac{1}{1+7s^{-1}+12s^{-2}}$$

则
$$Y(s)=E(s)(s^{-1}+3s^{-2}+2s^{-3})$$

状态变量图如图 1-24 所示。

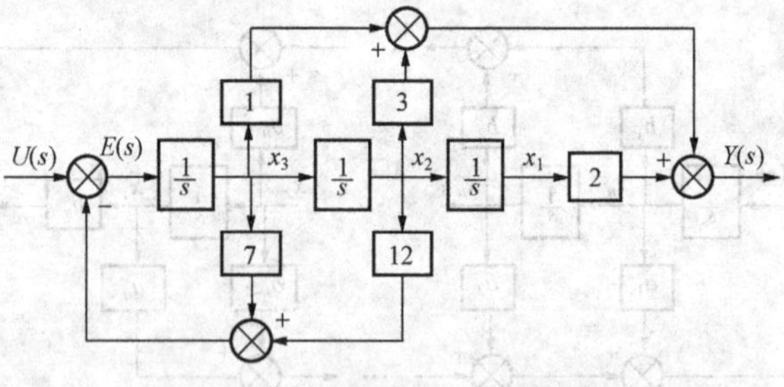

图 1-24 系统的状态变量图

由图 1-24 可写出状态空间表达式

$$\dot{x}=\begin{bmatrix}0 & 1 & 0\\0 & 0 & 1\\0 & -12 & -7\end{bmatrix}x+\begin{bmatrix}0\\0\\1\end{bmatrix}u$$

$$y=\begin{bmatrix}2 & 3 & 1\end{bmatrix}x$$

(2) 并联法。并联法就是将 n 阶系统的的传递函数按部分分式展开，分解为若干个一阶传递函数之和，并对各一阶传递函数进行模拟，进而将它们并联起来，得到系统的状态变量图。

设传递函数分解为

$$\frac{Y(s)}{U(s)}=\frac{b_1s^{-1}+b_2s^{-2}+\cdots+b_{n-1}s^{-(n-1)}+b_ns^{-n}}{1+a_1s^{-1}+a_2s^{-2}+\cdots+a_{n-1}s^{-(n-1)}+a_ns^{-n}}$$
$$=\frac{k_1}{s+s_1}+\frac{k_2}{s+s_2}+\cdots+\frac{k_n}{s+s_n}$$

依此，可作出并联状态变量图如图 1-25 所示。设积分器输出为状态变量，由图可得系统状态空间表达式

$$\begin{cases}\dot{x}_1=s_1x_1+u\\ \dot{x}_2=s_2x_2+u\\ \vdots\\ \dot{x}_n=s_nx_n+u\end{cases}$$

$$y=k_1x_1+k_2x_2+\cdots+k_nx_n$$

写成矩阵形式，有

$$\dot{\boldsymbol{x}}=\begin{bmatrix}s_1 & 0 & \cdots & 0\\ 0 & s_2 & \cdots & 0\\ \vdots & \vdots & \vdots & \vdots\\ 0 & \cdots & 0 & s_n\end{bmatrix}\boldsymbol{x}+\begin{bmatrix}1\\1\\ \vdots\\1\end{bmatrix}u \quad (1-42)$$

$$y=[k_1 \quad k_2 \quad \cdots \quad k_n]\boldsymbol{x} \quad (1-43)$$

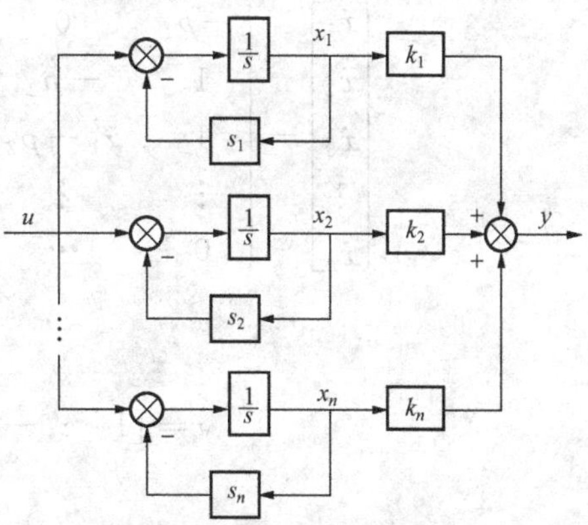

图 1-25 并联状态变量图

可见，与前述部分分式法的区别就在于，并联法是先作图，再由图得状态空间表达式。

(3) 串联法。串联法就是将一个 n 阶系统的的传递函数分解为若干个一阶传递函数之积，并对各一阶传递函数进行模拟，进而将它们串联起来，得到系统的状态变量图。

设传递函数已分解为

$$G(s)=\frac{Y(s)}{U(s)}=\frac{b_1(s+z_1)(s+z_2)\cdots(s+z_{n-1})}{(s+p_1)(s+p_{2)})\cdots(s+p_n)}$$

可进一步写成

$$G(s)=\frac{Y(s)}{U(s)}=\frac{b_1}{s+p_1}\cdot\frac{s+z_1}{s+p_2}\cdot\cdots\frac{s+z_{n-1}}{s+p_n}$$

其中

$$\frac{s+z_1}{s+p_2}=1+\frac{z_1-p_2}{s+p_2}$$

显见，系统可看成由 n 个一阶环节串联组成，作出系统状态变量图如图 1-26 所示。

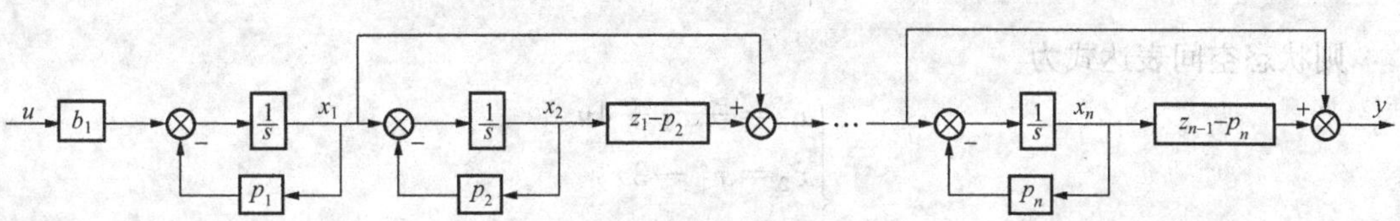

图 1-26 串联状态变量图

设各积分器的输出为状态变量，则状态空间表达式为

$$\begin{cases}\dot{x}_1=-p_1x_1+b_1u\\ \dot{x}_2=x_1-p_2x_2\\ \dot{x}_3=x_1+(z_1-p_2)x_2-p_3x_3\\ \vdots\\ \dot{x}_n=x_{n-2}+(z_{n-2}-p_{n-1})x_{n-1}-p_nx_n\end{cases}$$

$$y=x_1+(z_1-p_2)x_2+(z_2-p_3)x_3+\cdots+(z_{n-1}-p_n)x_n$$

写成矩阵形式为

$$\begin{bmatrix}\dot{x}_1\\\dot{x}_2\\\dot{x}_3\\\vdots\\\dot{x}_n\end{bmatrix}=\begin{bmatrix}-p_1&0&\cdots&0\\1&-p_2&\cdots&0\\1&z_1-p_2&-p_3&\\\vdots&\vdots&\vdots&\vdots\\0&\cdots&Z_{n-2}-p_{n-1}&-p_n\end{bmatrix}\begin{bmatrix}x_1\\x_2\\x_3\\\vdots\\x_n\end{bmatrix}+\begin{bmatrix}b_1\\0\\0\\\vdots\\0\end{bmatrix}u \tag{1-44}$$

$$y=[1\quad z_1-p_2\quad\cdots\quad z_{n-1}-p_n]\begin{bmatrix}x_1\\x_2\\x_3\\\vdots\\x_n\end{bmatrix} \tag{1-45}$$

【例 1-19】　设线性系统的传递函数为

$$G(s)=\frac{Y(s)}{U(s)}=\frac{4s+8}{s^3+8s^2+19s+12}$$

试绘制系统的状态变量图，并根据状态变量图写出系统的状态空间表达式。

解　将传递函数写成

$$G(s)=\frac{4(s+2)}{(s+1)(s+3)(s+4)}=\frac{4}{s+1}\cdot\frac{1}{s+3}\cdot\frac{s+2}{s+4}$$

其状态变量图如图 1-27 所示。

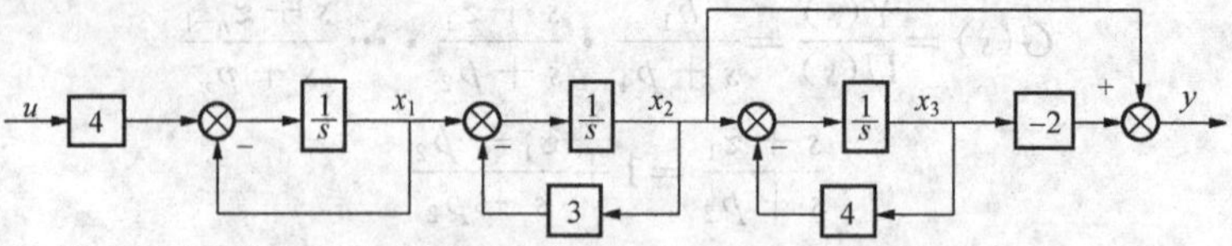

图 1-27　系统状态变量图

则状态空间表达式为

$$\begin{cases}\dot{x}_1=-x_1+4u\\\dot{x}_2=x_1-3x_2\\\dot{x}_3=x_2-4x_3\\y=x_2-2x_3\end{cases}$$

写成矩阵形式为

$$\dot{\boldsymbol{x}}=\begin{bmatrix}-1&0&0\\1&-3&0\\0&1&-4\end{bmatrix}\boldsymbol{x}+\begin{bmatrix}4\\0\\0\end{bmatrix}u$$

$$y=[0\quad 1\quad -2]\,\boldsymbol{x}$$

上述由经典模型转换为状态空间表达式称为系统的实现问题。实现存在的条件是传递函数分子、分母多项式的系数为常数，且其分子的阶次不高于分母的阶次。必须指出：从传递函数转换成状态空间表达式并不是唯一的，即实现的非唯一性。

另外，只要传递函数不出现零、极点对消，则对 n 阶系统必有 n 个独立状态变量，必有 n 个一阶微分方程与之对应。此时，对应的实现称为最小实现，当然，最小实现也不是唯一的。

第三节 状态空间表达式转换为传递函数矩阵

一、系统的传递函数矩阵

传递函数表达了单输入/单输出系统输入与输出间的传递特性。同样，可用传递函数矩阵来表达多输入/多输出系统输入向量与输出向量间的传递特性。

设一双输入/双输出线性系统的结构如图 1-28 所示。

图 1-28 中，输入、输出分别为$U_1(s)$，$U_2(s)$，$Y_1(s)$，$Y_2(s)$，传递函数为

$$G_{11}(s)=\frac{Y_1(s)}{U_1(s)},\ G_{12}(s)=\frac{Y_1(s)}{U_2(s)},\ G_{21}(s)=\frac{Y_2(s)}{U_1(s)},\ G_{22}(s)=\frac{Y_2(s)}{U_2(s)}$$

根据结构图可得

$$\begin{cases}Y_1(s)=G_{11}(s)U_1(s)+G_{12}(s)U_2(s)\\ Y_2(s)=G_{21}(s)U_1(s)+G_{22}(s)U_2(s)\end{cases}$$

用矩阵表示为

$$\begin{bmatrix}Y_1(s)\\ Y_2(s)\end{bmatrix}=\begin{bmatrix}G_{11}(s) & G_{12}(s)\\ G_{21}(s) & G_{22}(s)\end{bmatrix}\begin{bmatrix}U_1(s)\\ U_2(s)\end{bmatrix}$$

简写成

$$\boldsymbol{Y}(s)=\boldsymbol{G}(s)\boldsymbol{U}(s) \tag{1-46}$$

式中：$\boldsymbol{G}(s)$ 反映了输入向量与输出向量间的传递关系，称为系统的传递函数矩阵。

如果系统有 r 个输入变量，m 个输出变量，其传递函数矩阵可表示为

$$\boldsymbol{G}(s)=\begin{bmatrix}G_{11}(s) & G_{12}(s) & \cdots & G_{1r}(s)\\ G_{12}(s) & G_{22}(s) & \cdots & G_{2r}(s)\\ \vdots & \vdots & \vdots & \vdots\\ G_{m1}(s) & G_{m2}(s) & \cdots & G_{mr}(s)\end{bmatrix} \tag{1-47}$$

【例 1-20】 图 1-29 为一机械位移系统，系统的输入为作用力 F_1 和 F_2，输出为位移 y_1 和 y_2，试求系统的传递函数矩阵。

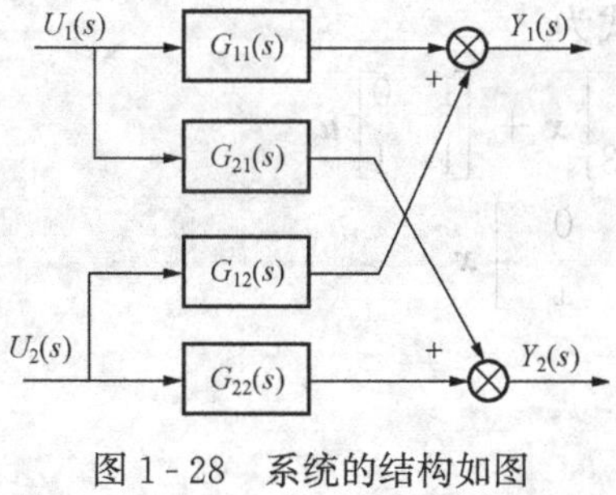

图 1-28 系统的结构如图

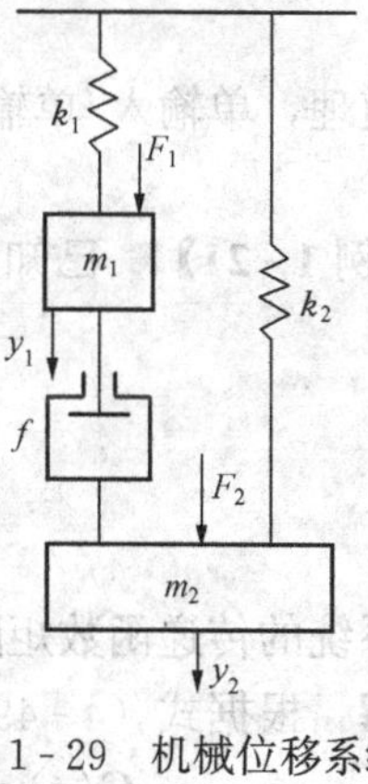

图 1-29 机械位移系统

解 根据牛顿第二定律，可列写出下列微分方程

$$\begin{cases}m_1\dfrac{d^2y_1}{dt^2}+f\dfrac{d(y_1-y_2)}{dt}+k_1y_1=F_1\\ m_2\dfrac{d^2y_2}{dt^2}+f\dfrac{d(y_2-y_1)}{dt}+k_2y_2=F_2\end{cases}$$

拉氏变换后

$$\begin{cases}(m_1s^2+fs+k_1)Y(s)-fsY_2(s)=F_1(s)\\(m_2s^2+fs+k_2)Y_2(s)-fsY_1(s)=F_2(s)\end{cases}$$

用矩阵表示为

$$\begin{bmatrix}m_1s^2+fs+k_1 & -fs\\ -fs & m_2s^2+fs+k_2\end{bmatrix}\begin{bmatrix}Y_1(s)\\Y_2(s)\end{bmatrix}=\begin{bmatrix}F_1(s)\\F_2(s)\end{bmatrix}$$

$$\begin{bmatrix}Y_1(s)\\Y_2(s)\end{bmatrix}=\begin{bmatrix}m_1s^2+fs+k_1 & -fs\\ -fs & m_2s^2+fs+k_2\end{bmatrix}^{-1}\begin{bmatrix}F_1(s)\\F_2(s)\end{bmatrix}$$

传递函数矩阵

$$\boldsymbol{G}(s)=\begin{bmatrix}m_1s^2+fs+k_1 & -fs\\ -fs & m_2s^2+fs+k_2\end{bmatrix}^{-1}$$

二、状态空间表达式转化成传递函数矩阵

前面已经介绍，线性多输入/多输出系统的状态空间表达式为

$$\begin{cases}\dot{\boldsymbol{x}}=\boldsymbol{A}\boldsymbol{x}+\boldsymbol{B}\boldsymbol{u}\\\boldsymbol{y}=\boldsymbol{C}\boldsymbol{x}+\boldsymbol{D}\boldsymbol{u}\end{cases}$$

对上式求拉氏变换得

$$\begin{cases}s\boldsymbol{X}(s)-\boldsymbol{X}(0)=\boldsymbol{A}\boldsymbol{X}(s)+\boldsymbol{B}\boldsymbol{U}(s)\\\boldsymbol{Y}(s)=\boldsymbol{C}\boldsymbol{X}(s)+\boldsymbol{D}\boldsymbol{U}(s)\end{cases}\tag{1-48}$$

当初始条件为零时，$X(0)=0$，根据式（1-48）得

$$s\boldsymbol{X}(s)=\boldsymbol{A}\boldsymbol{X}(s)+\boldsymbol{B}\boldsymbol{U}(s)$$

$$\boldsymbol{X}(s)=(s\boldsymbol{I}-\boldsymbol{A})^{-1}\boldsymbol{B}\boldsymbol{U}(s)$$

$$\boldsymbol{Y}(s)=[\boldsymbol{C}(s\boldsymbol{I}-\boldsymbol{A})^{-1}\boldsymbol{B}+\boldsymbol{D}]\boldsymbol{U}(s)$$

系统的传递函数矩阵为

$$\boldsymbol{G}(s)=\boldsymbol{C}(s\boldsymbol{I}-\boldsymbol{A})^{-1}\boldsymbol{B}+\boldsymbol{D}\tag{1-49}$$

同样道理，单输入/单输出系统的传递函数矩阵为

$$\boldsymbol{G}(s)=\boldsymbol{c}(s\boldsymbol{I}-\boldsymbol{A})^{-1}\boldsymbol{b}+d\tag{1-50}$$

【例 1-21】 已知系统的状态空间表达式为

$$\dot{\boldsymbol{x}}=\begin{bmatrix}0 & 1\\-2 & -3\end{bmatrix}\boldsymbol{x}+\begin{bmatrix}1 & 0\\1 & 1\end{bmatrix}\boldsymbol{u}$$

$$\boldsymbol{y}=\begin{bmatrix}1 & 0\\1 & 1\end{bmatrix}\boldsymbol{x}$$

试求系统的传递函数矩阵。

解 根据式（4-49）可得

$$\begin{aligned}\boldsymbol{G}(s)&=\boldsymbol{C}(s\boldsymbol{I}-\boldsymbol{A})^{-1}\boldsymbol{B}\\&=\begin{bmatrix}1 & 0\\1 & 1\end{bmatrix}\begin{bmatrix}s & -1\\2 & s+3\end{bmatrix}^{-1}\begin{bmatrix}1 & 0\\1 & 1\end{bmatrix}\\&=\begin{bmatrix}1 & 0\\1 & 1\end{bmatrix}\begin{bmatrix}\dfrac{s+3}{(s+1)(s+2)} & \dfrac{1}{(s+1)(s+2)}\\\dfrac{-2}{(s+1)(s+2)} & \dfrac{s}{(s+1)(s+2)}\end{bmatrix}\begin{bmatrix}1 & 0\\1 & 1\end{bmatrix}\end{aligned}$$

$$=\begin{bmatrix}\dfrac{s+4}{(s+1)(s+2)} & \dfrac{1}{(s+1)(s+2)}\\ \dfrac{2}{(s+2)} & \dfrac{1}{(s+2)}\end{bmatrix}$$

【例 1-22】　已知系统的状态空间表达式为

$$\dot{\boldsymbol{x}}=\begin{bmatrix}-5 & -1\\ 3 & -1\end{bmatrix}\boldsymbol{x}+\begin{bmatrix}2\\ 5\end{bmatrix}u$$

$$y=[1\quad 2]\,\boldsymbol{x}$$

试求系统的传递函数矩阵。

解　根据式（1-50）得

$$\begin{aligned}G(s)&=\boldsymbol{C}(s\boldsymbol{I}-\boldsymbol{A})^{-1}\boldsymbol{B}\\ &=[1\quad 2]\begin{bmatrix}s+5 & 1\\ -3 & s+1\end{bmatrix}^{-1}\begin{bmatrix}2\\ 5\end{bmatrix}\\ &=[1\quad 2]\begin{bmatrix}\dfrac{s+1}{(s+2)(s+4)} & \dfrac{-1}{(s+2)(s+4)}\\ \dfrac{3}{(s+2)(s+4)} & \dfrac{s+5}{(s+2)(s+4)}\end{bmatrix}\begin{bmatrix}2\\ 5\end{bmatrix}\\ &=\frac{12s+59}{(s+2)(s+4)}\end{aligned}$$

三、组合系统的传递函数矩阵

1. 串联系统的传递函数矩阵

串联组合系统的结构如图 1-30 所示。

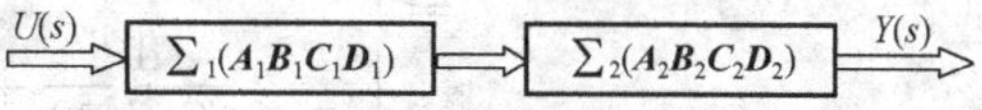

图 1-30　串联组合系统结构图

串联组合系统的状态空间表达式

$$\begin{bmatrix}\dot{x}_1\\ \dot{x}_2\end{bmatrix}=\begin{bmatrix}\boldsymbol{A}_1 & 0\\ \boldsymbol{B}_2\boldsymbol{C}_1 & A_2\end{bmatrix}\begin{bmatrix}x_1\\ x_2\end{bmatrix}+\begin{bmatrix}\boldsymbol{B}_1\\ \boldsymbol{B}_2\boldsymbol{D}_1\end{bmatrix}\boldsymbol{u}$$

$$\boldsymbol{y}=[\boldsymbol{D}_2\boldsymbol{C}_1\quad \boldsymbol{C}_2]\begin{bmatrix}x_1\\ x_2\end{bmatrix}+\boldsymbol{D}_2\boldsymbol{D}_1\boldsymbol{u}$$

系统的传递函数矩阵

$$\begin{aligned}\boldsymbol{G}(s)&=\boldsymbol{C}(s\boldsymbol{I}-\boldsymbol{A})^{-1}\boldsymbol{B}+\boldsymbol{D}\\ &=[\boldsymbol{D}_2\boldsymbol{C}_1\quad \boldsymbol{C}_2]\begin{bmatrix}s-\boldsymbol{A}_1 & 0\\ -\boldsymbol{B}_2\boldsymbol{C}_1 & s-\boldsymbol{A}_2\end{bmatrix}^{-1}\begin{bmatrix}\boldsymbol{B}_1\\ \boldsymbol{B}_2\boldsymbol{D}_1\end{bmatrix}+\boldsymbol{D}_2\boldsymbol{D}_1\end{aligned}$$

根据分块矩阵的求逆公式

$$\begin{bmatrix}s\boldsymbol{I}-\boldsymbol{A}_1 & 0\\ -\boldsymbol{B}_2\boldsymbol{C}_1 & s\boldsymbol{I}-\boldsymbol{A}_2\end{bmatrix}^{-1}=\begin{bmatrix}(s\boldsymbol{I}-\boldsymbol{A}_1)^{-1} & 0\\ (s\boldsymbol{I}-\boldsymbol{A}_2)^{-1}\boldsymbol{B}_2\boldsymbol{C}_1(s\boldsymbol{I}-\boldsymbol{A}_1)^{-1} & (s\boldsymbol{I}-\boldsymbol{A}_2)^{-1}\end{bmatrix}$$

将上式带入可求得系统的传递函数矩阵

$$\begin{aligned}\boldsymbol{G}(s)&=[\boldsymbol{D}_2\boldsymbol{C}_1\quad \boldsymbol{C}_2]\begin{bmatrix}(s\boldsymbol{I}-\boldsymbol{A}_1)^{-1} & 0\\ (s\boldsymbol{I}-\boldsymbol{A}_2)^{-1}\boldsymbol{B}_2\boldsymbol{C}_1(s\boldsymbol{I}-\boldsymbol{A}_1)^{-1} & (s\boldsymbol{I}-\boldsymbol{A}_2)^{-1}\end{bmatrix}\begin{bmatrix}\boldsymbol{B}_1\\ \boldsymbol{B}_2\boldsymbol{D}_2\end{bmatrix}+\boldsymbol{D}_2\boldsymbol{D}_1\\ &=\boldsymbol{D}_2\boldsymbol{C}_1(s\boldsymbol{I}-\boldsymbol{A}_1)^{-1}\boldsymbol{B}_1+\boldsymbol{C}_2(s\boldsymbol{I}-\boldsymbol{A}_2)^{-1}\boldsymbol{B}_2\boldsymbol{C}_1(s\boldsymbol{I}-\boldsymbol{A}_1)^{-1}\boldsymbol{B}_1\end{aligned}$$

$$+\boldsymbol{C}_2(s\boldsymbol{I}-\boldsymbol{A}_2)^{-1}\boldsymbol{B}_2\boldsymbol{D}_1+\boldsymbol{D}_2\boldsymbol{D}_1$$

$$=\boldsymbol{D}_2[\boldsymbol{C}_1(s\boldsymbol{I}-\boldsymbol{A}_1)^{-1}\boldsymbol{B}_1+\boldsymbol{D}_1]+[\boldsymbol{C}_2(s\boldsymbol{I}-\boldsymbol{A}_2)^{-1}\boldsymbol{B}_2][\boldsymbol{C}_1(s\boldsymbol{I}-\boldsymbol{A}_1)^{-1}\boldsymbol{B}_1+\boldsymbol{D}_1]$$

$$=[\boldsymbol{D}_2+[\boldsymbol{C}_2(s\boldsymbol{I}-\boldsymbol{A}_2)^{-1}\boldsymbol{B}_2][\boldsymbol{C}_1(s\boldsymbol{I}-\boldsymbol{A}_1)^{-1}\boldsymbol{B}_1+\boldsymbol{D}_1]$$

$$\boldsymbol{G}(s)=\boldsymbol{G}_2(s)\boldsymbol{G}_1(s) \tag{1-51}$$

串联系统的传递函数矩阵等于两子系统传递函数矩阵的乘积。式（1-51）中子系统传递函数矩阵的排列顺序和它们在系统中的连接顺序恰恰相反，不能颠倒。这一点和单输入/单输出系统不同。

【例 1-23】 已知两子系统的传递函数阵

$$\boldsymbol{G}_1(s)=\begin{bmatrix}\frac{1}{s+1} & \frac{1}{s+3}\\ 1 & \frac{1}{s+1}\end{bmatrix},\ \boldsymbol{G}_2(s)=\begin{bmatrix}\frac{1}{s+2} & \frac{1}{s+1}\\ \frac{1}{s} & 2\end{bmatrix}$$

试求两子系统的串联组合的传递函数矩阵。

解 根据式（1-51）得

$$\boldsymbol{G}(s)=\boldsymbol{G}_2(s)\boldsymbol{G}_1(s)=\begin{bmatrix}\frac{1}{s+2} & \frac{1}{s+1}\\ \frac{1}{s} & 2\end{bmatrix}\begin{bmatrix}\frac{1}{s+1} & \frac{1}{s+3}\\ 1 & \frac{1}{s+1}\end{bmatrix}$$

$$=\begin{bmatrix}\frac{1}{(s+2)(s+1)}+\frac{1}{s+1} & \frac{1}{(s+2)(s+3)}+\frac{1}{(s+1)^2}\\ \frac{1}{s(s+1)}+2 & \frac{1}{s(s+3)}+\frac{2}{s+1}\end{bmatrix}$$

$$=\begin{bmatrix}\frac{s+3}{(s+2)(s+1)} & \frac{2s^2+7s+7}{(s+2)(s+3)(s+1)^2}\\ \frac{2s^2+2s+1}{s(s+1)} & \frac{2s^2+7s+1}{s(s+3)(s+1)}\end{bmatrix}$$

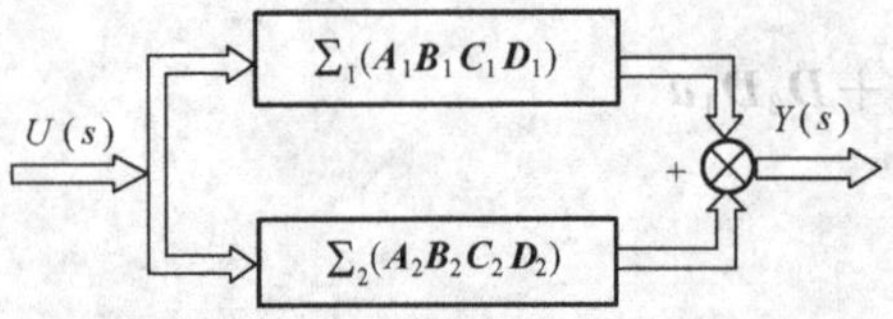

图 1-31 并联组合系统结构图

2. 并联系统的传递函数矩阵

并联组合系统的结构如图 1-31 所示。

并联组合系统的状态空间表达式

$$\begin{bmatrix}\dot{\boldsymbol{x}}_1\\ \dot{\boldsymbol{x}}_2\end{bmatrix}=\begin{bmatrix}\boldsymbol{A}_1 & 0\\ 0 & \boldsymbol{A}_2\end{bmatrix}\begin{bmatrix}\boldsymbol{x}_1\\ \boldsymbol{x}_2\end{bmatrix}+\begin{bmatrix}\boldsymbol{B}_1\\ \boldsymbol{B}_2\end{bmatrix}\boldsymbol{u}$$

$$\boldsymbol{y}=[\boldsymbol{C}_1\quad \boldsymbol{C}_2]\begin{bmatrix}\boldsymbol{x}_1\\ \boldsymbol{x}_2\end{bmatrix}+[\boldsymbol{D}_1+\boldsymbol{D}_2]\boldsymbol{u}$$

$$\boldsymbol{G}(s)=[\boldsymbol{C}_1\quad \boldsymbol{C}_2]\begin{bmatrix}(s\boldsymbol{I}-\boldsymbol{A}_1)^{-1} & 0\\ 0 & (s\boldsymbol{I}-\boldsymbol{A}_2)^{-1}\end{bmatrix}\begin{bmatrix}\boldsymbol{B}_1\\ \boldsymbol{B}_2\end{bmatrix}+(\boldsymbol{D}_2+\boldsymbol{D}_1)$$

$$=[\boldsymbol{C}_1(s\boldsymbol{I}-\boldsymbol{A}_1)^{-1}\boldsymbol{B}_1+\boldsymbol{D}_1]+[\boldsymbol{C}_2(s\boldsymbol{I}-\boldsymbol{A}_2)^{-1}\boldsymbol{B}_2+\boldsymbol{D}_2]$$

$$\boldsymbol{G}(s)=\boldsymbol{G}_1(s)+\boldsymbol{G}_2(s) \tag{1-52}$$

并联系统的传递函数矩阵等于两子系统传递函数矩阵之和。

【例 1-24】 已知两子系统的传递函数阵

$$G_1(s)=\begin{bmatrix}\frac{1}{s+1} & \frac{1}{s+3}\\ 1 & \frac{1}{s+1}\end{bmatrix},\ G_2(s)=\begin{bmatrix}\frac{1}{s+2} & \frac{1}{s+1}\\ \frac{1}{s} & 2\end{bmatrix}$$

试求两子系统的并联组合的传递函数矩阵。

解

$$G(s)=G_1(s)+G_2(s)=\begin{bmatrix}\frac{1}{s+2} & \frac{1}{s+1}\\ \frac{1}{s} & 2\end{bmatrix}+\begin{bmatrix}\frac{1}{s+1} & \frac{1}{s+3}\\ 1 & \frac{1}{s+1}\end{bmatrix}$$

$$=\begin{bmatrix}\frac{1}{s+2}+\frac{1}{s+1} & \frac{1}{s+3}+\frac{1}{s+1}\\ \frac{1}{s}+1 & 2+\frac{1}{s+1}\end{bmatrix}$$

$$=\begin{bmatrix}\frac{2s+3}{(s+2)(s+1)} & \frac{2s+4}{(s+3)(s+1)}\\ \frac{s+1}{s} & \frac{2s+3}{s+1}\end{bmatrix}$$

3. 反馈系统的传递函数矩阵

图 1-32 所示为多输入/多输出闭环系统的结构，前向通道的传递函数矩阵为 $G_0(s)$，反馈通道的传递函数矩阵为 $H(s)$。根据结构图可得出

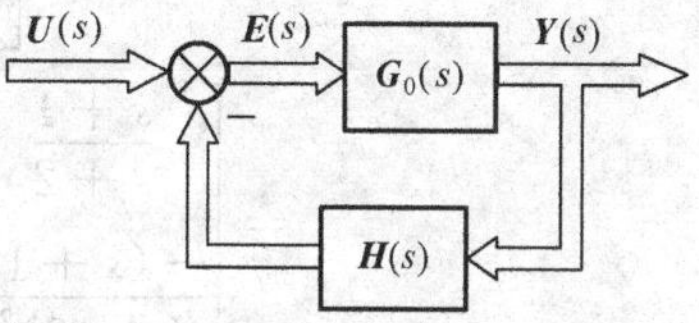

图 1-32　反馈连接系统结构图

$$Y(s)=G_0(s)[U(s)-H(s)Y(s)]$$

$$[I+G_0(s)H(s)]Y(s)=G_0(s)U(s)$$

$$Y(s)=[I+G_0(s)H(s)]^{-1}G_0(s)U(s)$$

闭环系统的传递函数矩阵为

$$\Phi(s)=[I+G_0(s)H(s)]^{-1}G_0(s) \tag{1-53}$$

【例 1-25】　试求图 1-33 所示二输入二输出系统的传递函数矩阵。

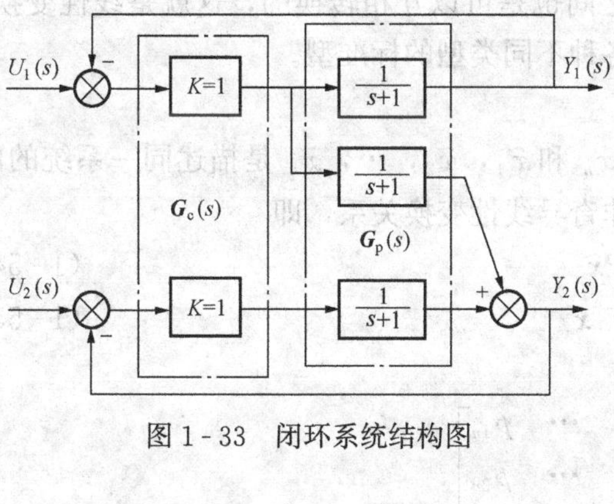

图 1-33　闭环系统结构图

解　由图 1-33 所示系统的结构图可知，控制器的传递函数矩阵

$$G_c(s)=\begin{bmatrix}1 & 0\\ 0 & 1\end{bmatrix}$$

被控对象的传递函数矩阵为

$$G_p(s)=\begin{bmatrix}\frac{1}{s+1} & 0\\ \frac{1}{s+1} & \frac{1}{s+1}\end{bmatrix}$$

反馈通道的传递函数矩阵为

$$H(s)=\begin{bmatrix}1 & 0\\ 0 & 1\end{bmatrix}$$

前向通道传递函数为

$$G_0(s)=G_p(s)G_c(s)=\begin{bmatrix}\frac{1}{s+1} & 0\\ \frac{1}{s+1} & \frac{1}{s+1}\end{bmatrix}\begin{bmatrix}1 & 0\\ 0 & 1\end{bmatrix}=\begin{bmatrix}\frac{1}{s+1} & 0\\ \frac{1}{s+1} & \frac{1}{s+1}\end{bmatrix}$$

根据式（1-53）得系统的闭环传递函数矩阵

$$\begin{aligned}\boldsymbol{\Phi}(s)&=[\boldsymbol{I}+\boldsymbol{G}_0(s)\boldsymbol{H}(s)]^{-1}\boldsymbol{G}_0(s)\\
&=\left[\begin{bmatrix}1 & 0\\ 0 & 1\end{bmatrix}+\begin{bmatrix}\frac{1}{s+1} & 0\\ \frac{1}{s+1} & \frac{1}{s+1}\end{bmatrix}\begin{bmatrix}1 & 0\\ 0 & 1\end{bmatrix}\right]^{-1}\begin{bmatrix}\frac{1}{s+1} & 0\\ \frac{1}{s+1} & \frac{1}{s+1}\end{bmatrix}\\
&=\begin{bmatrix}\frac{s+2}{s+1} & 0\\ \frac{1}{s+1} & \frac{s+2}{s+1}\end{bmatrix}^{-1}\begin{bmatrix}\frac{1}{s+1} & 0\\ \frac{1}{s+1} & \frac{1}{s+1}\end{bmatrix}\\
&=\frac{(s+1)^2}{(s+2)^2}\begin{bmatrix}\frac{s+2}{s+1} & 0\\ \frac{-1}{s+1} & \frac{s+2}{s+1}\end{bmatrix}\begin{bmatrix}\frac{1}{s+1} & 0\\ \frac{1}{s+1} & \frac{1}{s+1}\end{bmatrix}\\
&=\begin{bmatrix}\frac{s+1}{s+2} & 0\\ \frac{-(s+1)}{(s+2)^2} & \frac{s+1}{s+2}\end{bmatrix}\begin{bmatrix}\frac{1}{s+1} & 0\\ \frac{1}{s+1} & \frac{1}{s+1}\end{bmatrix}=\begin{bmatrix}\frac{1}{s+2} & 0\\ \frac{s+1}{(s+2)^2} & \frac{1}{s+2}\end{bmatrix}\end{aligned}$$

第四节　状态方程的线性变换

通过前面的分析可知，系统状态变量的选择不是唯一的。对同一个系统而言，状态变量设定不同，系统的状态空间表达式就不同。若描述同一系统的不同状态变量之间可以互相变换，则同一系统的不同形式的状态空间表达式之间也是可以互相转换的，这就是线性变换。通过线性变换，可以将系统的状态方程转换为各种不同类型的标准型。

一、系统状态的线性变换

对于一个 n 阶系统而言，设 x_1，x_2，…，x_n 和 $\tilde{x}_1$，$\tilde{x}_2$，…，$\tilde{x}_n$ 是描述同一系统的两组不同的状态变量，则两组状态变量之间存在非奇异线性变换关系，即

$$\boldsymbol{x}=\boldsymbol{P}\tilde{\boldsymbol{x}} \tag{1-54}$$

或

$$\tilde{\boldsymbol{x}}=\boldsymbol{P}^{-1}\boldsymbol{x} \tag{1-55}$$

其中，$\boldsymbol{P}$ 为 $n\times n$ 非奇异变换矩阵

$$\boldsymbol{P}=\begin{bmatrix}p_{11} & p_{12} & \cdots & p_{1n}\\ p_{21} & p_{22} & \cdots & p_{2n}\\ \vdots & \vdots & & \vdots\\ p_{n1} & p_{n2} & \cdots & p_{nn}\end{bmatrix}$$

将变换矩阵 $\boldsymbol{P}$ 代入式（1-54）中，展开后得

$$\begin{cases}x_1=p_{11}\tilde{x}_1+p_{12}\tilde{x}_2+\cdots+p_{1n}\tilde{x}_n\\x_2=p_{21}\tilde{x}_1+p_{22}\tilde{x}_2+\cdots+p_{2n}\tilde{x}_n\\\quad\vdots\\x_n=p_{n1}\tilde{x}_1+p_{n2}\tilde{x}_2+\cdots+p_{nn}\tilde{x}_n\end{cases}$$

从方程组可知，x_1，x_2，…，x_n 均可表示为 $\tilde{x}_1$，$\tilde{x}_2$，…，$\tilde{x}_n$ 的线性组合，也就是说每一组 x_1，x_2，…，x_n 的值都唯一地对应有一组 $\tilde{x}_1$，$\tilde{x}_2$，…，$\tilde{x}_n$ 的值。这种唯一的对应关系说明，若 x 是系统的状态向量，则 $\tilde{x}$ 也是系统的状态向量。若已知 x 或 $\tilde{x}$ 的初始值 $x(t_0)$ 或 $\tilde{x}(t_0)$，又给定了 $t\geqslant t_0$ 时的输入，则状态向量 x 和 $\tilde{x}$ 都能完全描述系统在 $t\geqslant t_0$ 时的行为。状态向量 x 与 $\tilde{x}$ 之间的变换称为状态的线性变换，这种变换实质上是状态空间的坐标变换。可以看出状态变量的选择不是唯一的，所以描述系统的状态空间表达式也不是唯一的。

设系统的状态空间表达式为

$$\begin{cases}\dot{\boldsymbol{x}}=\boldsymbol{Ax}+\boldsymbol{Bu}\\\boldsymbol{y}=\boldsymbol{Cx}+\boldsymbol{Du}\end{cases}$$

将式（1-54）代入状态空间表达式中

$$\begin{cases}\boldsymbol{P}\dot{\tilde{\boldsymbol{x}}}=\boldsymbol{AP}\tilde{\boldsymbol{x}}+\boldsymbol{Bu}\\\boldsymbol{y}=\boldsymbol{CP}\tilde{\boldsymbol{x}}+\boldsymbol{Du}\end{cases}$$

则

$$\begin{cases}\dot{\tilde{\boldsymbol{x}}}=\boldsymbol{P}^{-1}\boldsymbol{AP}\tilde{\boldsymbol{x}}+\boldsymbol{P}^{-1}\boldsymbol{Bu}\\\boldsymbol{y}=\boldsymbol{CP}\tilde{\boldsymbol{x}}+\boldsymbol{Du}\end{cases}\tag{1-56}$$

将式（1-56）表示成

$$\begin{cases}\dot{\tilde{\boldsymbol{x}}}=\tilde{\boldsymbol{A}}\tilde{\boldsymbol{x}}+\tilde{\boldsymbol{B}}\boldsymbol{u}\\\boldsymbol{y}=\tilde{\boldsymbol{C}}x+\tilde{\boldsymbol{D}}\boldsymbol{u}\end{cases}\tag{1-57}$$

式（1-57）为线性变换后的状态空间表达式，式中

$$\tilde{\boldsymbol{A}}=\boldsymbol{P}^{-1}\boldsymbol{AP}\qquad\tilde{\boldsymbol{B}}=\boldsymbol{P}^{-1}\boldsymbol{B}$$
$$\tilde{\boldsymbol{C}}=\boldsymbol{CP}\qquad\tilde{\boldsymbol{D}}=\boldsymbol{D}$$

由于矩阵 $\boldsymbol{P}$ 是非奇异的，故 $\boldsymbol{A}$ 和 $\tilde{\boldsymbol{A}}$ 是相似矩阵，即它们的行列式、秩、迹、特征多项式以及特征值均是相同的。

【例 1-26】 设系统的状态空间表达式为

$$\dot{\boldsymbol{x}}=\begin{bmatrix}0&1\\-2&-3\end{bmatrix}x+\begin{bmatrix}1\\2\end{bmatrix}\boldsymbol{u}$$

$$\boldsymbol{y}=[3\quad 0]\,\boldsymbol{x}$$

若取变换矩阵 $\boldsymbol{P}=\begin{bmatrix}1&1\\1&-1\end{bmatrix}$，试求线性变换后的状态空间表达式。

解 求得

$$\boldsymbol{P}^{-1}=\begin{bmatrix}\frac{1}{2}&\frac{1}{2}\\\frac{1}{2}&-\frac{1}{2}\end{bmatrix}$$

$$\widetilde{A}=P^{-1}AP=\begin{bmatrix}\frac{1}{2} & \frac{1}{2}\\ \frac{1}{2} & -\frac{1}{2}\end{bmatrix}\begin{bmatrix}0 & 1\\ -2 & -3\end{bmatrix}\begin{bmatrix}1 & 1\\ 1 & -1\end{bmatrix}=\begin{bmatrix}-2 & 0\\ 3 & -1\end{bmatrix}$$

$$\widetilde{B}=P^{-1}B=\begin{bmatrix}\frac{1}{2} & \frac{1}{2}\\ \frac{1}{2} & -\frac{1}{2}\end{bmatrix}\begin{bmatrix}1\\ 2\end{bmatrix}=\begin{bmatrix}\frac{3}{2}\\ -\frac{1}{2}\end{bmatrix}$$

$$\widetilde{C}=CP=\begin{bmatrix}3 & 0\end{bmatrix}\begin{bmatrix}1 & 1\\ 1 & -1\end{bmatrix}=\begin{bmatrix}3 & 3\end{bmatrix}$$

$$\widetilde{D}=D=0$$

线性变换后的状态空间表达式

$$\dot{\tilde{x}}=\begin{bmatrix}-2 & 0\\ 3 & -1\end{bmatrix}\tilde{x}+\begin{bmatrix}\frac{3}{2}\\ -\frac{1}{2}\end{bmatrix}u$$

$$y=\begin{bmatrix}3 & 3\end{bmatrix}\tilde{x}$$

二、系统的特征值和特征向量

1. 特征值

考虑一齐次方程组

$$\begin{aligned}a_{11}x_1+a_{12}x_2+\cdots+a_{1n}x_n&=\lambda x_1\\ a_{21}x_1+a_{22}x_2+\cdots+a_{2n}x_n&=\lambda x_2\\ &\vdots\\ a_{n1}x_1+a_{n2}x_2+\cdots+a_{nn}x_n&=\lambda x_n\end{aligned}$$

可用矩阵表示为

$$\begin{bmatrix}a_{11} & a_{12} & \cdots & a_{1n}\\ a_{21} & a_{22} & \cdots & a_{2n}\\ \vdots & \vdots & \vdots & \vdots\\ a_{n1} & a_{n2} & \cdots & a_{nn}\end{bmatrix}\begin{bmatrix}x_1\\ x_2\\ \vdots\\ x_n\end{bmatrix}=\lambda\begin{bmatrix}1 & 0 & \cdots & 0\\ 0 & 1 & \cdots & 0\\ \vdots & \vdots & \vdots & \vdots\\ 0 & \cdots & 0 & 1\end{bmatrix}\begin{bmatrix}x_1\\ x_2\\ \vdots\\ x_n\end{bmatrix}$$

简写成

$$Ax=\lambda x \quad 或 \quad (\lambda I-A)x=0 \tag{1-58}$$

齐次方程组有非零解的条件为特征矩阵 $\lambda I-A$ 的行列式值为零，即

$$|\lambda I-A|=0$$

将行列式展开可得

$$f(\lambda)=\lambda^n+a_{n-1}\lambda^{n-1}+\cdots+a_1\lambda+a_0=0 \tag{1-59}$$

式（1-59）称为矩阵 A 的特征方程，特征方程的 n 个根 λ_1，λ_2，…，λ_n 称为系统的特征值。

【例 1-27】 求矩阵 $A=\begin{bmatrix}-4 & -5\\ 2 & 3\end{bmatrix}$ 的特征值。

解

$$(\lambda I-A)=\begin{bmatrix}\lambda & 0\\ 0 & \lambda\end{bmatrix}-\begin{bmatrix}-4 & -5\\ 2 & 3\end{bmatrix}=\begin{bmatrix}\lambda+4 & 5\\ -2 & \lambda-3\end{bmatrix}$$

$$|\lambda \boldsymbol{I}-\boldsymbol{A}|=\begin{vmatrix}\lambda+4 & 5\\ -2 & \lambda-3\end{vmatrix}=(\lambda+4)(\lambda-3)+10=0$$

解得特征值　$\lambda_1=-2，\lambda_2=1$

2. 特征值的不变性

系统经过线性变换后，其特征多项式为

$$\begin{aligned}|\lambda \boldsymbol{I}-\boldsymbol{P}^{-1}\boldsymbol{A}\boldsymbol{P}| &= |\lambda \boldsymbol{P}^{-1}\boldsymbol{P}-\boldsymbol{P}^{-1}\boldsymbol{A}\boldsymbol{P}|\\ &= |\boldsymbol{P}^{-1}(\lambda \boldsymbol{I}-\boldsymbol{A})\boldsymbol{P}| = |\boldsymbol{P}^{-1}||\lambda \boldsymbol{I}-\boldsymbol{A}||\boldsymbol{P}|\\ &= |\lambda \boldsymbol{I}-\boldsymbol{A}|\end{aligned}$$

由此可见，系统线性变换后其特征多项式不变，特征值亦不变。

【例 1-28】　设系统矩阵和变换矩阵为

$$\boldsymbol{A}=\begin{bmatrix}0 & 1 & 0\\ 0 & 0 & 1\\ -6 & -11 & -6\end{bmatrix},\ \boldsymbol{P}=\begin{bmatrix}1 & 1 & 1\\ -1 & -2 & -3\\ 1 & 4 & 9\end{bmatrix}$$

试说明经线性变换后系统特征值的不变性。

解　系统的特征方程为

$$|\lambda \boldsymbol{I}-\boldsymbol{A}|=\begin{vmatrix}\lambda & -1 & 0\\ 0 & \lambda & -1\\ 6 & 11 & \lambda+6\end{vmatrix}=\lambda^3+6\lambda^2+11\lambda+6=0$$

求得特征值　$\lambda_1=-1，\lambda_2=-2，\lambda_3=-3$

根据 $\boldsymbol{P}$ 求得 P^{-1}　$$\boldsymbol{P}^{-1}=\begin{bmatrix}3 & 2.5 & 0.5\\ -3 & -4 & -1\\ 1 & 1.5 & 0.5\end{bmatrix}$$

则　$$\tilde{\boldsymbol{A}}=\boldsymbol{P}^{-1}\boldsymbol{A}\boldsymbol{P}=\begin{bmatrix}-1 & 0 & 0\\ 0 & -2 & 0\\ 0 & 0 & -3\end{bmatrix}$$

变换后的特征值

$$|\lambda \boldsymbol{I}-\tilde{\boldsymbol{A}}|=\begin{vmatrix}\lambda+1 & 0 & 0\\ 0 & \lambda+2 & 0\\ 0 & 0 & \lambda+3\end{vmatrix}=(\lambda+1)(\lambda+2)(\lambda+3)=0$$

则　$\lambda_1=-1，\lambda_2=-2，\lambda_3=-3$

可见，特征值没有改变。

3. 特征向量

将 λ_1 代入原方程 $(\lambda_1 \boldsymbol{I}-\boldsymbol{A})\boldsymbol{x}_1=0$ 中，得到 $\boldsymbol{x}_1$ 的一组解 $x_{11}，x_{21}，\cdots，x_{n1}$，可记作

$$\boldsymbol{x}_1=\begin{bmatrix}x_{11}\\ x_{21}\\ \vdots\\ x_{n1}\end{bmatrix}$$

$\boldsymbol{x}_1$ 即为矩阵 $\boldsymbol{A}$ 对应于 λ_1 的特征向量。

n 个特征值代入原方程可得 n 个特征向量 $\boldsymbol{x}_1，\boldsymbol{x}_2，\cdots，\boldsymbol{x}_n$，就构成了特征向量矩阵

$$T=[x_1\quad x_2\quad \cdots\quad x_n]=\begin{bmatrix} x_{11} & x_{12} & \cdots & x_{1n} \\ x_{21} & x_{22} & \cdots & x_{2n} \\ \vdots & \vdots & \vdots & \vdots \\ x_{n1} & x_{n2} & \cdots & x_{nn} \end{bmatrix} \tag{1-60}$$

【例 1-29】 求矩阵 $A=\begin{bmatrix} -4 & -5 \\ 2 & 3 \end{bmatrix}$ 的特征向量。

解 $(\lambda I-A)=\begin{bmatrix} \lambda+4 & 5 \\ -2 & \lambda-3 \end{bmatrix}$，前例已解得特征值为 $\lambda_1=-2$，$\lambda_2=1$

将 $\lambda_1=-2$ 代入 $(\lambda I-A)x=0$ 得

$$(\lambda_1 I-A)x_1=\begin{bmatrix} 2 & 5 \\ -2 & -5 \end{bmatrix}\begin{bmatrix} x_{11} \\ x_{21} \end{bmatrix}=0$$

即
$$\begin{cases} 2x_{11}+5x_{21}=0 \\ -2x_{11}-5x_{21}=0 \end{cases}$$

齐次方程组，有无穷多个解，取 $x_{11}=1$，得 $x_{21}=-\dfrac{2}{5}$

将 $\lambda_2=1$ 代入 $(\lambda I-A)x=0$ 得

$$(\lambda_2 I-A)x_2=\begin{bmatrix} 5 & 5 \\ -2 & -2 \end{bmatrix}\begin{bmatrix} x_{12} \\ x_{22} \end{bmatrix}=0$$

即
$$\begin{cases} 5x_{12}+5x_{22}=0 \\ -2x_{12}-2x_{22}=0 \end{cases}$$

取 $x_{12}=1$，得 $x_{22}=-1$

特征向量矩阵 $T=[x_1\quad x_2]\begin{bmatrix} x_{11} & x_{12} \\ x_{21} & x_{22} \end{bmatrix}=\begin{bmatrix} 1 & -\dfrac{2}{5} \\ 1 & -1 \end{bmatrix}$

【例 1-30】 求矩阵 $A=\begin{bmatrix} 0 & 1 & 0 \\ 0 & 0 & 1 \\ -24 & -26 & -9 \end{bmatrix}$ 的特征值和特征向量。

解
$$(\lambda I-A)=\begin{bmatrix} \lambda & -1 & 0 \\ 0 & \lambda & -1 \\ 24 & 26 & \lambda+9 \end{bmatrix}$$

$$|\lambda I-A|=\lambda^3+9\lambda^2+26\lambda+24=0$$

解得特征值 $\lambda_1=-2$，$\lambda_2=-3$，$\lambda_3=-4$

将 $\lambda_1=-2$ 代入 $(\lambda I-A)x=0$ 得

$$\begin{bmatrix} -2 & -1 & 0 \\ 0 & -2 & -1 \\ 24 & 26 & 7 \end{bmatrix}\begin{bmatrix} x_{11} \\ x_{21} \\ x_{31} \end{bmatrix}=0$$

即
$$\begin{cases} -2x_{11}-x_{21}=0 \\ -2x_{21}-x_{31}=0 \\ 24x_{11}+26x_{21}+7x_{31}=0 \end{cases}$$

齐次方程组，有无穷多个解，取 $x_{11}=1$，得 $x_{21}=-2$，$x_{31}=4$。

特征向量
$$x_1=\begin{bmatrix}x_{11}\\x_{21}\\x_{31}\end{bmatrix}=\begin{bmatrix}1\\-2\\4\end{bmatrix}$$

将 $\lambda_2=-3$ 代入 $(\lambda\boldsymbol{I}-\boldsymbol{A})\boldsymbol{x}=0$ 得

$$\begin{bmatrix}-3 & -1 & 0\\0 & -3 & -1\\24 & 26 & 6\end{bmatrix}\begin{bmatrix}x_{12}\\x_{22}\\x_{32}\end{bmatrix}=0$$

即
$$\begin{cases}-3x_{12}-x_{22}=0\\-3x_{22}-x_{32}=0\\24x_{12}+26x_{22}+6x_{32}=0\end{cases}$$

同理，取 $x_{12}=1$，得 $x_{22}=-3$，$x_{32}=9$

特征向量
$$x_2=\begin{bmatrix}x_{12}\\x_{22}\\x_{32}\end{bmatrix}=\begin{bmatrix}1\\-3\\9\end{bmatrix}$$

将 $\lambda_3=-4$ 代入 $(\lambda\boldsymbol{I}-\boldsymbol{A})\boldsymbol{x}=0$ 得

$$\begin{bmatrix}-4 & -1 & 0\\0 & -4 & -1\\24 & 26 & 5\end{bmatrix}\begin{bmatrix}x_{13}\\x_{23}\\x_{33}\end{bmatrix}=0$$

即
$$\begin{cases}-4x_{13}-x_{23}=0\\-4x_{23}-x_{33}=0\\24x_{13}+26x_{23}+5x_{33}=0\end{cases}$$

同理，取 $x_{13}=1$，得 $x_{23}=-4$，$x_{33}=16$

特征向量
$$x_3=\begin{bmatrix}x_{13}\\x_{23}\\x_{33}\end{bmatrix}=\begin{bmatrix}1\\-4\\16\end{bmatrix}$$

特征向量矩阵
$$\boldsymbol{T}=[\boldsymbol{x}_1\quad \boldsymbol{x}_2\quad \boldsymbol{x}_3]=\begin{bmatrix}x_{11} & x_{12} & x_{13}\\x_{21} & x_{22} & x_{23}\\x_{31} & x_{32} & x_{33}\end{bmatrix}=\begin{bmatrix}1 & 1 & 1\\-2 & -3 & -4\\4 & 9 & 16\end{bmatrix}$$

三、化状态方程为对角线标准型

为便于分析，常通过线性变换将系统矩阵 $\boldsymbol{A}$ 化为特定的标准型，如对角线阵、约旦阵等，相应的状态方程称为标准型状态方程。

对于线性定常系统，如果系统的特征值 λ_1，λ_2，…，λ_n 互异，则必存在变换矩阵

$$\boldsymbol{P}=\begin{bmatrix}p_{11} & p_{12} & \cdots & p_{1n}\\p_{21} & p_{22} & \cdots & p_{2n}\\\vdots & \vdots & \vdots & \vdots\\p_{n1} & p_{n2} & \cdots & p_{nn}\end{bmatrix}=[\boldsymbol{P}_1\quad \boldsymbol{P}_2\quad \cdots\quad \boldsymbol{P}_n]$$

经过线性变换 $\boldsymbol{x}=\boldsymbol{P}\tilde{\boldsymbol{x}}$ 后，可将状态方程化为对角线标准型，即

$$\dot{\tilde{x}}=\begin{bmatrix}\lambda_1 & 0 & \cdots & 0\\ 0 & \lambda_2 & \cdots & 0\\ \vdots & \vdots & \vdots & \vdots\\ 0 & 0 & \cdots & \lambda_n\end{bmatrix}\tilde{x}+\boldsymbol{B}\boldsymbol{u}$$

该怎样选择变换矩阵 $\boldsymbol{P}$，才能使变换后的状态方程为对角线标准型呢？由前述可知，线性变换后的系统矩阵应满足

$$\boldsymbol{P}^{-1}\boldsymbol{A}\boldsymbol{P}=\begin{bmatrix}\lambda_1 & 0 & \cdots & 0\\ 0 & \lambda_2 & \cdots & 0\\ \vdots & \vdots & & \vdots\\ 0 & 0 & \cdots & \lambda_n\end{bmatrix}$$

即

$$\boldsymbol{A}\boldsymbol{P}=\boldsymbol{P}\begin{bmatrix}\lambda_1 & 0 & \cdots & 0\\ 0 & \lambda_2 & \cdots & 0\\ \vdots & \vdots & \vdots & \vdots\\ 0 & 0 & \cdots & \lambda_n\end{bmatrix}$$

也可写成

$$\boldsymbol{A}\left[\boldsymbol{P}_1 \quad \boldsymbol{P}_2 \quad \cdots \quad \boldsymbol{P}_n\right]=\left[\lambda_1\boldsymbol{P}_1 \quad \lambda_2\boldsymbol{P}_2 \quad \cdots \quad \lambda_n\boldsymbol{P}_n\right]$$

比较等式两边，有

$$\begin{cases}\boldsymbol{A}\boldsymbol{P}_1=\lambda_1\boldsymbol{P}_1\\ \boldsymbol{A}\boldsymbol{P}_2=\lambda_2\boldsymbol{P}_2\\ \qquad\vdots\\ \boldsymbol{A}\boldsymbol{P}_n=\lambda_n\boldsymbol{P}_n\end{cases}$$

写成通式

$$\lambda_i\boldsymbol{P}_i-\boldsymbol{A}\boldsymbol{P}_i=0(i=1,\ 2,\ \cdots,\ n)$$

即

$$(\lambda_i\boldsymbol{I}-\boldsymbol{A})\boldsymbol{P}_i=0(i=1,\ 2,\ \cdots,\ n) \tag{1-61}$$

由以上推导可知，将矩阵 $\boldsymbol{A}$ 转换为对角线标准型，变换矩阵 $\boldsymbol{P}$ 是由矩阵 $\boldsymbol{A}$ 的特征值所对应的特征向量构成。经线性变换后，状态方程中的 $\dot{\tilde{x}}_i$ 只与本身的状态变量 $\tilde{x}_i$ 有关，与其他状态变量的耦合关系已被解除。

【例 1-31】 已知状态方程

$$\dot{\boldsymbol{x}}=\begin{bmatrix}3 & -1\\ 2 & 0\end{bmatrix}\boldsymbol{x}+\begin{bmatrix}1\\ 1\end{bmatrix}u$$

$$y=\begin{bmatrix}1 & 0\end{bmatrix}\boldsymbol{x}$$

试将其转化为对角线标准型。

解 （1）求系统的特征值 $(\lambda\boldsymbol{I}-\boldsymbol{A})=\begin{bmatrix}\lambda-3 & 1\\ -2 & \lambda\end{bmatrix}$

$$|\lambda\boldsymbol{I}-\boldsymbol{A}|=\begin{vmatrix}\lambda-3 & 1\\ -2 & \lambda\end{vmatrix}=\lambda(\lambda-3)+2=\lambda^2-3\lambda+2=0$$

求解得特征值

$$\lambda_1=1,\ \lambda_2=2$$

（2）求变换矩阵。将 $\lambda_1=1$ 代入 $(\lambda\boldsymbol{I}-\boldsymbol{A})\boldsymbol{P}=0$ 中，则

$$\begin{bmatrix}-2 & 1\\ -2 & 1\end{bmatrix}\begin{bmatrix}p_{11}\\ p_{21}\end{bmatrix}=0$$

即

$$\begin{cases}-2p_{11}+p_{21}=0\\ -2p_{11}+p_{21}=0\end{cases}$$

取 $p_{11}=1$，求得 $p_{21}=2$

将 $\lambda_2=2$ 代入 $(\lambda \boldsymbol{I}-\boldsymbol{A})\boldsymbol{P}=0$ 中，则

$$\begin{bmatrix}-1 & 1\\-2 & 2\end{bmatrix}\begin{bmatrix}p_{12}\\p_{22}\end{bmatrix}=0$$

即

$$\begin{cases}-p_{12}+p_{22}=0\\-2p_{12}+2p_{22}=0\end{cases}$$

取 $p_{12}=1$，求得 $p_{22}=1$

变换矩阵

$$\boldsymbol{P}=\begin{bmatrix}1 & 1\\2 & 1\end{bmatrix}$$

(3) 求变换后的状态空间表达式

$$\boldsymbol{P}^{-1}=\begin{bmatrix}-1 & 1\\2 & -1\end{bmatrix}$$

$$\widetilde{\boldsymbol{A}}=\boldsymbol{P}^{-1}\boldsymbol{A}\boldsymbol{P}=\begin{bmatrix}-1 & 1\\2 & -1\end{bmatrix}\begin{bmatrix}3 & -1\\2 & 0\end{bmatrix}\begin{bmatrix}1 & 1\\2 & 1\end{bmatrix}=\begin{bmatrix}1 & 0\\0 & 2\end{bmatrix}$$

$$\widetilde{\boldsymbol{B}}=\boldsymbol{P}^{-1}\boldsymbol{B}=\begin{bmatrix}-1 & 1\\2 & -1\end{bmatrix}\begin{bmatrix}1\\1\end{bmatrix}=\begin{bmatrix}0\\1\end{bmatrix},\quad \widetilde{\boldsymbol{C}}=\boldsymbol{C}\boldsymbol{P}=[1\quad 0]\begin{bmatrix}1 & 1\\2 & 1\end{bmatrix}=[1\quad 1]$$

变换后的状态空间表达式 $\dot{\tilde{\boldsymbol{x}}}=\begin{bmatrix}1 & 0\\0 & 2\end{bmatrix}\tilde{\boldsymbol{x}}+\begin{bmatrix}0\\1\end{bmatrix}u$，$y=[1\quad 1]\tilde{\boldsymbol{x}}$

【例 1-32】　试将状态方程

$$\dot{\boldsymbol{x}}=\begin{bmatrix}0 & 1 & -1\\-6 & -11 & 6\\-6 & -11 & 5\end{bmatrix}\boldsymbol{x}+\begin{bmatrix}0\\0\\1\end{bmatrix}u$$

转化为对角线标准型。

解　(1) 求系统的特征值

$$|\lambda \boldsymbol{I}-\boldsymbol{A}|=\begin{vmatrix}\lambda & -1 & 1\\6 & \lambda+11 & -6\\6 & 11 & \lambda-5\end{vmatrix}=\lambda^3+6\lambda^2+11\lambda+6=(\lambda+1)(\lambda+2)(\lambda+3)=0$$

解得特征值

$$\lambda_1=-1,\ \lambda_2=-2,\ \lambda_3=-3$$

(2) 求变换矩阵。将 λ_1 代入得 $(\lambda_1\boldsymbol{I}-\boldsymbol{A})\boldsymbol{P}_1=0$

即

$$\begin{bmatrix}-1 & -1 & 1\\6 & 10 & -6\\6 & 11 & -6\end{bmatrix}\begin{bmatrix}p_{11}\\p_{21}\\p_{31}\end{bmatrix}=0$$

将上式展开，即

$$\begin{cases}-p_{11}-p_{21}+p_{31}=0\\6p_{11}+10p_{21}-6p_{31}=0\\6p_{11}+11p_{21}-6p_{31}=0\end{cases}$$

取 $p_{11}=1$，可求得

$$p_{21}=0,\ p_{31}=1$$

即有

$$\boldsymbol{p}_1=\begin{bmatrix}p_{11}\\p_{21}\\p_{31}\end{bmatrix}=\begin{bmatrix}1\\0\\1\end{bmatrix}$$

同理可求得

$$\boldsymbol{p}_2=\begin{bmatrix}p_{12}\\p_{22}\\p_{32}\end{bmatrix}=\begin{bmatrix}1\\2\\4\end{bmatrix},\ \boldsymbol{p}_3=\begin{bmatrix}p_{13}\\p_{23}\\p_{33}\end{bmatrix}=\begin{bmatrix}1\\6\\9\end{bmatrix}$$

变换矩阵为

$$\boldsymbol{P}=[\boldsymbol{P}_1\quad \boldsymbol{P}_2\quad \boldsymbol{P}_3]=\begin{bmatrix}1&1&1\\0&2&6\\1&4&9\end{bmatrix}$$

（3）求变换后的状态空间表达式

$$\boldsymbol{P}^{-1}=\begin{bmatrix}3&\frac{5}{2}&-2\\-3&-4&3\\1&\frac{3}{2}&-1\end{bmatrix}$$

所以有

$$\widetilde{\boldsymbol{A}}=\boldsymbol{P}^{-1}\boldsymbol{A}\boldsymbol{P}=\begin{bmatrix}-1&0&0\\0&-2&0\\0&0&-3\end{bmatrix},\ \widetilde{\boldsymbol{B}}=\boldsymbol{P}^{-1}\boldsymbol{B}=\begin{bmatrix}-2\\3\\-1\end{bmatrix}$$

变换后的状态空间表达式

$$\dot{\widetilde{\boldsymbol{x}}}=\begin{bmatrix}-1&0&0\\0&-2&0\\0&0&-3\end{bmatrix}\widetilde{\boldsymbol{x}}+\begin{bmatrix}-2\\3\\-1\end{bmatrix}u$$

由于矩阵对应的特征向量是多解的，所以变换矩阵不是唯一的。

如果矩阵 $\boldsymbol{A}$ 具有如下形式

$$\boldsymbol{A}=\begin{bmatrix}0&1&0&\cdots&0\\0&0&1&\cdots&0\\\vdots&\vdots&\vdots&\vdots&\vdots\\0&0&\cdots&0&1\\-a_n&-a_{n-1}&-a_{n-2}&\cdots&-a_1\end{bmatrix}\tag{1-62}$$

则称其为友矩阵，其特征多项式为

$$|\lambda\boldsymbol{I}-\boldsymbol{A}|=\lambda^n+a_1\lambda^{n-1}+\cdots+a_{n-1}\lambda+a_n=0$$

如果友矩阵 $\boldsymbol{A}$ 的特征值互异，则将 $\boldsymbol{A}$ 化为对角线标准型的矩阵 $\boldsymbol{P}$ 为

$$\boldsymbol{P}=\begin{bmatrix}1&1&\cdots&1\\\lambda_1&\lambda_2&\cdots&\lambda_n\\\lambda_1^2&\lambda_2^2&\cdots&\lambda_n^2\\\vdots&\vdots&\vdots&\vdots\\\lambda_1^{n-1}&\lambda_2^{n-1}&\cdots&\lambda_n^{n-1}\end{bmatrix}\tag{1-63}$$

式（1-63）称为范德蒙矩阵。

【例 1-33】 试将状态空间表达式

$$\dot{\boldsymbol{x}}=\begin{bmatrix}0 & 1 & 0\\ 0 & 0 & 1\\ -6 & -11 & -6\end{bmatrix}\boldsymbol{x}+\begin{bmatrix}0\\ 0\\ 1\end{bmatrix}u$$

$$\boldsymbol{y}=\begin{bmatrix}1 & 0 & 0\end{bmatrix}\boldsymbol{x}$$

转化为对角线标准型。

解　系统的特征值

$$|\lambda\boldsymbol{I}-\boldsymbol{A}|=\begin{vmatrix}\lambda & -1 & 0\\ 6 & \lambda & -1\\ 6 & 11 & \lambda+6\end{vmatrix}=(\lambda+1)(\lambda+2)(\lambda+3)=0$$

矩阵 $\boldsymbol{A}$ 为友矩阵，且特征值 $\lambda_1=-1$，$\lambda_2=-2$，$\lambda_3=-3$ 互异，所以根据式（1 - 63）可得变换矩阵

$$\boldsymbol{P}=\begin{bmatrix}1 & 1 & 1\\ -1 & -2 & -3\\ 1 & 4 & 9\end{bmatrix}，\boldsymbol{P}^{-1}=\begin{bmatrix}3 & \frac{5}{2} & \frac{1}{2}\\ -3 & -4 & -1\\ 1 & \frac{3}{2} & \frac{1}{2}\end{bmatrix}$$

变换后的系统矩阵

$$\widetilde{\boldsymbol{A}}=\boldsymbol{P}^{-1}\boldsymbol{A}\boldsymbol{P}=\begin{bmatrix}3 & \frac{5}{2} & \frac{1}{2}\\ -3 & -4 & -1\\ 1 & \frac{3}{2} & \frac{1}{2}\end{bmatrix}\begin{bmatrix}0 & 1 & 0\\ 0 & 0 & 1\\ -6 & -11 & -6\end{bmatrix}\begin{bmatrix}1 & 1 & 1\\ -1 & -2 & -3\\ 1 & 4 & 9\end{bmatrix}$$

$$=\begin{bmatrix}-1 & 0 & 0\\ 0 & -2 & 0\\ 0 & 0 & -3\end{bmatrix}$$

变换后的输入矩阵

$$\widetilde{\boldsymbol{B}}=\boldsymbol{P}^{-1}\boldsymbol{B}=\begin{bmatrix}3 & \frac{5}{2} & \frac{1}{2}\\ -3 & -4 & -1\\ 1 & \frac{3}{2} & \frac{1}{2}\end{bmatrix}\begin{bmatrix}0\\ 0\\ 1\end{bmatrix}=\begin{bmatrix}\frac{1}{2}\\ -1\\ \frac{1}{2}\end{bmatrix}$$

变换后的输出矩阵

$$\widetilde{\boldsymbol{C}}=\boldsymbol{C}\boldsymbol{P}=\begin{bmatrix}1 & 0 & 0\end{bmatrix}\begin{bmatrix}1 & 1 & 1\\ -1 & -2 & -3\\ 1 & 4 & 9\end{bmatrix}=\begin{bmatrix}1 & 1 & 1\end{bmatrix}$$

变换后系统的状态空间表达式

$$\dot{\widetilde{\boldsymbol{x}}}=\begin{bmatrix}-1 & 0 & 0\\ 0 & -2 & 0\\ 0 & 0 & -3\end{bmatrix}\widetilde{\boldsymbol{x}}+\begin{bmatrix}\frac{1}{2}\\ 3\\ \frac{1}{2}\end{bmatrix}u$$

$$y=\begin{bmatrix}1 & 1 & 1\end{bmatrix}\boldsymbol{x}$$

四、化状态方程为约当标准型

如果矩阵 $\boldsymbol{A}$ 有重特征值，一般情况下，矩阵 $\boldsymbol{A}$ 的线性独立的特征向量数小于它的阶数 n，此时，矩阵 $\boldsymbol{A}$ 不能化为对角标准型。只有当矩阵 $\boldsymbol{A}$ 的线性独立的特征向量数等于它的阶数 n 时，才能化为对角标准型。

【例 1-34】 试将矩阵 $\boldsymbol{A}=\begin{bmatrix}1 & 2\\0 & 1\end{bmatrix}$ 化为对角线标准型。

解

$$(\lambda\boldsymbol{I}-\boldsymbol{A})=\begin{bmatrix}\lambda-1 & -2\\0 & \lambda-1\end{bmatrix}$$

$$|\lambda\boldsymbol{I}-\boldsymbol{A}|=\begin{vmatrix}\lambda-1 & -2\\0 & \lambda-1\end{vmatrix}=(\lambda-1)^2=0$$

求解，得重特征值 $\lambda_1=\lambda_2=1$

将 $\lambda_1=\lambda_2=1$ 代入 $(\lambda\boldsymbol{I}-\boldsymbol{A})\boldsymbol{P}=0$ 中，求变换矩阵 $\boldsymbol{P}$

$$\begin{bmatrix}0 & -2\\0 & 0\end{bmatrix}\begin{bmatrix}p_{11}\\p_{21}\end{bmatrix}=0$$

取 $p_{11}=1$，求得 $p_{21}=0$

同理，取 $p_{12}=1$，求得 $p_{22}=0$

变换矩阵 $\boldsymbol{P}=\begin{bmatrix}1 & 1\\0 & 0\end{bmatrix}$

因为独立的特征向量只有一个，而系统是二阶的，$\boldsymbol{P}^{-1}$ 不存在，所以不能化为对角线标准型。

【例 1-35】 试将状态方程

$$\dot{\boldsymbol{x}}=\begin{bmatrix}3 & 2 & -2\\-2 & -1 & 2\\1 & 1 & 0\end{bmatrix}\boldsymbol{x}+\begin{bmatrix}0\\0\\1\end{bmatrix}u$$

转化为对角线标准型，求变换矩阵 $\boldsymbol{P}$。

解 先求系统的特征值

$$|\lambda\boldsymbol{I}-\boldsymbol{A}|=\begin{vmatrix}\lambda-3 & -2 & 2\\2 & \lambda+1 & -2\\-1 & -1 & \lambda\end{vmatrix}=(\lambda-1)^2\lambda=0$$

解特征值 $\lambda_1=\lambda_2=1$，$\lambda_3=0$

再求变换矩阵 $\boldsymbol{P}$。将 λ_1 代入式（1-61）

$$(\lambda_1\boldsymbol{I}-\boldsymbol{A})\boldsymbol{P}_1=0$$

则

$$\begin{bmatrix}-2 & -2 & 2\\2 & 2 & -2\\-1 & -1 & 1\end{bmatrix}\begin{bmatrix}p_{11}\\p_{21}\\p_{31}\end{bmatrix}=0$$

将上式展开得

$$\begin{cases}-2p_{11}-2p_{21}+2p_{31}=0\\2p_{11}+2p_{21}-2p_{31}=0\\-p_{11}-p_{21}+p_{31}=0\end{cases}$$

取 $p_{11}=1$，求得 $p_{21}=-1$，$p_{31}=0$

将 λ_2 代入式（1-61）

$$(\lambda_2 \boldsymbol{I}-\boldsymbol{A})\boldsymbol{P}_2=0$$

则

$$\begin{bmatrix}-2 & -2 & 2\\ 2 & 2 & -2\\ -1 & -1 & 1\end{bmatrix}\begin{bmatrix}p_{12}\\ p_{22}\\ p_{32}\end{bmatrix}=0$$

将上式展开得

$$\begin{cases}-2p_{12}-2p_{22}+2p_{32}=0\\ 2p_{12}+2p_{22}-2p_{32}=0\\ -p_{12}-p_{22}+p_{32}=0\end{cases}$$

取 $p_{12}=0$，求得 $p_{22}=p_{32}=1$

将 λ_3 代入式（1-61）

$$(\lambda_3 \boldsymbol{I}-\boldsymbol{A})\boldsymbol{P}_3=0$$

则

$$\begin{bmatrix}-3 & -2 & 2\\ 2 & 1 & -2\\ -1 & -1 & 0\end{bmatrix}\begin{bmatrix}p_{13}\\ p_{23}\\ p_{33}\end{bmatrix}=0$$

将上式展开得

$$\begin{cases}-3p_{13}-2p_{23}+2p_{33}=0\\ 2p_{13}+p_{23}-2p_{33}=0\\ -p_{13}-p_{23}=0\end{cases}$$

取 $p_{13}=1$，求得 $p_{23}=-1$，$p_{33}=\dfrac{1}{2}$

变换矩阵为

$$\boldsymbol{P}=[\boldsymbol{P}_1\quad \boldsymbol{P}_2\quad \boldsymbol{P}_3]=\begin{bmatrix}1 & 0 & 1\\ -1 & 1 & -1\\ 0 & 1 & \dfrac{1}{2}\end{bmatrix}$$

可见，这个三阶系统尽管有重根，但能找到 3 个独立的特征向量，所以能将 $\boldsymbol{A}$ 转化为对角线标准型。

一般情况，当矩阵 $\boldsymbol{A}$ 含有重特征值时，可以将 $\boldsymbol{A}$ 转化为约当标准型。

举例说明，设矩阵 $\boldsymbol{A}$ 为 5×5 的方阵，其特征值有三重根 λ_1，λ_1，λ_1，λ_4，λ_5，则必存在一变换矩阵 $\boldsymbol{P}$ 使系统经线性变换 $\boldsymbol{x}=\boldsymbol{P}\tilde{\boldsymbol{x}}$ 后的状态方程为约当标准型，即

$$\widetilde{\boldsymbol{A}}=\boldsymbol{P}^{-1}\boldsymbol{A}\boldsymbol{P}=\left[\begin{array}{ccc|c|c}\lambda_1 & 1 & 0 & 0 & 0\\ 0 & \lambda_1 & 1 & 0 & 0\\ 0 & 0 & \lambda_1 & 0 & 0\\ \hline 0 & 0 & 0 & \lambda_4 & 0\\ \hline 0 & 0 & 0 & 0 & \lambda_5\end{array}\right]=\begin{bmatrix}\widetilde{\boldsymbol{A}}_1 & & \boldsymbol{0}\\ & \widetilde{\boldsymbol{A}}_2 & \\ \boldsymbol{0} & & \widetilde{\boldsymbol{A}}_3\end{bmatrix}\tag{1-64}$$

式（1-64）为矩阵 $\boldsymbol{A}$ 的约当标准型，它由三个约当块组成。约当块 $\widetilde{\boldsymbol{A}}_1$ 是由三重特征值 λ_1 形成的，由于 λ_1 是三重特征值，所以它对应的约当块是三阶的。约当块 $\widetilde{\boldsymbol{A}}_2$ 和 $\widetilde{\boldsymbol{A}}_3$ 则由单特

征值 λ_4 和 λ_5 构成。每一个独立的特征向量对应一个约当块。

由式（1-64）可得 $\boldsymbol{AP}=\boldsymbol{P}\tilde{\boldsymbol{A}}$

即有

$$\boldsymbol{A}[\boldsymbol{P}_1\quad \boldsymbol{P}_2\quad \boldsymbol{P}_3\quad \boldsymbol{P}_4\quad \boldsymbol{P}_5]=[\boldsymbol{P}_1\quad \boldsymbol{P}_2\quad \boldsymbol{P}_3\quad \boldsymbol{P}_4\quad \boldsymbol{P}_5]\begin{bmatrix}\lambda_1 & 1 & 0 & 0 & 0\\ 0 & \lambda_1 & 1 & 0 & 0\\ 0 & 0 & \lambda_1 & 0 & 0\\ 0 & 0 & 0 & \lambda_4 & 0\\ 0 & 0 & 0 & 0 & \lambda_5\end{bmatrix}$$

将上式展开为

$$\begin{cases}\boldsymbol{AP}_1=\lambda_1\boldsymbol{P}_1\\ \boldsymbol{AP}_2=\lambda_1\boldsymbol{P}_2+\boldsymbol{P}_1\\ \boldsymbol{AP}_3=\lambda_1\boldsymbol{P}_3+\boldsymbol{P}_2\\ \boldsymbol{AP}_4=\lambda_4\boldsymbol{P}_4\\ \boldsymbol{AP}_5=\lambda_5\boldsymbol{P}_5\end{cases}$$

改写成

$$\begin{cases}(\lambda_1\boldsymbol{I}-\boldsymbol{A})\boldsymbol{P}_1=0\\ (\lambda_1\boldsymbol{I}-\boldsymbol{A})\boldsymbol{P}_2=-\boldsymbol{P}_1\\ (\lambda_1\boldsymbol{I}-\boldsymbol{A})\boldsymbol{P}_3=-\boldsymbol{P}_2\\ (\lambda_4\boldsymbol{I}-\boldsymbol{A})\boldsymbol{P}_4=0\\ (\lambda_5\boldsymbol{I}-\boldsymbol{A})\boldsymbol{P}_5=0\end{cases}\tag{1-65}$$

从式（1-65）可以看出，将特征值顺次代入各式求解，便可得变换矩阵 $\boldsymbol{P}$。

从上述五阶系统的约当标准型可以推广到 n 阶系统。设 $n\times n$ 阶系统矩阵 $\boldsymbol{A}$ 的 n 个特征值中 λ_1 为 m 重特征值，其余的均为单特征值，并且 m 重特征值对应的独立特征向量只有一个，则经线性变换后的约当标准型可写为

$$\tilde{\boldsymbol{A}}=\boldsymbol{P}^{-1}\boldsymbol{AP}=\left[\begin{array}{ccccc:ccc}\lambda_1 & 1 & & 0 & & & & \\ & \lambda_1 & 1 & & & & & \\ & & \ddots & \ddots & & & 0 & \\ & 0 & & \lambda_1 & 1 & & & \\ & & & & \lambda_1 & & & \\ \hdashline & & & & & \lambda_{m+1} & & \\ & & 0 & & & & \ddots & \\ & & & & & & & \lambda_n\end{array}\right]\tag{1-66}$$

与式（1-65）类似，可求得变换矩阵

$$\begin{cases}(\lambda_1\boldsymbol{I}-\boldsymbol{A})\boldsymbol{P}_1=0\\ (\lambda_1\boldsymbol{I}-\boldsymbol{A})\boldsymbol{P}_2=-\boldsymbol{P}_1\\ \qquad\vdots\\ (\lambda_1\boldsymbol{I}-\boldsymbol{A})\boldsymbol{P}_m=-\boldsymbol{P}_{m-1}\\ (\lambda_{m+1}\boldsymbol{I}-\boldsymbol{A})\boldsymbol{P}_{m+1}=0\\ \qquad\vdots\\ (\lambda_n\boldsymbol{I}-\boldsymbol{A})\boldsymbol{P}_n=0\end{cases}\tag{1-67}$$

【例 1-36】 试将系统

$$\dot{x}=\begin{bmatrix}0&1&0\\0&0&1\\2&-5&4\end{bmatrix}x+\begin{bmatrix}0\\0\\1\end{bmatrix}u$$

转化为约当标准型。

解 求系统的特征值

$$|\lambda I-A|=\begin{vmatrix}\lambda&-1&0\\-1&\lambda&-1\\-2&5&\lambda-4\end{vmatrix}=(\lambda-1)^2(\lambda-2)=0$$

特征值 $\lambda_1=\lambda_2=1，\lambda_3=2$

求变换矩阵 P：

由 λ_1 有 $(\lambda_1 I-A)P_1=0$ 得

$$\begin{bmatrix}1&-1&0\\0&1&-1\\-2&5&-3\end{bmatrix}\begin{bmatrix}p_{11}\\p_{21}\\p_{31}\end{bmatrix}=0\quad\begin{cases}-p_{11}-p_{21}=0\\p_{21}-p_{31}=0\\-2p_{11}+5p_{21}-3p_{31}=0\end{cases}$$

取 $p_{11}=1$，求得 $p_{21}=1$，$p_{31}=1$

故 $$P_1=\begin{bmatrix}1\\1\\1\end{bmatrix}$$

代入 $(\lambda_1 I-A)P_2=-P_1$，得

$$\begin{bmatrix}1&-1&0\\0&1&-1\\-2&5&-3\end{bmatrix}\begin{bmatrix}p_{12}\\p_{22}\\p_{32}\end{bmatrix}=\begin{bmatrix}-1\\-1\\-1\end{bmatrix}$$

即 $$\begin{cases}-p_{12}-p_{22}=-1\\p_{22}-p_{32}=-1\\-2p_{12}+5p_{22}-3p_{32}=-1\end{cases}$$

取 $p_{12}=1$，求得 $p_{22}=2$，$p_{32}=3$

得 $$P_2=\begin{bmatrix}1\\2\\3\end{bmatrix}$$

将 $\lambda_3=2$ 代入 $(\lambda_3 I-A)P_3=0$ 得

$$\begin{bmatrix}2&-1&0\\0&2&-1\\-2&5&-2\end{bmatrix}\begin{bmatrix}p_{13}\\p_{23}\\p_{33}\end{bmatrix}=0$$

即 $$\begin{cases}2p_{13}-p_{23}=0\\2p_{23}-p_{33}=0\\-2p_{13}+5p_{23}-2p_{33}=0\end{cases}$$

取 $p_{13}=1$，求得 $p_{23}=2$，$p_{33}=4$

得
$$P_3=\begin{bmatrix}1\\2\\4\end{bmatrix}$$

变换矩阵 $\boldsymbol{P}$ 为
$$P=\begin{bmatrix}1&1&1\\1&2&2\\1&3&4\end{bmatrix}$$

求得
$$P^{-1}=\begin{bmatrix}2&-1&0\\-2&3&-1\\1&-2&1\end{bmatrix}$$

线性变换后的矩阵
$$\tilde{A}=P^{-1}AP=\begin{bmatrix}1&1&0\\0&1&0\\0&0&2\end{bmatrix}$$

如果矩阵 $\boldsymbol{A}$ 为友矩阵
$$A=\begin{bmatrix}0&1&0&0\\0&0&1&0\\0&0&0&1\\-a_4&-a_3&-a_2&-a_1\end{bmatrix}$$

特征值中 λ_1 为三重根，λ_4 为单根，并且 m 重特征值对应的特征向量只有一个，则将 $\boldsymbol{A}$ 化为约当标准型 $\boldsymbol{J}$ 的变换矩阵 $\boldsymbol{P}$ 为
$$P=\begin{bmatrix}1&0&0&1\\\lambda_1&1&0&\lambda_4\\\lambda_1^2&2\lambda_1&1&\lambda_4^2\\\lambda_1^3&3\lambda_1^2&3\lambda_1&\lambda_4^3\end{bmatrix}\tag{1-68}$$

通过简单分析可知，当矩阵中的约当块都是一阶约当块时，约当标准型就变成了对角标准型。换句话说，对角标准型实际上是约当标准型的一种特殊情况。

第五节　离散系统的状态空间表达式

连续系统中信号都是连续的，而离散系统中含有离散信号。对离散系统进行分析，需要建立离散系统的状态空间表达式，离散系统状态空间表达式的一般形式为
$$\begin{cases}x(k+1)=Gx(k)+Hu(k)\\y(k)=Cx(k)+Du(k)\end{cases}\tag{1-69}$$

式中：$\boldsymbol{x}(k)$ 为状态向量；$\boldsymbol{u}(k)$ 为输入向量；$\boldsymbol{y}(k)$ 为输出向量；$\boldsymbol{G}$ 为系统矩阵；$\boldsymbol{H}$ 为输入矩阵；$\boldsymbol{C}$ 为输出矩阵；$\boldsymbol{D}$ 为直联矩阵。

离散系统的状态空间表达式与连续系统是类似的，即由状态方程和输出方程构成。状态方程为一阶差分方程组，表示在 k 采样时刻的状态和输入与 $k+1$ 采样时刻的状态间的关系。输出方程是一个代数方程，表示 k 采样时刻，系统的状态和输入与输出之间的关系。离散系统的状态空间表达式可用如图 1-34 所示的结构图表示。

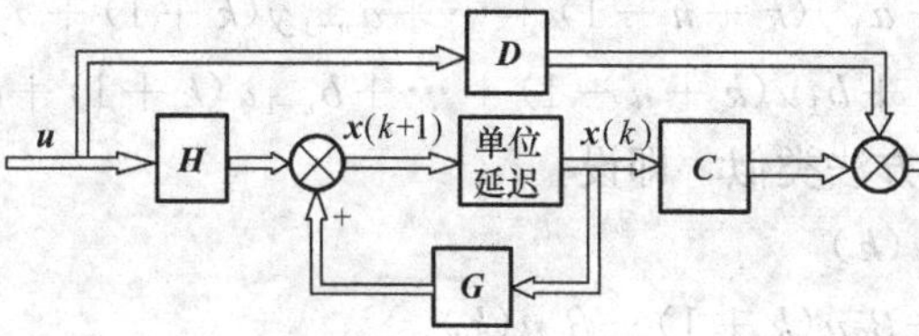

图 1-34　离散系统的结构图

一、差分方程转化为状态空间表达式

离散系统的差分方程转化为状态空间表达式与连续系统的微分方程转化为状态空间表达式是类似的。

1. 差分方程中不含 $u(k+1)$，$u(k+2)$，…，$u(k+n)$

设离散系统差分方程的表达式为

$$y(k+n)+a_1y(k+n-1)+\cdots+a_{n-1}y(k+1)+a_ny(k)=bu(k) \tag{1-70}$$

设系统的状态变量为

$$\begin{cases}x_1(k)=y(k)\\x_2(k)=y(k+1)\\\quad\vdots\\x_n(k)=y(k+n-1)\end{cases} \tag{1-71}$$

则

$$\begin{cases}x_1(k+1)=x_2(k)\\x_2(k+1)=x_3(k)\\\quad\vdots\\x_{n-1}(k+1)=x_n(k)\\x_n(k+1)=-a_nx_1(k)-a_{n-1}x_2(k)-\cdots-a_1x_n(k)+bu(k)\end{cases}$$

状态空间表达式为

$$\begin{bmatrix}x_1(k+1)\\x_2(k+1)\\\vdots\\x_{n-1}(k+1)\\x_n(k+1)\end{bmatrix}=\begin{bmatrix}0&1&0&\cdots&0\\0&0&1&\cdots&0\\\vdots&\vdots&\vdots&\vdots&\vdots\\0&0&0&\cdots&1\\-a_n&-a_{n-1}&-a_{n-2}&\cdots&-a_1\end{bmatrix}\begin{bmatrix}x_1(k)\\x_2(k)\\\vdots\\x_{n-1}(k)\\x_n(k)\end{bmatrix}+\begin{bmatrix}0\\0\\\vdots\\0\\b\end{bmatrix}u(k)$$

$$y(k)=\begin{bmatrix}1&0&0&\cdots&0\end{bmatrix}\begin{bmatrix}x_1(k)\\x_2(k)\\\vdots\\x_{n-1}(k)\\x_n(k)\end{bmatrix}$$

或

$$\begin{cases}\boldsymbol{x}(k+1)=\boldsymbol{G}x(k)+\boldsymbol{H}\boldsymbol{u}(k)\\\boldsymbol{y}(k)=\boldsymbol{C}\boldsymbol{x}(k)\end{cases} \tag{1-72}$$

2. 差分方程中含有 $u(k)$，$u(k+1)$，$u(k+2)$，…，$u(k+n)$

差分方程表达式为

$$\begin{aligned}&y(k+n)+a_1y(k+n-1)+\cdots+a_{n-1}y(k+1)+a_ny(k)\\&=b_0u(k+n)+b_1u(k+n-1)+\cdots+b_{n-1}u(k+1)+b_nu(k)\end{aligned} \tag{1-73}$$

与连续系统选择状态变量的方法类似，即设

$$\begin{cases}x_1(k)=y(k)-\beta_0u(k)\\x_2(k)=y(k+1)-\beta_0u(k+1)-\beta_1u(k)\\x_3(k)=y(k+2)-\beta_0u(k+2)-\beta_1u(k+1)-\beta_2u(k)\\\quad\vdots\\x_n(k)=y(k+n-1)-\beta_0u(k+n-1)-\beta_1u(k+n-2)-\cdots-\beta_{n-1}u(k)\end{cases} \tag{1-74}$$

与连续系统的推导过程类似，由式（1-74）可推得状态方程

$$\begin{aligned}x_1(k+1)&=x_2(k)+\beta_1u(k)\\x_2(k+1)&=x_3(k)+\beta_2u(k)\\&\vdots\\x_{n-1}(k+1)&=x_n(k)+\beta_{n-1}u(k)\\x_n(k+1)&=y(k+1)-\beta_0u(k+n)-\cdots-\beta_{n-1}u(k+1)\end{aligned}$$

将式（1-73）代入最后一式中的 $y(k+1)$。同时，为使该式中 $u(k+1)$，$u(k+2)$，…，$u(k+n)$ 各项的系数为零，设

$$\begin{cases}\beta_0=b_0\\\beta_1=b_1-a_1\beta_0\\\beta_2=b_2-a_1\beta_1-a_2\beta_2\\\quad\vdots\\\beta_{n-1}=b_{n-1}-a_1\beta_{n-2}-a_2\beta_{n-3}-\cdots-a_{n-1}\beta_0\end{cases} \tag{1-75}$$

故有 $x_n(k+1)=-a_nx_1(k)-a_{n-1}x_2(k)-\cdots-a_1x_n(k)+\beta_0u(k)$

状态空间表达式为

$$\begin{bmatrix}x_1(k+1)\\x_2(k+1)\\\vdots\\x_{n-1}(k+1)\\x_n(k+1)\end{bmatrix}=\begin{bmatrix}0&1&0&\cdots&0\\0&0&1&\cdots&0\\\vdots&\vdots&\vdots&\vdots&\vdots\\0&0&0&\cdots&1\\-a_n&-a_{n-1}&-a_{n-2}&\cdots&-a_1\end{bmatrix}\begin{bmatrix}x_1(k)\\x_2(k)\\\vdots\\x_{n-1}(k)\\x_n(k)\end{bmatrix}+\begin{bmatrix}\beta_1\\\beta_2\\\vdots\\\beta_{n-1}\\\beta_n\end{bmatrix}u(k)$$

$$y(k)=\begin{bmatrix}1&0&0&\cdots&0\end{bmatrix}\begin{bmatrix}x_1(k)\\x_2(k)\\\vdots\\x_{n-1}(k)\\x_n(k)\end{bmatrix}+\beta_0u(k)$$

或

$$\begin{cases}\boldsymbol{x}(k+1)=\boldsymbol{Gx}(k)+\boldsymbol{Hu}(k)\\\boldsymbol{y}(k)=\boldsymbol{Cx}(k)+\boldsymbol{du}(k)\end{cases} \tag{1-76}$$

【例 1-37】 已知离散系统的差分方程为

$$y(k+3)+2y(k+2)+3y(k+1)+y(k)=u(k+1)+2u(k)$$

试求系统的状态空间表达式。

解　根据式（1-75）可得

$$\beta_0=0,\ \beta_1=0,\ \beta_2=1,\ \beta_3=2$$

设状态变量

$$\begin{cases}x_1(k)=y(k)\\x_2(k)=y(k+1)\\x_3(k)=y(k+2)-u(k)\end{cases}$$

状态空间表达式

$$\begin{bmatrix}x_1(k+1)\\x_2(k+1)\\x_3(k+1)\end{bmatrix}=\begin{bmatrix}0&1&0\\0&0&1\\-1&-3&-2\end{bmatrix}\begin{bmatrix}x_1(k)\\x_2(k)\\x_3(k)\end{bmatrix}+\begin{bmatrix}0\\1\\2\end{bmatrix}u(k)$$

$$y(k)=\begin{bmatrix}1&0&0\end{bmatrix}\begin{bmatrix}x_1(k)\\x_2(k)\\x_3(k)\end{bmatrix}$$

二、脉冲传递函数化为状态空间表达式

在零初始条件下，离散输出信号的Z变换与离散输入信号的Z变换之比称为脉冲传递函数。离散系统脉冲传递函数的一般表达式为

$$G(z)=\frac{b_1z^{n-1}+b_2z^{n-2}+\cdots+b_{n-1}z+b_n}{z^n+a_1z^{n-1}+\cdots+a_{n-1}z+a_n}+d \tag{1-77}$$

仿照连续系统的方法来建立离散系统的状态空间表达式。

1. 脉冲传递函数的极点互不相同时

将 $G(z)$ 按部分分式展开得

$$G(z)=\frac{c_1}{z-z_1}+\frac{c_2}{z-z_2}+\cdots+\frac{c_n}{z-z_n}+d \tag{1-78}$$

设

$$\begin{cases}X_1(z)=\dfrac{1}{z-z_1}U(z)\\X_2(z)=\dfrac{1}{z-z_2}U(z)\\\quad\vdots\\X_n(z)=\dfrac{1}{z-z_n}U(z)\end{cases} \tag{1-79}$$

根据式（1-79）可得状态方程

$$\begin{cases}x_1(k+1)=z_1x_1(k)+u(k)\\x_2(k+1)=z_2x_2(k)+u(k)\\\quad\vdots\\x_n(k+1)=z_nx_n(k)+u(k)\end{cases}$$

根据式（1-70）和式（1-71）可得

$$Y(z)=c_1X_1(z)+c_2X_2(z)+\cdots+c_nX_n(z)+dU(z)$$

输出方程为

$$y(k)=c_1x_1(k)+c_2x_2(k)+\cdots+c_nx_n(k)+du(k)$$

状态空间表达式

$$\begin{bmatrix}x_1(k+1)\\x_2(k+1)\\\vdots\\x_n(k+1)\end{bmatrix}=\begin{bmatrix}z_1&0&\cdots&0\\0&z_2&\cdots&0\\0&0&\ddots&0\\0&\cdots&0&z_n\end{bmatrix}\begin{bmatrix}x_1(k)\\x_2(k)\\\vdots\\x_n(k)\end{bmatrix}+\begin{bmatrix}1\\1\\\vdots\\1\end{bmatrix}u(k)$$

$$y(k)=\begin{bmatrix}c_1&c_2&\cdots&c_n\end{bmatrix}\begin{bmatrix}x_1(k)\\x_2(k)\\\vdots\\x_n(k)\end{bmatrix}+du(k) \tag{1-80}$$

【例 1-38】　已知系统的脉冲传递函数

$$G(z)=\frac{Y(z)}{U(z)}=\frac{2z^2+2z+1}{z^2+5z+6}$$

试求系统的状态空间表达式。

解　$$G(z)=\frac{-8z-11}{z^2+5z+6}+2=\frac{5}{z+2}-\frac{13}{z+3}+2$$

根据式（1-72）得

$$x(k+1)=\begin{bmatrix}-2&0\\0&-3\end{bmatrix}x(k)+\begin{bmatrix}1\\1\end{bmatrix}u(k)$$

$$y(k)=\begin{bmatrix}5&-13\end{bmatrix}x(k)+2u(k)$$

2. 脉冲传递函数有重极点时

设　$$G(z)=\frac{B(z)}{(z-z_1)^m(z-z_{m+1})\cdots(z-z_n)}$$

按部分分式展开为

$$G(z)=\frac{c_{11}}{(z-z_1)^m}+\frac{c_{12}}{(z-z_1)^{m-1}}+\cdots+\frac{c_{1m}}{(z-z_1)}+\frac{c_{m+1}}{z-z_{m+1}}+\cdots+\frac{c_n}{z-z_n}+d \tag{1-81}$$

设状态变量为

$$\begin{cases}X_1(z)=\dfrac{1}{(z-z_1)^m}U(z)\\X_2(z)=\dfrac{1}{(z-z_1)^{m-1}}U(z)\\\vdots\\X_m(z)=\dfrac{1}{z-z_1}U(z)\\X_{m+1}(z)=\dfrac{1}{z-z_{m+1}}U(z)\\\vdots\\X_n(z)=\dfrac{1}{z-z_n}U(z)\end{cases}$$

得

$$\begin{cases} X_1(z)=\dfrac{1}{(z-z_1)}X_2(z) \\ X_2(z)=\dfrac{1}{(z-z_1)}X_3(z) \\ \vdots \\ X_{m-1}(z)=\dfrac{1}{z-z_1}X_m(z) \\ X_m(z)=\dfrac{1}{z-z_1}U(z) \\ X_{m+1}(z)=\dfrac{1}{z-z_{m+1}}U(z) \\ \vdots \\ X_n(z)=\dfrac{1}{z-z_n}U(z) \end{cases} \tag{1-82}$$

取 Z 反变换后得状态方程

$$\begin{cases} x_1(k+1)=z_1x_1(k)+x_2(k) \\ x_2(k+1)=z_1x_2(k)+x_3(k) \\ \vdots \\ x_{m-1}(k+1)=z_1x_{m-1}(k)+x_m(k) \\ x_m(k+1)=z_1x_m(k)+u(k) \\ x_{m+1}(k+1)=z_{m+1}x_{m+1}(k)+u(k) \\ \vdots \\ x_n(k+1)=z_nx_n(k)+u(k) \end{cases}$$

根据式（1-81）和式（1-82）可得

$$\begin{aligned} Y(z)=&c_{11}X_1(z)+c_{12}X_2(z)+\cdots+c_{1m}X_m(z) \\ &+c_{m+1}X_{m+1}(z)+\cdots+c_nX_n(z)+dU(z) \end{aligned}$$

输出方程为

$$\begin{aligned} y(k)=&c_1x_1(k)+c_2x_2(k)+\cdots+c_{1m}x_m(k) \\ &+c_{m+1}x_{m+1}(k)+\cdots+c_nx_n(k)+du(k) \end{aligned}$$

状态空间表达式

$$\begin{bmatrix} x_1(k+1) \\ x_2(k+1) \\ \vdots \\ x_{m-1}(k+1) \\ x_m(k+1) \\ x_{m+1}(k+1) \\ \vdots \\ x_n(k+1) \end{bmatrix}=\begin{bmatrix} z_1 & 1 & & & & & & \\ & z_1 & 1 & & & 0 & & \\ & & \ddots & & & & & \\ & & & z_1 & 1 & & & \\ & & & & z_1 & & & \\ & 0 & & & & z_{m+1} & & \\ & & & & & & \ddots & \\ & & & & & & & z_n \end{bmatrix}\begin{bmatrix} x_1(k) \\ x_2(k) \\ \vdots \\ x_{m-1}(k) \\ x_m(k) \\ x_{m+1}(k) \\ \vdots \\ x_n(k) \end{bmatrix}+\begin{bmatrix} 0 \\ 0 \\ \vdots \\ 0 \\ 1 \\ 1 \\ \vdots \\ 1 \end{bmatrix}u(k)$$

$$y(k)=[c_{11}\quad c_{12}\quad \cdots\quad c_{1m}\quad c_{m+1}\quad \cdots\quad c_n]\begin{bmatrix}x_1(k)\\x_2(k)\\\vdots\\x_m(k)\\x_{m+1}(k)\\\vdots\\x_n(k)\end{bmatrix}+du(k) \tag{1-83}$$

【例 1-39】 已知系统的脉冲传递函数

$$\boldsymbol{G}(z)=\frac{\boldsymbol{Y}(z)}{\boldsymbol{U}(z)}=\frac{4}{(z-1)^2(z+2)}$$

试求系统的状态空间表达式。

解 $$G(z)=\frac{4/3}{(z-1)^2}-\frac{4/9}{z-1}+\frac{4/9}{z+2}$$

根据式（1-83）得

$$\begin{bmatrix}x_1(k+1)\\x_2(k+1)\\x_3(k+1)\end{bmatrix}=\begin{bmatrix}1&1&0\\0&1&0\\0&0&-2\end{bmatrix}\begin{bmatrix}x_1(k)\\x_2(k)\\x_3(k)\end{bmatrix}+\begin{bmatrix}0\\1\\1\end{bmatrix}u(k)$$

$$y(k)=\begin{bmatrix}\frac{4}{3}&-\frac{4}{9}&\frac{4}{9}\end{bmatrix}\begin{bmatrix}x_1(k)\\x_2(k)\\x_3(k)\end{bmatrix}$$

三、由状态空间表达式求脉冲传递函数

离散系统的状态空间表达式为

$$\begin{cases}\boldsymbol{x}(k+1)=\boldsymbol{G}\boldsymbol{x}(k)+\boldsymbol{H}\boldsymbol{u}(k)\\\boldsymbol{y}(k)=\boldsymbol{C}\boldsymbol{x}(k)+\boldsymbol{D}\boldsymbol{u}(k)\end{cases}$$

对上式取拉氏变换

$$\begin{cases}z\boldsymbol{X}(z)-z\boldsymbol{X}(0)=\boldsymbol{G}\boldsymbol{X}(z)+\boldsymbol{H}\boldsymbol{U}(z)\\\boldsymbol{Y}(z)=\boldsymbol{C}\boldsymbol{X}(z)+\boldsymbol{D}\boldsymbol{U}(z)\end{cases}$$

令 $\boldsymbol{X}(0)=0$，则

$$\boldsymbol{X}(z)=(z\boldsymbol{I}-\boldsymbol{G})^{-1}\boldsymbol{H}\boldsymbol{U}(z)$$

$$\boldsymbol{Y}(z)=[\boldsymbol{C}(z\boldsymbol{I}-\boldsymbol{G})^{-1}\boldsymbol{H}+\boldsymbol{D}]U(z)$$

系统的脉冲传递函数为

$$\boldsymbol{G}(z)=\frac{\boldsymbol{Y}(z)}{\boldsymbol{U}(z)}=\boldsymbol{C}(z\boldsymbol{I}-\boldsymbol{G})^{-1}\boldsymbol{H}+\boldsymbol{D} \tag{1-84}$$

【例 1-40】 已知系统的状态空间表达式

$$\boldsymbol{x}(k+1)=\begin{bmatrix}-2&0\\0&-3\end{bmatrix}\boldsymbol{x}(k)+\begin{bmatrix}1\\1\end{bmatrix}u(k)$$

$$y(k)=[1\quad -4]\,\boldsymbol{x}(k)+u(k)$$

试求系统的脉冲传递函数。

解
$$|z\boldsymbol{I}-\boldsymbol{G}|=\begin{vmatrix} z+2 & 0 \\ 0 & z+3 \end{vmatrix}=z^2+5z+6$$

$$\operatorname{adj}[z\boldsymbol{I}-\boldsymbol{G}]=\begin{bmatrix} z+3 & 0 \\ 0 & z+2 \end{bmatrix}$$

根据式（1-84）得
$$G(z)=\boldsymbol{C}[z\boldsymbol{I}-\boldsymbol{G}]^{-1}\boldsymbol{H}+d$$
$$=\frac{[z+3\quad -4z-8]}{z^2+5z+6}\begin{bmatrix}1\\1\end{bmatrix}+1$$
$$=\frac{z^2+2z+1}{z^2+5z+6}$$

第六节　MATLAB 用于状态空间描述

一、状态空间模型建立

ss（）函数用来建立控制系统的状态空间模型。

调用格式：sys = ss（a，b，c，d）

函数输入参量 a，b，c，d 分别对应于系统的 $\boldsymbol{A}$，$\boldsymbol{B}$，$\boldsymbol{C}$，$\boldsymbol{D}$ 参数矩阵。

【例 1-41】　已知某系统状态微分方程为

$$\ddot{y}+3\dot{y}+7y=5u$$

试求该系统的状态空间模型。

解　首先将微分方程写成状态空间形式，即

$$\boldsymbol{x}=\begin{bmatrix}y\\ \dot{y}\end{bmatrix},\ \boldsymbol{A}=\begin{bmatrix}0 & 1\\ -7 & -3\end{bmatrix},\ \boldsymbol{B}=\begin{bmatrix}0\\5\end{bmatrix},\ \boldsymbol{C}=[1\quad 0],\ \boldsymbol{D}=0$$

然后执行如下程序：

```
A = [0 1; -7 -3];
B = [0; 5];
C = [1 0];
D = 0;
Sys = ss(A, B, C, D)
```

程序运行后得到系统的状态空间模型如下：

```
a =
         x1    x2
     x1  0      1
     x2  -7    -3
b =
              u1
          x1  0
          x2  5
c =
           x1   x2
       y1  1     0
```

```
d =
          u1
     y1   0
Continuous-time model.
```

二、状态空间模型转换

1. ss2tf（）

该函数是将系统状态空间模型转换为传递函数模型。

调用格式：[num，den] = ss2tf（A，B，C，D，iu）

其中 iu 指定第几个输入。

【例 1-42】 已知系统空间状态

$$\dot{x} = \begin{bmatrix} 1 & -2 & 2 \\ 3 & -7 & -5 \\ -6 & -11 & 4 \end{bmatrix} x + \begin{bmatrix} 1 \\ 0 \\ 1 \end{bmatrix} u$$

试求其传递函数模型。

$$y = [2 \quad 1 \quad 1] x$$

解 *MATLAB* 程序如下：

```
A = [1 -2 2; 3 -7 -5; -6 -11 4]
B = [1; 0; 1];
C = [2 1 1];
D = 0;
[num, den] = ss2tf (A, B, C, D)
```

运行结果如下：

```
num =
     0     3.0000     8.0000     -165.0000
den =
     1.0     2.0000     -68.0000     269.0000
```

2. ss2zp（）

该函数是将系统状态空间模型转换为零、极点增益模型。

调用格式：[z，p，k] = ss2zp（A，B，C，D，iu）

其中 iu 指定第几个输入，k 为对应的增益

【例 1-43】 已知两输入/两输出系统的状态空间模型

$$\boldsymbol{A} = \begin{bmatrix} 0 & 1 & -1 \\ -6 & -11 & 6 \\ -6 & -11 & 5 \end{bmatrix}, \boldsymbol{B} = \begin{bmatrix} 0 & 0 \\ 0 & 1 \\ 1 & 0 \end{bmatrix}, \boldsymbol{C} = \begin{bmatrix} 1 & 0 & 0 \\ 0 & 1 & 0 \end{bmatrix}, \boldsymbol{D} = \begin{bmatrix} 2 & 0 \\ 0 & 2 \end{bmatrix}$$

试求其零、极点模型。

解 程序如下：

```
A = [0 1 -1; -6 -11 6; -6 -11 5];
B = [0 0; 0 1; 1 0];
C = [1 0 0; 0 1 0];
```

```
D = [2 0; 0 2];
[z, p, k] = ss2zp (A, B, C, D, 1)
```

运行结果如下：

```
z =
    -0.4325              -1.0000
    -2.7837 + 0.5854i    Inf
    -2.7837 + 0.5854i    Inf
p =
     -1.0000
     -2.0000
     -3.0000
k =
      2.0000
      6.0000
```

3. tf2ss () 函数将系统传递函数模型转换为状态空间模型

三、变换为标准型

用 jordan () 函数求矩阵的约当标准型。

调用格式：[P, F] = jordan (A)

其中，F 是矩阵 A 的 jordan 标准型矩阵。

【例 1-44】　系统状态空间表达式为

$$\dot{x} = \begin{bmatrix} 0 & 1 \\ -2 & -3 \end{bmatrix} \boldsymbol{x} + \begin{bmatrix} 1 \\ 1 \end{bmatrix} \boldsymbol{u}$$

$$y = \begin{bmatrix} 1 & 0 \end{bmatrix} \boldsymbol{x}$$

试将矩阵 $\boldsymbol{A}$ 化为约当标准型矩阵。

解　MATLAB 程序如下：

```
A = [0 1; -2 -3];
B = [1; 1];
C = [1 0];
[P, F] = jordan (A)
P1 = inv (P);
A1 = P1*A*P
B1 = P1*B
C1 = C*P
```

程序运行结果如下：

```
P =
      2    -1
     -2     2
F =
     -1     0
```

```
     0      -2
```

另外，直接输入以下两行程序：

```
A = [0 1; -2 -3]
[P, F] = jordan (A) 或 F = jordan (A)
```

程序运行结果如下：

```
P =
     2      -1
    -2       2
F =
    -1       0
     0      -2
F =
    -1       0
     0      -2
```

习　题

1-1　试建立图 1-35 所示电路的状态空间表达式。

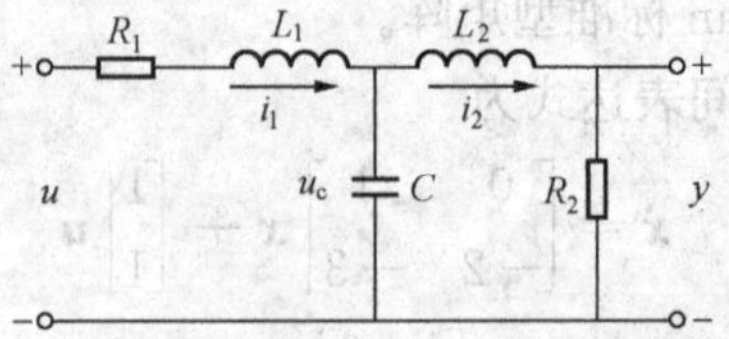

图 1-35　题 1-1 图

1-2　试建立图 1-36 所示机械位移系统的状态空间表达式。

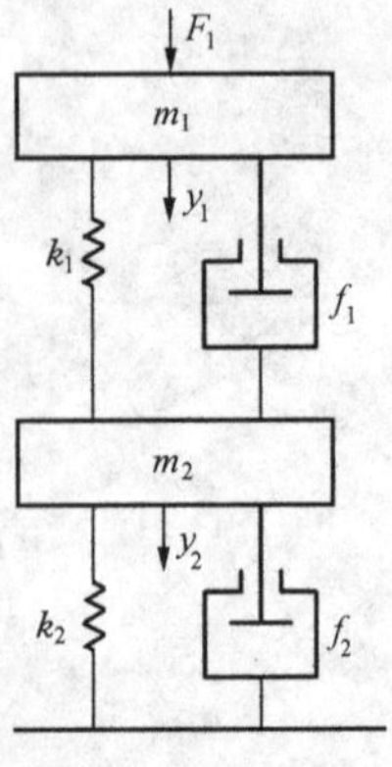

图 1-36　题 1-2 图

1-3　已知系统微分方程，试列写出其状态空间表达式。

(1) $2\ddot{y}+4\dot{y}+y=u$

(2) $\ddot{y}+5\dot{y}+3y=\dot{u}+3u$

(3) $\ddot{y}+2\dot{y}+3y=-2\dot{u}+u$

(4) $\ddot{y}+3\dot{y}+4y=\dot{u}+2u$

1-4　已知系统的传递函数，试建立其状态空间表达式，并画出其状态变量图。

(1) $G(s)=\dfrac{s^2+2s+3}{s^3+1}$

(2) $G(s)=\dfrac{10}{s^3+5s^2+4s+10}$

(3) $G(s)=\dfrac{s+1}{s(s+2)^2(s+3)}$

1-5　已知系统状态空间表达式，试求其传递函数阵。

(1) $\dot{\boldsymbol{x}}=\begin{bmatrix}1 & 0\\2 & 3\end{bmatrix}\boldsymbol{x}+\begin{bmatrix}0 & 1\\1 & 2\end{bmatrix}\boldsymbol{u}$，$\boldsymbol{y}=\begin{bmatrix}1 & 1\end{bmatrix}\boldsymbol{x}$

(2) $\dot{\boldsymbol{x}}=\begin{bmatrix}0 & 0 & 0\\0 & 0 & 1\\-2 & -1 & -3\end{bmatrix}\boldsymbol{x}+\begin{bmatrix}1 & 0\\0 & 0\\0 & 1\end{bmatrix}\boldsymbol{u}$，$\boldsymbol{y}=\begin{bmatrix}1 & 0 & 1\\0 & 1 & 0\end{bmatrix}\boldsymbol{x}$

1-6 设系统的状态空间表达式为

$$\dot{\boldsymbol{x}}=\begin{bmatrix}1 & 1\\-1 & -3\end{bmatrix}\boldsymbol{x}+\begin{bmatrix}0\\1\end{bmatrix}u,\ \boldsymbol{y}=\begin{bmatrix}1 & 1\end{bmatrix}\boldsymbol{x}$$

若取变换矩阵 $\boldsymbol{P}=\begin{bmatrix}1 & 1\\1 & 0\end{bmatrix}$，试求线性变换后的状态空间表达式。

1-7 试将下列状态方程化为对角线标准型。

(1) $\dot{\boldsymbol{x}}=\begin{bmatrix}-2 & 1\\1 & -2\end{bmatrix}\boldsymbol{x}+\begin{bmatrix}0\\1\end{bmatrix}u$

(2) $\dot{\boldsymbol{x}}=\begin{bmatrix}0 & 1\\-2 & -3\end{bmatrix}\boldsymbol{x}+\begin{bmatrix}0\\1\end{bmatrix}u$

(3) $\dot{\boldsymbol{x}}=\begin{bmatrix}0 & 1 & 0\\0 & 0 & 1\\-2 & -4 & -3\end{bmatrix}\boldsymbol{x}+\begin{bmatrix}0\\0\\1\end{bmatrix}u$

1-8 试将下列状态方程化为约当标准型。

(1) $\dot{\boldsymbol{x}}=\begin{bmatrix}4 & 1 & -2\\1 & 0 & 2\\1 & -1 & 3\end{bmatrix}\boldsymbol{x}+\begin{bmatrix}2 & 1\\1 & 0\\1 & 1\end{bmatrix}\boldsymbol{u}$

(2) $\dot{\boldsymbol{x}}=\begin{bmatrix}0 & 1 & 0\\0 & 0 & 1\\2 & -5 & 4\end{bmatrix}\boldsymbol{x}+\begin{bmatrix}1 & 1\\0 & 0\\2 & 1\end{bmatrix}\boldsymbol{u}$

(3) $\dot{\boldsymbol{x}}=\begin{bmatrix}0 & 1 & 0\\0 & 0 & 1\\0 & -1 & -2\end{bmatrix}\boldsymbol{x}+\begin{bmatrix}-1\\2\\1\end{bmatrix}u$

1-9 已知两子系统的状态空间表达式，试分别求两子系统的串联、并联组合系统的状态空间表达式。

$$s_1\quad \dot{\boldsymbol{x}}=\begin{bmatrix}0 & 1\\1 & -2\end{bmatrix}\boldsymbol{x}+\begin{bmatrix}1\\1\end{bmatrix}u,\ \boldsymbol{y}=\begin{bmatrix}1 & 1\end{bmatrix}\boldsymbol{x}$$

$$s_2\quad \dot{\boldsymbol{x}}=\begin{bmatrix}0 & 1 & 1\\1 & 0 & 1\\1 & 2 & 1\end{bmatrix}\boldsymbol{x}+\begin{bmatrix}1\\0\\2\end{bmatrix}u,\ \boldsymbol{y}=\begin{bmatrix}1 & 0 & 1\end{bmatrix}\boldsymbol{x}$$

1-10 已知两子系统的传递函数阵

$$\boldsymbol{G}_1(s)=\begin{bmatrix}\frac{1}{s+1} & \frac{1}{s+3}\\0 & \frac{1}{s+2}\end{bmatrix},\ \boldsymbol{G}_2(s)=\begin{bmatrix}\frac{1}{s+2} & \frac{1}{s+1}\\\frac{1}{s} & 0\end{bmatrix}$$

试分别求两子系统的串联、并联组合系统的传递函数阵。

1-11 已知离散系统的差分方程

$$y(k+2)+5y(k+1)+6y(k)=u(k+1)+u(k)$$

试求其状态空间表达式，并画出对应的系统结构图。

1-12 已知离散系统的状态空间表达式，试求系统的脉冲传递函数。

(1) $\boldsymbol{x}(k+1)=\begin{bmatrix}0&1&0\\0&0&1\\0&-2&-3\end{bmatrix}\boldsymbol{x}(k)+\begin{bmatrix}0&0\\0&0\\3&2\end{bmatrix}\boldsymbol{u}(k)$，$y(k)=\begin{bmatrix}0&1&0\end{bmatrix}\boldsymbol{x}(k)$

(2) $\boldsymbol{x}(k+1)=\begin{bmatrix}2&0&0\\-1&-2&0\\0&1&2\end{bmatrix}\boldsymbol{x}(k)+\begin{bmatrix}0\\0\\1\end{bmatrix}u(k)$，$y(k)=\begin{bmatrix}1&0&1\\0&1&0\end{bmatrix}\boldsymbol{x}(k)$

1-13 已知离散系统的脉冲传递函数，试求其对应的状态空间表达式。

(1) $G(z)=\dfrac{2z^2+2z+1}{z^2+5z+6}$

(2) $G(z)=\dfrac{2}{(z-1)^2(z+2)}$

第二章　线性控制系统的状态空间分析

在建立了状态空间表达式和对状态空间表达式进行变换后，本章主要对线性系统进行分析。研究线性系统在输入信号和初始状态下状态空间表达式的求解，获得描述系统所需的全部信息，从而分析控制系统的性能。由此定义出状态转移矩阵，并讨论状态转移矩阵的计算方法和基本性质。

第一节　线性连续系统的状态空间分析

一、线性定常连续系统齐次状态方程的解

输入函数 $u=0$ 时的状态方程为齐次状态方程，即

$$\dot{\boldsymbol{x}}=\boldsymbol{A}\boldsymbol{x} \tag{2-1}$$

设

$$\boldsymbol{x}(t)\big|_{t_0=0}=\boldsymbol{x}_0$$

采用拉氏变换法可求得齐次状态方程在初始状态 $\boldsymbol{x}$（$t=0$）输入下的解。对式（2-1）取拉氏变换得

$$s\boldsymbol{X}(s)-\boldsymbol{x}_0=\boldsymbol{A}\boldsymbol{X}(s)$$

$$(s\boldsymbol{I}-\boldsymbol{A})\boldsymbol{X}(s)=\boldsymbol{x}_0$$

得

$$\boldsymbol{X}(s)=(s\boldsymbol{I}-\boldsymbol{A})^{-1}\boldsymbol{x}_0$$

对上式取拉氏反变换求得齐次状态方程的解

$$\boldsymbol{x}(t)=\mathrm{L}^{-1}[(s\boldsymbol{I}-\boldsymbol{A})^{-1}]\boldsymbol{x}_0 \tag{2-2}$$

由于

$$\begin{cases}(x-a)^{-1}=\dfrac{1}{x}+\dfrac{a}{x^2}+\dfrac{a^2}{x^3}+\cdots\\[2mm] \mathrm{e}^{at}=1+at+\dfrac{a^2t^2}{2!}+\cdots\end{cases}$$

将上式用于矩阵函数

$$\begin{cases}(s\boldsymbol{I}-\boldsymbol{A})^{-1}=\dfrac{\boldsymbol{I}}{s}+\dfrac{\boldsymbol{A}}{s^2}+\dfrac{\boldsymbol{A}^2}{s^3}+\cdots & (2-3)\\[2mm] \mathrm{e}^{\boldsymbol{A}t}=\boldsymbol{I}+\boldsymbol{A}t+\dfrac{\boldsymbol{A}^2t^2}{2!}+\cdots & (2-4)\end{cases}$$

将式（2-3）代入式（2-2）中

$$\begin{aligned}\boldsymbol{x}(t)&=\mathrm{L}^{-1}\left(\frac{\boldsymbol{I}}{s}+\frac{\boldsymbol{A}}{s^2}+\frac{\boldsymbol{A}^2}{s^3}+\cdots\right)\boldsymbol{x}_0\\&=\left[\mathrm{L}^{-1}\left(\frac{\boldsymbol{I}}{s}\right)+\mathrm{L}^{-1}\left(\frac{\boldsymbol{A}}{s^2}\right)+\mathrm{L}^{-1}\left(\frac{\boldsymbol{A}^2}{s^3}\right)+\cdots\right]\boldsymbol{x}_0\\&=\left[\boldsymbol{I}+\boldsymbol{A}t+\frac{\boldsymbol{A}^2t^2}{2!}+\cdots\right]\boldsymbol{x}_0=\mathrm{e}^{\boldsymbol{A}t}\boldsymbol{x}_0\end{aligned} \tag{2-5}$$

式（2-5）为 $t_0=0$ 时刻齐次状态方程的解。显然，如果 $t_0\neq0$，其对应的初始状态为

$\boldsymbol{x}(t_0)$，则齐次状态方程的解为

$$\boldsymbol{x}(t)=\mathrm{e}^{\boldsymbol{A}(t-t_0)}\boldsymbol{x}(t_0)$$

由以上求解可知，齐次状态方程的解实质上是初始状态 $\boldsymbol{x}_0$ 或 $\boldsymbol{x}(t_0)$ 在 t 时间内的转移，其转移特性完全由矩阵指数函数 $\mathrm{e}^{\boldsymbol{A}t}$ 或 $\mathrm{e}^{\boldsymbol{A}(t-t_0)}$ 所决定。

令
$$\boldsymbol{\Phi}(t)=\mathrm{e}^{\boldsymbol{A}t},\quad \boldsymbol{\Phi}(t-t_0)=\mathrm{e}^{\boldsymbol{A}(t-t_0)}$$

定义 $\Phi(t)$ 和 $\Phi(t-t_0)$ 为系统的状态转移矩阵，则

$$\boldsymbol{x}(t)=\boldsymbol{\Phi}(t)\boldsymbol{x}_0\quad (t\geqslant 0)\tag{2-6}$$

$$\boldsymbol{x}(t)=\boldsymbol{\Phi}(t-t_0)\boldsymbol{x}(t_0)\quad (t\geqslant t_0)\tag{2-7}$$

即
$$\boldsymbol{\Phi}(t)=\mathrm{e}^{\boldsymbol{A}t}=\mathrm{L}^{-1}\left[(s\boldsymbol{I}-\boldsymbol{A})^{-1}\right]\tag{2-8}$$

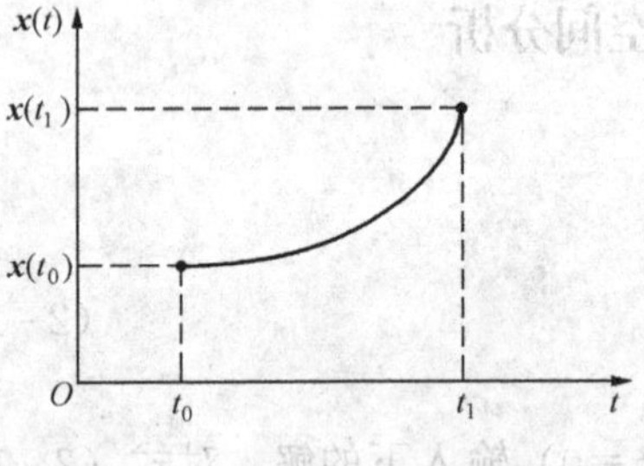

图 2-1 系统状态转移特性

齐次状态方程的解表明：在状态空间中，控制系统的自由运动轨迹是从初始状态 t_0 到 t_1 时刻状态的转移，如图 2-1 所示。状态转移矩阵 $\boldsymbol{\Phi}(t)$ 包含了系统自由运动的全部信息，完全表征了系统的动态特性。

【例 2-1】 已知线性定常系统

$$\dot{\boldsymbol{x}}=\begin{bmatrix}0 & 1\\ -2 & -3\end{bmatrix}\boldsymbol{x}$$

试求状态方程的解。

解 先求出状态转移矩阵

$$\mathrm{e}^{\boldsymbol{A}t}=\mathrm{L}^{-1}\left[(s\boldsymbol{I}-\boldsymbol{A})^{-1}\right]$$

$$(s\boldsymbol{I}-\boldsymbol{A})=\begin{bmatrix}s & -1\\ 2 & s+3\end{bmatrix}$$

$$|s\boldsymbol{I}-\boldsymbol{A}|=s^2+3s+2=(s+1)(s+2)$$

$$(s\boldsymbol{I}-\boldsymbol{A})^{-1}=\frac{1}{(s+1)(s+2)}\begin{bmatrix}s+3 & 1\\ -2 & s\end{bmatrix}$$

得
$$\mathrm{e}^{\boldsymbol{A}t}=\begin{bmatrix}2\mathrm{e}^{-t}-\mathrm{e}^{-2t} & \mathrm{e}^{-t}-\mathrm{e}^{-2t}\\ -2\mathrm{e}^{-t}+2\mathrm{e}^{-2t} & -\mathrm{e}^{-t}+2\mathrm{e}^{-2t}\end{bmatrix}$$

状态方程的解为

$$\boldsymbol{x}(t)=\mathrm{e}^{\boldsymbol{A}t}\boldsymbol{x}_0$$

【例 2-2】 已知线性定常系统

$$\dot{\boldsymbol{x}}=\begin{bmatrix}0 & 1 & 0\\ 0 & 0 & 1\\ -6 & -11 & -6\end{bmatrix}\boldsymbol{x},\quad \boldsymbol{x}_0=\begin{bmatrix}x_{01}\\ x_{02}\\ x_{03}\end{bmatrix}$$

试求状态方程的解。

解 先求出状态转移矩阵

$$|s\boldsymbol{I}-\boldsymbol{A}|=s^2(s+6)+11s+6=(s+1)(s+2)(s+3)$$

$$(s\boldsymbol{I}-\boldsymbol{A})^{-1}=\frac{\mathrm{adj}(s\boldsymbol{I}-\boldsymbol{A})}{|s\boldsymbol{I}-\boldsymbol{A}|}$$

$$=\frac{1}{(s+1)(s+2)(s+3)}\begin{bmatrix}s^2+6s+11 & s+6 & 1\\ -6 & s^2+6s & s\\ -6s & -11s-6 & s^2\end{bmatrix}$$

$$e^{\boldsymbol{A}t}=L^{-1}[(s\boldsymbol{I}-\boldsymbol{A})^{-1}]$$

$$=\begin{bmatrix}3e^{-t}-3e^{-2t}+e^{-3t} & \frac{5}{2}e^{-t}-4e^{-2t}+\frac{3}{2}e^{-3t} & \frac{1}{2}e^{-t}-e^{-2t}+\frac{1}{2}e^{-3t}\\ -3e^{-t}+6e^{-2t}-3e^{-3t} & -\frac{5}{2}e^{-t}+8e^{-2t}-\frac{9}{2}e^{-3t} & -\frac{1}{2}e^{-t}+2e^{-2t}-\frac{3}{2}e^{-3t}\\ 3e^{-t}-12e^{-2t}+9e^{-3t} & \frac{5}{2}e^{-t}-16e^{-2t}+\frac{27}{2}e^{-3t} & \frac{1}{2}e^{-t}-4e^{-2t}+\frac{9}{2}e^{-3t}\end{bmatrix}$$

状态方程的解为

$$\boldsymbol{x}(t)=e^{\boldsymbol{A}t}\begin{bmatrix}x_{01}\\ x_{02}\\ x_{03}\end{bmatrix}$$

【例 2-3】　已知线性定常系统的状态转移矩阵

$$\boldsymbol{\Phi}(t)=\begin{bmatrix}2e^{-t}-e^{-2t} & e^{-t}-e^{-2t}\\ -2e^{-t}+2e^{-2t} & -e^{-t}+2e^{-2t}\end{bmatrix}$$

试求系统矩阵 $\boldsymbol{A}$。

解　由式（2-8）可知

$$\boldsymbol{\Phi}(t)=e^{\boldsymbol{A}t}=L^{-1}[(s\boldsymbol{I}-\boldsymbol{A})^{-1}]$$

则

$$(s\boldsymbol{I}-\boldsymbol{A})^{-1}=L[\boldsymbol{\Phi}(t)]=\begin{bmatrix}\frac{2}{s+1}-\frac{1}{s+2} & \frac{1}{s+1}-\frac{1}{s+2}\\ \frac{-2}{s+1}+\frac{2}{s+2} & \frac{-1}{s+1}+\frac{2}{s+2}\end{bmatrix}$$

$$=\frac{1}{(s+1)(s+2)}\begin{bmatrix}s+3 & 1\\ -2 & s\end{bmatrix}$$

$$\boldsymbol{A}=s\boldsymbol{I}-(s+1)(s+2)\begin{bmatrix}s+3 & 1\\ -2 & s\end{bmatrix}^{-1}$$

$$\begin{bmatrix}s & 0\\ 0 & s\end{bmatrix}-\begin{bmatrix}s & -1\\ 2 & s+3\end{bmatrix}=\begin{bmatrix}0 & 1\\ -2 & -3\end{bmatrix}$$

二、状态转移矩阵

1. 状态转移矩阵的概念

当初始时刻 $t_0=0$ 时，线性定常系统状态方程的解为

$$\boldsymbol{x}(t)=\boldsymbol{\Phi}(t)\boldsymbol{x}_0$$

定义 $\boldsymbol{\Phi}(t)$ 为状态转移矩阵，则

$$\dot{\boldsymbol{x}}(t)=\dot{\boldsymbol{\Phi}}(t)\boldsymbol{x}_0$$

而

$$\dot{\boldsymbol{x}}(t)=\boldsymbol{A}\boldsymbol{x}(t)=\boldsymbol{A}\boldsymbol{\Phi}(t)\boldsymbol{x}_0$$

$$\boldsymbol{x}_0=\boldsymbol{\Phi}(0)\boldsymbol{x}_0=e^{\boldsymbol{A}0}\boldsymbol{x}_0=\boldsymbol{x}_0 \tag{2-9}$$

状态转移矩阵 $\boldsymbol{\Phi}(t)$ 是初始条件 $\boldsymbol{\Phi}(0)=\boldsymbol{I}$ 时，矩阵微分方程的解。

状态转移矩阵是一个与时间 t 有关的方阵，矩阵中各元素为时间 t 的函数，即

$$\boldsymbol{\Phi}(t)=\mathrm{e}^{\boldsymbol{A}t}=\begin{bmatrix}\Phi_{11}(t) & \Phi_{12}(t) & \cdots & \Phi_{1n}(t)\\ \Phi_{21}(t) & \Phi_{22}(t) & \cdots & \Phi_{2n}(t)\\ \vdots & \vdots & \vdots & \vdots\\ \Phi_{n1}(t) & \Phi_{n2}(t) & \cdots & \Phi_{nn}(t)\end{bmatrix} \tag{2-10}$$

2. 标准型的状态转移矩阵

（1）若 $\boldsymbol{A}$ 为对角阵，且具有互异特征值，即

$$\boldsymbol{A}=\begin{bmatrix}\lambda_1 & & & \\ & \lambda_2 & & 0\\ & & \ddots & \\ 0 & & & \lambda_n\end{bmatrix} \tag{2-11}$$

状态转移矩阵可表示为

$$\boldsymbol{\Phi}(t)=\mathrm{e}^{\boldsymbol{A}t}=\begin{bmatrix}\mathrm{e}^{\lambda_1 t} & & & \\ & \mathrm{e}^{\lambda_2 t} & 0 & \\ & & \ddots & \\ 0 & & & \mathrm{e}^{\lambda_n t}\end{bmatrix} \tag{2-12}$$

【例 2-4】 已知线性定常系统的状态方程

$$\dot{\boldsymbol{x}}=\begin{bmatrix}-1 & 0 & 0\\ 0 & -2 & 0\\ 0 & 0 & -4\end{bmatrix}\boldsymbol{x}$$

试求系统的状态转移矩阵。

解 由于系统矩阵为特征值互异的对角线标准型，所以系统的状态转移矩阵为

$$\boldsymbol{\Phi}(t)=\mathrm{e}^{\boldsymbol{A}t}=\begin{bmatrix}\mathrm{e}^{-t} & 0 & 0\\ 0 & \mathrm{e}^{-2t} & 0\\ 0 & 0 & \mathrm{e}^{-4t}\end{bmatrix}$$

（2）若 A 为约当矩阵，且具有 k 个约当块，即

$$\boldsymbol{A}=\begin{bmatrix}\boldsymbol{A}_1 & & 0 & \\ & \boldsymbol{A}_2 & & \\ & & \ddots & \\ & 0 & & \boldsymbol{A}_k\end{bmatrix} \tag{2-13}$$

状态转移矩阵可表示为

$$\mathrm{e}^{\boldsymbol{A}t}=\begin{bmatrix}\mathrm{e}^{\boldsymbol{A}_1 t} & & & \\ & \mathrm{e}^{\boldsymbol{A}_2 t} & & \\ & & 0 & \\ & & & \mathrm{e}^{\boldsymbol{A}_k t}\end{bmatrix} \tag{2-14}$$

式中：$\boldsymbol{A}_1$，$\boldsymbol{A}_2$，…，$\boldsymbol{A}_k$ 代表各约当块。

设某约当块 $\boldsymbol{A}_i$ 有 m 重特征值，即

$$\boldsymbol{A}_i=\begin{bmatrix}\lambda_i & 1 & 0 & \cdots & 0 & 0\\ 0 & \lambda_i & 1 & \cdots & 0 & 0\\ \vdots & \vdots & \vdots & \vdots & \vdots & \vdots\\ 0 & 0 & 0 & \cdots & 1 & 0\\ 0 & 0 & 0 & \cdots & \lambda_i & 1\\ 0 & 0 & 0 & \cdots & 0 & \lambda_i\end{bmatrix}\quad (m\times m) \tag{2-15}$$

对应 $\boldsymbol{A}_i$ 的状态转移矩阵为

$$\mathrm{e}^{\boldsymbol{A}_i t}=\mathrm{e}^{\lambda_i t}\begin{bmatrix}1 & t & \frac{1}{2!}t^2 & \cdots & \frac{1}{(m-2)!}t^{(m-2)} & \frac{1}{(m-1)!}t^{(m-1)}\\ 0 & 1 & t & \cdots & \frac{1}{(m-3)!}t^{(m-3)} & \frac{1}{(m-2)!}t^{(m-2)}\\ \vdots & \vdots & \vdots & \vdots & \vdots & \vdots\\ 0 & 0 & 0 & \cdots & t & \frac{1}{2!}t^2\\ 0 & 0 & 0 & \cdots & 1 & t\\ 0 & 0 & 0 & \cdots & 0 & 1\end{bmatrix} \tag{2-16}$$

【例 2-5】　已知线性定常系统的状态方程

$$\dot{\boldsymbol{x}}=\begin{bmatrix}-1 & 1 & 0\\ 0 & -1 & 0\\ 0 & 0 & -3\end{bmatrix}\boldsymbol{x}$$

试求系统的状态转移矩阵。

解　由于系统矩阵为约当标准型，其中

$$\boldsymbol{A}_1=\begin{bmatrix}-1 & 1\\ 0 & -1\end{bmatrix},\quad A_2=-3$$

则

$$\mathrm{e}^{\boldsymbol{A}_1 t}=\begin{bmatrix}\mathrm{e}^{-t} & t\mathrm{e}^{-t}\\ 0 & \mathrm{e}^{-t}\end{bmatrix},\ \mathrm{e}^{\boldsymbol{A}_2 t}=\mathrm{e}^{-3t}$$

从而

$$\boldsymbol{\Phi}(t)=\mathrm{e}^{\boldsymbol{A}t}=\begin{bmatrix}\mathrm{e}^{\boldsymbol{A}_1 t} & 0\\ 0 & \mathrm{e}^{\boldsymbol{A}_2 t}\end{bmatrix}=\begin{bmatrix}\mathrm{e}^{-t} & t\mathrm{e}^{-t} & 0\\ 0 & \mathrm{e}^{-t} & 0\\ 0 & 0 & \mathrm{e}^{-3t}\end{bmatrix}$$

3. 状态转移矩阵的性质

状态转移矩阵具有如下基本性质：

(1) $\boldsymbol{\Phi}(0)=\mathrm{e}^{\boldsymbol{A}\cdot 0}=\boldsymbol{I}$

(2) $\boldsymbol{\Phi}^{-1}(t-t_0)=\boldsymbol{\Phi}(t_0-t)$

证明　$$\boldsymbol{\Phi}(t-t_0)\boldsymbol{\Phi}(t_0-t)=\mathrm{e}^{\boldsymbol{A}(t-t_0)}\mathrm{e}^{\boldsymbol{A}(t_0-t)}=\boldsymbol{I}$$

而　$$\boldsymbol{\Phi}(t_0-t)\boldsymbol{\Phi}(t-t_0)=\mathrm{e}^{\boldsymbol{A}(t_0-t)}\mathrm{e}^{\boldsymbol{A}(t-t_0)}=\boldsymbol{I}$$

(3) $\boldsymbol{\Phi}(t_1+t_2)=\boldsymbol{\Phi}(t_1)\boldsymbol{\Phi}(t_2)=\boldsymbol{\Phi}(t_2)\boldsymbol{\Phi}(t_1)$

证明 $$\boldsymbol{\Phi}(t_1+t_2)=\mathrm{e}^{\boldsymbol{A}(t_1+t_2)}=\mathrm{e}^{\boldsymbol{A}(t_1)}\mathrm{e}^{\boldsymbol{A}(t_2)}=\boldsymbol{\Phi}(t_1)\boldsymbol{\Phi}(t_2)$$

(4) $[\boldsymbol{\Phi}(t)]^k=\boldsymbol{\Phi}(kt)$

证明
$$\begin{aligned}[\boldsymbol{\Phi}(t)]^k&=\boldsymbol{\Phi}(t)\boldsymbol{\Phi}(t)\cdots\boldsymbol{\Phi}(t)\\&=\mathrm{e}^{\boldsymbol{A}t}\mathrm{e}^{\boldsymbol{A}t}\cdots\mathrm{e}^{\boldsymbol{A}t}\\&=\mathrm{e}^{(\boldsymbol{A}+\boldsymbol{A}+\cdots\boldsymbol{A})t}=\mathrm{e}^{k\boldsymbol{A}t}=\boldsymbol{\Phi}(kt)\end{aligned}$$

(5) $\boldsymbol{\Phi}(t_2-t_1)\boldsymbol{\Phi}(t_1-t_0)=\boldsymbol{\Phi}(t_2-t_0)$

证明
$$\begin{aligned}\boldsymbol{\Phi}(t_2-t_1)\boldsymbol{\Phi}(t_1-t_0)&=\mathrm{e}^{\boldsymbol{A}(t_2-t_1)}\mathrm{e}^{\boldsymbol{A}(t_1-t_0)}\\&=e^{\boldsymbol{A}(t_2-t_1)+\boldsymbol{A}(t_1-t_0)}=\mathrm{e}^{\boldsymbol{A}(t_2-t_0)}=\boldsymbol{\Phi}(t_2-t_0)\end{aligned}$$

(6) $\dot{\boldsymbol{\Phi}}(t)=\boldsymbol{A}\boldsymbol{\Phi}(t)=\boldsymbol{\Phi}(t)\boldsymbol{A}$

证明
$$\mathrm{e}^{\boldsymbol{A}t}=\boldsymbol{I}+\boldsymbol{A}t+\frac{\boldsymbol{A}^2t^2}{2!}+\cdots$$

$$\begin{aligned}\dot{\boldsymbol{\Phi}}(t)&=\frac{\mathrm{d}}{\mathrm{d}t}\mathrm{e}^{\boldsymbol{A}t}=\boldsymbol{A}+\boldsymbol{A}^2t+\frac{1}{2!}\boldsymbol{A}^3t^2+\cdots\\&=\boldsymbol{A}\left(\boldsymbol{I}+\boldsymbol{A}t+\frac{\boldsymbol{A}^2t^2}{2!}+\boldsymbol{\Lambda}\right)=\mathrm{e}^{\boldsymbol{A}t}\boldsymbol{A}=\boldsymbol{A}\mathrm{e}^{\boldsymbol{A}t}\end{aligned}$$

(7) 如果矩阵 $\boldsymbol{A}$ 和 $\boldsymbol{B}$ 满足 $\boldsymbol{AB}=\boldsymbol{BA}$，则

$$\mathrm{e}^{(\boldsymbol{A}+\boldsymbol{B})t}=\mathrm{e}^{\boldsymbol{A}t}\mathrm{e}^{\boldsymbol{B}t}$$

证明
$$\begin{aligned}\mathrm{e}^{(\boldsymbol{A}+\boldsymbol{B})t}&=\boldsymbol{I}+(\boldsymbol{A}+\boldsymbol{B})t+\frac{1}{2!}(\boldsymbol{A}+\boldsymbol{B})^2t^2+\frac{1}{3!}(\boldsymbol{A}+\boldsymbol{B})^3t^3+\cdots\\&=\boldsymbol{I}+(\boldsymbol{A}+\boldsymbol{B})t+\frac{1}{2!}(\boldsymbol{A}^2+\boldsymbol{AB}+\boldsymbol{BA}+\boldsymbol{B}^2)t^2+\frac{1}{3!}(\boldsymbol{A}^3+\boldsymbol{A}^2\boldsymbol{B}\\&\quad\ \boldsymbol{ABA}+\boldsymbol{AB}^2+\boldsymbol{BA}^2+\boldsymbol{BAB}+\boldsymbol{B}^2\boldsymbol{A}+\boldsymbol{B}^3)t^3+\cdots\\&=\boldsymbol{I}+(\boldsymbol{A}+\boldsymbol{B})t+\frac{1}{2!}(\boldsymbol{A}^2+2\boldsymbol{AB}+\boldsymbol{B}^2)t^2+\\&\quad\ \frac{1}{3!}(\boldsymbol{A}^3+3\boldsymbol{A}^2\boldsymbol{B}+3\boldsymbol{AB}^2+\boldsymbol{B}^3)t^3+\cdots\end{aligned}$$

$$\begin{aligned}\mathrm{e}^{\boldsymbol{A}t}\mathrm{e}^{\boldsymbol{B}t}&=\left[\boldsymbol{I}+\boldsymbol{A}t+\frac{1}{2!}\boldsymbol{A}^2t^2+\frac{1}{3!}\boldsymbol{A}^3t^3+\cdots\right]\left[\boldsymbol{I}+\boldsymbol{B}t+\frac{1}{2!}\boldsymbol{B}^2t^2+\frac{1}{3!}\boldsymbol{B}^3t^3+\cdots\right]\\&=\boldsymbol{I}+(\boldsymbol{A}+\boldsymbol{B})t+\frac{1}{2!}(\boldsymbol{A}^2+2\boldsymbol{AB}+\boldsymbol{B}^2)t^2+\\&\quad\ \frac{1}{3!}(\boldsymbol{A}^3+3\boldsymbol{A}^2\boldsymbol{B}+3\boldsymbol{AB}^2+\boldsymbol{B}^3)t^3+\cdots\end{aligned}$$

两式相等。

【例 2 - 6】 已知线性定常系统的状态转移矩阵

$$\boldsymbol{\Phi}(t)=\begin{bmatrix}2\mathrm{e}^{-t}-\mathrm{e}^{-2t} & \mathrm{e}^{-t}-\mathrm{e}^{-2t}\\-2\mathrm{e}^{-t}+2\mathrm{e}^{-2t} & -\mathrm{e}^{-t}+2\mathrm{e}^{-2t}\end{bmatrix}$$

试利用状态转移矩阵的性质求系统矩阵 $\boldsymbol{A}$。

解 由状态转移矩阵的性质

$$\dot{\boldsymbol{\Phi}}(t)=\boldsymbol{A}\cdot\boldsymbol{\Phi}(t)$$

$$\boldsymbol{\Phi}(0)=\mathrm{e}^{\boldsymbol{A}\cdot 0}=\boldsymbol{I}$$

得
$$\dot{\boldsymbol{\Phi}}(0)=\boldsymbol{A}\cdot\boldsymbol{\Phi}(0)$$

所以

$$\boldsymbol{A}=\dot{\boldsymbol{\Phi}}(0)=\begin{bmatrix}-2\mathrm{e}^{-t}+2\mathrm{e}^{-2t} & -\mathrm{e}^{-t}+2\mathrm{e}^{-2t}\\ 2\mathrm{e}^{-t}-4\mathrm{e}^{-2t} & \mathrm{e}^{-t}-4\mathrm{e}^{-2t}\end{bmatrix}_{t=0}=\begin{bmatrix}0 & 1\\ -2 & -3\end{bmatrix}$$

结果与［例 2 - 3］一致。

三、线性定常连续系统非齐次状态方程的解

当系统输入为 $u(t)$ 时，其状态方程为

$$\dot{\boldsymbol{x}}=\boldsymbol{A}\boldsymbol{x}+\boldsymbol{B}u \tag{2-17}$$

求解非齐次状态方程常用直接法和拉氏变换法两种。

1. 直接法

将式（2 - 17）改写成为

$$\dot{\boldsymbol{x}}-\boldsymbol{A}\boldsymbol{x}=\boldsymbol{B}u$$

等式两边同乘以 $\mathrm{e}^{-\boldsymbol{A}t}$ 得

$$\mathrm{e}^{-\boldsymbol{A}t}(\dot{\boldsymbol{x}}-\boldsymbol{A}\boldsymbol{x})=\mathrm{e}^{-\boldsymbol{A}t}\boldsymbol{B}u$$

有
$$\frac{\mathrm{d}}{\mathrm{d}t}[\mathrm{e}^{-\boldsymbol{A}t}\boldsymbol{x}]=\mathrm{e}^{-\boldsymbol{A}t}\boldsymbol{B}u$$

在［t_0，t］区间内对上式积分

$$\int_{t_0}^{t}\frac{\mathrm{d}}{\mathrm{d}t}[\mathrm{e}^{-\boldsymbol{A}\tau}\boldsymbol{x}(\tau)]\mathrm{d}\tau=\int_{t_0}^{t}\mathrm{e}^{-\boldsymbol{A}\tau}\boldsymbol{B}u(\tau)\mathrm{d}\tau$$

$$\mathrm{e}^{-\boldsymbol{A}t}\boldsymbol{x}(t)-\mathrm{e}^{-\boldsymbol{A}t_0}\boldsymbol{x}(t_0)=\int_{t_0}^{t}\mathrm{e}^{-\boldsymbol{A}\tau}\boldsymbol{B}u(\tau)\mathrm{d}\tau$$

得非齐次状态方程的解

$$\boldsymbol{x}(t)=\mathrm{e}^{\boldsymbol{A}(t-t_0)}\boldsymbol{x}(t_0)+\int_{t_0}^{t}\mathrm{e}^{\boldsymbol{A}(t-\tau)}\boldsymbol{B}u(\tau)\mathrm{d}\tau \tag{2-18}$$

当 $t_0=0$ 时
$$\boldsymbol{x}(t)=\mathrm{e}^{\boldsymbol{A}t}\boldsymbol{x}_0+\int_{0}^{t}\mathrm{e}^{\boldsymbol{A}(t-\tau)}\boldsymbol{B}u(\tau)\mathrm{d}\tau \tag{2-19}$$

用状态转移矩阵表示为

$$\boldsymbol{x}(t)=\boldsymbol{\Phi}(t-t_0)\boldsymbol{x}(t_0)+\int_{t_0}^{t}\boldsymbol{\Phi}(t-\tau)\boldsymbol{B}u(\tau)\mathrm{d}\tau \tag{2-20}$$

$$\boldsymbol{x}(t)=\boldsymbol{\Phi}(t)\boldsymbol{x}_0+\int_{0}^{t}\boldsymbol{\Phi}(t-\tau)\boldsymbol{B}u(\tau)\mathrm{d}\tau \tag{2-21}$$

2. 拉氏变换法

对状态方程
$$\dot{\boldsymbol{x}}=\boldsymbol{A}\boldsymbol{x}+\boldsymbol{B}u$$

求拉氏变换得
$$s\boldsymbol{X}(s)-x(0)=\boldsymbol{A}\boldsymbol{X}(s)+\boldsymbol{B}\boldsymbol{U}(s)$$

$$(s\boldsymbol{I}-\boldsymbol{A})\boldsymbol{X}(s)=\boldsymbol{x}(0)+\boldsymbol{B}\boldsymbol{U}(s)$$

整理得
$$\boldsymbol{X}(s)=(s\boldsymbol{I}-\boldsymbol{A})^{-1}\boldsymbol{x}(0)+(s\boldsymbol{I}-\boldsymbol{A})^{-1}\boldsymbol{B}\boldsymbol{U}(s)$$

对上式求拉氏反变换的状态方程的解

$$\boldsymbol{x}(t)=\mathrm{L}^{-1}[(s\boldsymbol{I}-\boldsymbol{A})^{-1}]x(0)+\mathrm{L}^{-1}[(s\boldsymbol{I}-\boldsymbol{A})^{-1}\boldsymbol{B}\boldsymbol{U}(s)] \tag{2-22}$$

从两种方法求得的结果可知，状态方程的解由两部分组成：第一部分为系统初始状态的转移项，即系统的自由运动项。第二部分为控制信号作用下的受控项，即系统的强迫项。系

统两部分的构成说明非齐次状态方程的输出满足线性系统的叠加原理。

【例 2-7】 已知系统的状态方程为

$$\dot{\boldsymbol{x}}=\begin{bmatrix}0 & 1\\ -2 & -3\end{bmatrix}\boldsymbol{x}+\begin{bmatrix}0\\1\end{bmatrix}u$$

初始状态 $\boldsymbol{x}_0=0$，求单位阶跃信号作用下状态方程的解。

解 先求出系统的状态转移矩阵

$$\mathrm{e}^{\boldsymbol{A}t}=\mathrm{L}^{-1}[(s\boldsymbol{I}-\boldsymbol{A})^{-1}]$$

由［例 2-1］可知

$$\mathrm{e}^{\boldsymbol{A}t}=\begin{bmatrix}2\mathrm{e}^{-t}-\mathrm{e}^{-2t} & \mathrm{e}^{-t}-\mathrm{e}^{-2t}\\ -2\mathrm{e}^{-t}+2\mathrm{e}^{-2t} & -\mathrm{e}^{-t}+2\mathrm{e}^{-2t}\end{bmatrix}$$

（1）直接法求系统状态方程的解

$$\begin{aligned}\boldsymbol{x}(t)&=\int_0^t \mathrm{e}^{\boldsymbol{A}(t-\tau)}\boldsymbol{B}u(\tau)\mathrm{d}\tau\\
&=\int_0^t\begin{bmatrix}2\mathrm{e}^{-(t-\tau)}-\mathrm{e}^{-2(t-\tau)} & \mathrm{e}^{-(t-\tau)}-\mathrm{e}^{-2(t-\tau)}\\ -2\mathrm{e}^{-(t-\tau)}+2\mathrm{e}^{-2(t-\tau)} & -\mathrm{e}^{-(t-\tau)}+2\mathrm{e}^{-2(t-\tau)}\end{bmatrix}\begin{bmatrix}0\\1\end{bmatrix}\mathrm{d}\tau\\
&=\int_0^t\begin{bmatrix}\mathrm{e}^{-(t-\tau)}-\mathrm{e}^{-2(t-\tau)}\\ -\mathrm{e}^{-(t-\tau)}+2\mathrm{e}^{-2(t-\tau)}\end{bmatrix}\mathrm{d}\tau\\
&=\begin{bmatrix}\frac{1}{2}-\mathrm{e}^{-t}+\frac{1}{2}\mathrm{e}^{-2t}\\ \mathrm{e}^{-t}-\mathrm{e}^{-2t}\end{bmatrix}\end{aligned}$$

（2）拉氏变换法求系统状态方程的解

$$\begin{aligned}\boldsymbol{x}(t)&=\mathrm{L}^{-1}[(s\boldsymbol{I}-\boldsymbol{A})^{-1}\boldsymbol{B}U(s)]\\
&=\mathrm{L}^{-1}\left\{\frac{1}{(s+1)(s+2)}\begin{bmatrix}s+3 & 1\\ -2 & s\end{bmatrix}\begin{bmatrix}0\\1\end{bmatrix}\frac{1}{s}\right\}\\
&=\mathrm{L}^{-1}\left\{\frac{1}{(s+1)(s+2)}\begin{bmatrix}\frac{1}{s}\\ 1\end{bmatrix}\right\}\\
&=\mathrm{L}^{-1}\left\{\begin{bmatrix}\frac{1}{s(s+1)(s+2)}\\ \frac{1}{(s+1)(s+2)}\end{bmatrix}\right\}\\
&=\mathrm{L}^{-1}\left\{\begin{bmatrix}\frac{1/2}{s}+\frac{-1}{(s+1)}+\frac{1/2}{(s+2)}\\ \frac{1}{(s+1)}+\frac{-1}{(s+2)}\end{bmatrix}\right\}\\
&=\begin{bmatrix}\frac{1}{2}-\mathrm{e}^{-t}+\frac{1}{2}\mathrm{e}^{-2t}\\ \mathrm{e}^{-t}-\mathrm{e}^{-2t}\end{bmatrix}\end{aligned}$$

【例 2-8】 已知线性定常系统的状态方程

$$\dot{x}=\begin{bmatrix}-1 & 1 & 0\\ 0 & -1 & 0\\ 0 & 0 & -3\end{bmatrix}x+\begin{bmatrix}0\\0\\3\end{bmatrix}u,\ x_0=\begin{bmatrix}0\\1\\1\end{bmatrix}$$

试求单位阶跃信号作用下系统状态方程的解。

解　由［例 2-5］知系统的状态转移矩阵

$$\mathrm{e}^{At}=\begin{bmatrix}\mathrm{e}^{-t} & t\mathrm{e}^{-t} & 0\\ 0 & \mathrm{e}^{-t} & 0\\ 0 & 0 & \mathrm{e}^{-3t}\end{bmatrix}$$

直接法求系统状态方程的解

$$\begin{aligned}x(t)&=\mathrm{e}^{At}x_0+\int_0^t \mathrm{e}^{A(t-\tau)}Bu(\tau)\mathrm{d}\tau\\ &=\begin{bmatrix}\mathrm{e}^{-t} & t\mathrm{e}^{-t} & 0\\ 0 & \mathrm{e}^{-t} & 0\\ 0 & 0 & \mathrm{e}^{-3t}\end{bmatrix}\begin{bmatrix}0\\1\\1\end{bmatrix}+\int_0^t\begin{bmatrix}\mathrm{e}^{-(t-\tau)} & (t-\tau)\mathrm{e}^{-(t-\tau)} & 0\\ 0 & \mathrm{e}^{-(t-\tau)} & 0\\ 0 & 0 & \mathrm{e}^{-3(t-\tau)}\end{bmatrix}\begin{bmatrix}0\\0\\3\end{bmatrix}\mathrm{d}\tau\\ &=\begin{bmatrix}t\mathrm{e}^{-t}\\ \mathrm{e}^{-t}\\ \mathrm{e}^{-3t}\end{bmatrix}+\begin{bmatrix}0\\0\\1-\mathrm{e}^{-3t}\end{bmatrix}=\begin{bmatrix}t\mathrm{e}^{-t}\\ \mathrm{e}^{-t}\\ 1\end{bmatrix}\end{aligned}$$

四、系统的输出响应

根据状态方程的解即可求得离散系统的输出响应。

1. 单位脉冲响应

输入为单位脉冲函数　$u(t)=\delta(t)$

系统状态方程的解

$$\begin{aligned}\boldsymbol{x}(t)&=\boldsymbol{\Phi}(t)\boldsymbol{x}_0+\int_0^t\boldsymbol{\Phi}(t-\tau)\boldsymbol{B}u(\tau)\mathrm{d}\tau\\ &=\boldsymbol{\Phi}(t)\boldsymbol{x}_0+\int_{0^-}^{0^+}\boldsymbol{\Phi}(t-\tau)\boldsymbol{B}\delta(\tau)\mathrm{d}\tau\end{aligned}$$

根据卷积分的性质得

$$\boldsymbol{x}(t)=\boldsymbol{\Phi}(t)\boldsymbol{x}_0+\boldsymbol{\Phi}(t)\boldsymbol{B}$$

系统的单位脉冲响应为

$$\begin{aligned}\boldsymbol{h}(t)&=\boldsymbol{C}\boldsymbol{x}(t)\\ &=\boldsymbol{C}\boldsymbol{\Phi}(t)\boldsymbol{x}(0)+\boldsymbol{C}\boldsymbol{\Phi}(t)\boldsymbol{B}\end{aligned}\tag{2-23}$$

当 $t_0=0$，$\boldsymbol{x}(0)=0$ 时　$\boldsymbol{h}(t)=\boldsymbol{C}\boldsymbol{\Phi}(t)\boldsymbol{B}$　(2-24)

代入状态转移矩阵得　$\boldsymbol{h}(t)=\mathrm{L}^{-1}[\boldsymbol{C}(s\boldsymbol{I}-\boldsymbol{A})^{-1}\boldsymbol{B}]$　(2-25)

2. 单位阶跃响应

输入为单位阶跃函数　$u(t)=1(t)$

系统非齐次状态方程的解

$$\boldsymbol{x}(t)=\mathrm{L}^{-1}[(s\boldsymbol{I}-\boldsymbol{A})^{-1}]\boldsymbol{x}(0)+\mathrm{L}^{-1}[(s\boldsymbol{I}-\boldsymbol{A})^{-1}\boldsymbol{B}U(s)]$$

系统的单位阶跃响应为

$$\boldsymbol{y}(t)=\boldsymbol{C}\mathrm{L}^{-1}[(s\boldsymbol{I}-\boldsymbol{A})^{-1}]\boldsymbol{x}(0)+\boldsymbol{C}\mathrm{L}^{-1}[(s\boldsymbol{I}-\boldsymbol{A})^{-1}\boldsymbol{B}U(s)]\tag{2-26}$$

【例 2-9】　已知系统的状态空间表达式

$$\dot{\boldsymbol{x}}=\begin{bmatrix}0 & 1\\-2 & -3\end{bmatrix}\boldsymbol{x}+\begin{bmatrix}0\\1\end{bmatrix}u$$

$$\boldsymbol{y}=\begin{bmatrix}2 & 1\end{bmatrix}\boldsymbol{x}$$

试求系统的单位阶跃响应。

解　由［例 2-7］知系统的阶跃输入下状态方程的解

$$\boldsymbol{x}(t)=\begin{bmatrix}\dfrac{1}{2}-\mathrm{e}^{-t}+\dfrac{1}{2}\mathrm{e}^{-2t}\\ \mathrm{e}^{-t}-\mathrm{e}^{-2t}\end{bmatrix}$$

则系统的单位阶跃响应为

$$y=\boldsymbol{Cx}(t)=\begin{bmatrix}2 & 1\end{bmatrix}\begin{bmatrix}\dfrac{1}{2}-\mathrm{e}^{-t}+\dfrac{1}{2}\mathrm{e}^{-2t}\\ \mathrm{e}^{-t}-\mathrm{e}^{-2t}\end{bmatrix}=1-\mathrm{e}^{-t}$$

第二节　状态转移矩阵的几种算法

通过前面的分析可知，状态方程的求解关键是状态转移矩阵的求解，下面介绍几种状态转移矩阵求解的方法。

一、直接计算法

根据状态转移矩阵的定义可直接求得状态转移矩阵

$$\mathrm{e}^{\boldsymbol{A}t}=\boldsymbol{I}+\boldsymbol{A}t+\frac{\boldsymbol{A}^2t^2}{2!}+\frac{\boldsymbol{A}^3t^3}{3!}+\cdots \tag{2-27}$$

这种方法是通过计算有限的项来求取状态转移矩阵。特点是难于得到准确的计算结果和解析表达式，精度取决于所取项的多少。显然，手工计算是比较麻烦的，适应于通过计算机计算。

【例 2-10】　已知系统的状态方程为

$$\dot{\boldsymbol{x}}=\begin{bmatrix}0 & 1\\-2 & -3\end{bmatrix}\boldsymbol{x}$$

试求系统的状态转移矩阵。

解　$\mathrm{e}^{\boldsymbol{A}t}=\boldsymbol{I}+\boldsymbol{A}t+\dfrac{1}{2!}\boldsymbol{A}^2t^2+\dfrac{1}{3!}\boldsymbol{A}^3t^3+\cdots$

$$=\begin{bmatrix}1 & 0\\0 & 1\end{bmatrix}+\begin{bmatrix}0 & 1\\-2 & -3\end{bmatrix}t+\frac{1}{2!}\begin{bmatrix}0 & 1\\-2 & -3\end{bmatrix}^2t^2+\frac{1}{3!}\begin{bmatrix}0 & 1\\-2 & -3\end{bmatrix}^3t^3+\cdots$$

$$=\begin{bmatrix}1-t^2+t^3+\cdots & t-\dfrac{3}{2}t^2-\dfrac{7}{6}t^3+\cdots\\ -2t+3t^2-\dfrac{7}{3}t^3+\cdots & 1-3t+\dfrac{7}{2}t^2-\dfrac{5}{2}t^3+\cdots\end{bmatrix}$$

二、拉氏反变换法

根据前面推导的结果可得

$$\mathrm{e}^{\boldsymbol{A}t}=\mathrm{L}^{-1}\left[(s\boldsymbol{I}-\boldsymbol{A})^{-1}\right]$$

前面已有例说明拉氏反变换法求状态转移矩阵，这里就不再举例。下面介绍一种求逆矩阵实用的方法。

根据

$$(s\boldsymbol{I}-\boldsymbol{A})^{-1}=\frac{\operatorname{adj}(s\boldsymbol{I}-\boldsymbol{A})}{|s\boldsymbol{I}-\boldsymbol{A}|} \tag{2-28}$$

设矩阵 $\boldsymbol{A}$ 的特征多项式为

$$|s\boldsymbol{I}-\boldsymbol{A}|=s^n+a_1s^{n-1}+a_2s^{n-2}+\cdots+a_{n-1}s+a_n \tag{2-29}$$

伴随矩阵最高阶次为 $n-1$，因此可分解成

$$\operatorname{adj}(s\boldsymbol{I}-\boldsymbol{A})=s^{n-1}\boldsymbol{I}+s^{n-2}\boldsymbol{B}_2+s^{n-3}\boldsymbol{B}_3+\cdots+s\boldsymbol{B}_{n-1}+\boldsymbol{B}_n \tag{2-30}$$

式中：系数 a_1，$a_2\cdots a_{n-1}$，a_n 和系数矩阵 $\boldsymbol{B}_2$，$\boldsymbol{B}_3\cdots\boldsymbol{B}_{n-1}$，$\boldsymbol{B}_n$ 可用下面递推方法求得

$$\begin{aligned}
&a_1=-\operatorname{tr}(\boldsymbol{A}), && \boldsymbol{B}_2=\boldsymbol{A}+a_1\boldsymbol{I}\\
&a_2=-\frac{1}{2}\operatorname{tr}(\boldsymbol{A}\boldsymbol{B}_2), && \boldsymbol{B}_3=\boldsymbol{A}\boldsymbol{B}_2+a_2\boldsymbol{I}\\
&a_3=-\frac{1}{3}\operatorname{tr}(\boldsymbol{A}\boldsymbol{B}_3), && \boldsymbol{B}_4=\boldsymbol{A}\boldsymbol{B}_3+a_3\boldsymbol{I}\\
&\quad\vdots && \quad\vdots\\
&a_{n-1}=-\frac{1}{n-1}\operatorname{tr}(\boldsymbol{A}\boldsymbol{B}_{n-1}), && \boldsymbol{B}_n=\boldsymbol{A}\boldsymbol{B}_{n-1}+a_{n-1}\boldsymbol{I}\\
&a_n=-\frac{1}{n}\operatorname{tr}(\boldsymbol{A}\boldsymbol{B}_n)
\end{aligned}$$

式中：$\operatorname{tr}(\boldsymbol{A})$ 表示矩阵 $\boldsymbol{A}$ 的逆，即为矩阵 $\boldsymbol{A}$ 中主对角线上各元素的和。将各系数代入式（2-29）和式（2-30）中即可求得 $\boldsymbol{A}$ 的逆矩阵。采用递推法求逆矩阵避免了高阶行列式和高阶矩阵的运算。

【例 2-11】　已知 $\boldsymbol{A}=\begin{bmatrix}0 & 1 & 0\\ 0 & 0 & 1\\ -6 & -11 & -6\end{bmatrix}$，试求逆矩阵 $(s\boldsymbol{I}-\boldsymbol{A})^{-1}$。

解　$n=3$，根据上面分析可得

$$|s\boldsymbol{I}-\boldsymbol{A}|=s^3+a_1s^2+a_2s+a_3$$

$$\operatorname{adj}(s\boldsymbol{I}-\boldsymbol{A})=s^2\boldsymbol{I}+s\boldsymbol{B}_2+\boldsymbol{B}_3$$

采用递推的方法求各系数

$$a_1=-\operatorname{tr}(\boldsymbol{A})=-(-6)=6$$

$$\boldsymbol{B}_2=\boldsymbol{A}+a_1\boldsymbol{I}=\begin{bmatrix}0 & 1 & 0\\ 0 & 0 & 1\\ -6 & -11 & -6\end{bmatrix}+\begin{bmatrix}6 & 0 & 0\\ 0 & 6 & 0\\ 0 & 0 & 6\end{bmatrix}=\begin{bmatrix}6 & 1 & 0\\ 0 & 6 & 1\\ -6 & -11 & 0\end{bmatrix}$$

$$a_2=-\frac{1}{2}\operatorname{tr}(\boldsymbol{A}\boldsymbol{B}_2)=-\frac{1}{2}\operatorname{tr}\left(\begin{bmatrix}0 & 1 & 0\\ 0 & 0 & 1\\ -6 & -11 & -6\end{bmatrix}\begin{bmatrix}6 & 1 & 0\\ 0 & 6 & 1\\ -6 & -11 & 0\end{bmatrix}\right)$$

$$=-\frac{1}{2}\operatorname{tr}\left(\begin{bmatrix}0 & 6 & 1\\ -6 & -11 & 0\\ 0 & -6 & -11\end{bmatrix}\right)=11$$

$$\boldsymbol{B}_3=\boldsymbol{A}\boldsymbol{B}_2+a_2\boldsymbol{I}=\begin{bmatrix}0&6&1\\-6&-11&0\\0&-6&-11\end{bmatrix}+\begin{bmatrix}11&0&0\\0&11&0\\0&0&11\end{bmatrix}=\begin{bmatrix}11&6&1\\-6&0&0\\0&-6&0\end{bmatrix}$$

$$a_3=-\frac{1}{3}\mathrm{tr}(\boldsymbol{A}\boldsymbol{B}_3)=-\frac{1}{3}\mathrm{tr}\left(\begin{bmatrix}0&1&0\\0&0&1\\-6&-11&-6\end{bmatrix}\begin{bmatrix}11&6&1\\-6&0&0\\0&-6&0\end{bmatrix}\right)$$

$$=-\frac{1}{3}\mathrm{tr}\left(\begin{bmatrix}-6&0&0\\0&-6&0\\0&0&-6\end{bmatrix}\right)=6$$

得
$$|s\boldsymbol{I}-\boldsymbol{A}|=s^3+6s^2+11s+6$$

$$\mathrm{adj}(s\boldsymbol{I}-\boldsymbol{A})=s^2\boldsymbol{I}+s\boldsymbol{B}_2+\boldsymbol{B}_3$$

$$=s^2\begin{bmatrix}1&0&0\\0&1&0\\0&0&1\end{bmatrix}+s\begin{bmatrix}6&1&0\\0&6&1\\-6&-11&0\end{bmatrix}+\begin{bmatrix}11&6&1\\-6&0&0\\0&-6&0\end{bmatrix}$$

$$=\begin{bmatrix}s^2+6s+11&s+6&1\\-6&s^2+6s&s\\-6s&-11s-6&s^2\end{bmatrix}$$

$$(s\boldsymbol{I}-\boldsymbol{A})^{-1}=\frac{1}{(s+1)(s+2)(s+3)}\begin{bmatrix}s^2+6s+11&s+6&1\\-6&s^2+6s&s\\-6s&-11s-6&s^2\end{bmatrix}$$

【例 2-12】 已知系统状态方程

$$\dot{\boldsymbol{x}}=\begin{bmatrix}0&-1\\4&0\end{bmatrix}\boldsymbol{x}+\begin{bmatrix}0\\1\end{bmatrix}u$$

利用拉氏反变换法求系统状态转移矩阵。

解 由
$$s\boldsymbol{I}-\boldsymbol{A}=\begin{bmatrix}s&1\\-4&s\end{bmatrix}$$

得
$$|s\boldsymbol{I}-\boldsymbol{A}|=s^2+4$$

$$\mathrm{adj}(s\boldsymbol{I}-\boldsymbol{A})=\begin{bmatrix}s&-1\\4&s\end{bmatrix}$$

从而

$$(s\boldsymbol{I}-\boldsymbol{A})^{-1}=\begin{bmatrix}\frac{s}{s^2+4}&-\frac{1}{s^2+4}\\\frac{4}{s^2+4}&\frac{s}{s^2+4}\end{bmatrix}$$

则
$$\boldsymbol{\Phi}(t)=\mathrm{e}^{\boldsymbol{A}t}=\mathrm{L}^{-1}[(s\boldsymbol{I}-\boldsymbol{A})^{-1}]=\begin{bmatrix}\cos2t&-\frac{1}{2}\sin2t\\2\sin2t&\cos2t\end{bmatrix}$$

三、标准形法

在求得将 $\boldsymbol{A}$ 变换为对角线标准型和约当标准型的变换矩阵 $\boldsymbol{P}$ 和 $\boldsymbol{Q}$ 后，可根据特征值和变换矩阵求状态转移矩阵。

1. 基于对角线标准型求状态转移矩阵

设矩阵 $\boldsymbol{A}$ 有 n 个互异特征值 $\lambda_1, \lambda_2 \cdots, \lambda_n$，则一定存在线性非奇异矩阵 $\boldsymbol{P}$ 使

$$\boldsymbol{P}^{-1}\boldsymbol{A}\boldsymbol{P}=\begin{bmatrix}\lambda_1 & & & 0\\ & \lambda_2 & & \\ & & \ddots & \\ 0 & & & \lambda_n\end{bmatrix}=\boldsymbol{\Lambda}$$

则

$$\boldsymbol{A}=\boldsymbol{P}\boldsymbol{\Lambda}\boldsymbol{P}^{-1}$$

从而

$$e^{\boldsymbol{A}t}=\boldsymbol{P}\begin{bmatrix}e^{\lambda_1 t} & & & \\ & e^{\lambda_2 t} & 0 & \\ & & \ddots & \\ 0 & & & e^{\lambda_n t}\end{bmatrix}\boldsymbol{P}^{-1} \tag{2-31}$$

【例 2-13】　已知 $\boldsymbol{A}=\begin{bmatrix}0 & 1\\ -2 & -3\end{bmatrix}$，用对角线标准型求状态转移矩阵。

解　先求矩阵 $\boldsymbol{A}$ 的特征值

$$|\lambda\boldsymbol{I}-\boldsymbol{A}|=\begin{vmatrix}\lambda & -1\\ 2 & \lambda+3\end{vmatrix}=(\lambda+1)(\lambda+2)=0$$

特征值 $\lambda_1=-1$，$\lambda_2=-2$

可求得特征向量

$$\boldsymbol{P}_1=\begin{bmatrix}1\\ -1\end{bmatrix},\quad \boldsymbol{P}_2=\begin{bmatrix}1\\ -2\end{bmatrix}$$

得变换矩阵

$$\boldsymbol{P}=\begin{bmatrix}1 & 1\\ -1 & -2\end{bmatrix},\quad \boldsymbol{P}^{-1}=\begin{bmatrix}2 & 1\\ -1 & -1\end{bmatrix}$$

状态转移矩阵

$$\begin{aligned}e^{\boldsymbol{A}t}&=\boldsymbol{P}\begin{bmatrix}e^{\lambda_1 t} & 0\\ 0 & e^{\lambda_2 t}\end{bmatrix}\boldsymbol{P}^{-1}\\ &=\begin{bmatrix}1 & 1\\ -1 & -2\end{bmatrix}\begin{bmatrix}e^{-t} & 0\\ 0 & e^{-2t}\end{bmatrix}\begin{bmatrix}2 & 1\\ -1 & -1\end{bmatrix}\\ &=\begin{bmatrix}2e^{-t}-e^{-2t} & e^{-t}-e^{-2t}\\ -2e^{-t}+2e^{-2t} & -e^{-t}+2e^{-2t}\end{bmatrix}\end{aligned}$$

2. 基于约当标准型求状态转移矩阵

设矩阵 $\boldsymbol{A}$ 有三重特征值 λ_1、二重特征值 λ_2、单特征值 λ_3，同理可根据下式求状态转移矩阵

$$e^{\boldsymbol{A}t}=\boldsymbol{Q}\left[\begin{array}{ccc:cc:c}e^{\lambda t} & te^{\lambda_1 t} & \frac{1}{2!}t^2e^{\lambda_1 t} & 0 & 0 & 0\\ 0 & e^{\lambda_1 t} & te^{\lambda_1 t} & 0 & 0 & 0\\ 0 & 0 & e^{\lambda_1 t} & 0 & 0 & 0\\ \hdashline 0 & 0 & 0 & e^{\lambda_2 t} & te^{\lambda_2 t} & 0\\ 0 & 0 & 0 & 0 & e^{\lambda_2 t} & 0\\ \hdashline 0 & 0 & 0 & 0 & 0 & e^{\lambda_3 t}\end{array}\right]\boldsymbol{Q}^{-1} \tag{2-32}$$

【例 2-14】 已知 $A=\begin{bmatrix}0&1&0\\0&0&1\\2&-5&4\end{bmatrix}$，用约当标准型求状态转移矩阵。

解 先求矩阵 A 的特征值

$$|\lambda I-A|=\begin{vmatrix}\lambda&-1&0\\0&\lambda&-1\\-2&5&\lambda-4\end{vmatrix}=(\lambda-1)^2(\lambda-2)=0$$

特征值 $\lambda_1=\lambda_2=1$，$\lambda_3=2$，可求得变换矩阵

$$Q=\begin{bmatrix}1&0&1\\1&1&2\\1&2&4\end{bmatrix},\quad Q^{-1}=\begin{bmatrix}0&2&-1\\-2&3&-1\\1&-2&1\end{bmatrix}$$

状态转移矩阵

$$e^{At}=Q\begin{bmatrix}e^{\lambda_1 t}&te^{\lambda_1 t}&0\\0&e^{\lambda_1 t}&0\\0&0&e^{\lambda_3 t}\end{bmatrix}Q^{-1}$$

$$=\begin{bmatrix}1&0&1\\1&1&2\\1&2&4\end{bmatrix}\begin{bmatrix}e^{\lambda_1 t}&te^{\lambda_1 t}&0\\0&e^{\lambda_1 t}&0\\0&0&e^{\lambda_3 t}\end{bmatrix}\begin{bmatrix}0&2&-1\\-2&3&-1\\1&-2&1\end{bmatrix}$$

$$=\begin{bmatrix}-2te^t+e^{2t}&3te^t+2e^t-2e^{2t}&-te^t-e^t+e^{2t}\\2(-te^t-e^t+e^{2t})&3te^t+5e^t-4e^{2t}&-te^t-2e^t+2e^{2t}\\-2te^t-4e^t+4e^{2t}&3te^t+8e^t-8e^{2t}&-te^t-3e^t+4e^{2t}\end{bmatrix}$$

四、化 e^{At} 为 A 的有限项法

根据凯莱—哈密尔顿定理将矩阵指数 e^{At} 化为有限项的组合，再用特征值求出各项的系数函数，从而求状态转移矩阵。

1. 凯莱—哈密尔顿定理

设矩阵 A 为 $n\times n$ 矩阵，其特征多项式为

$$f(\lambda)=|\lambda I-A|=\lambda^n+a_1\lambda^{n-1}+a_2\lambda^{n-2}+\cdots+a_{n-1}\lambda+a_n=0$$

则矩阵 A 必满足其本身的零化特征多项式

$$f(A)=A^n+a_1A^{n-1}+a_2A^{n-2}+\cdots+a_{n-1}A+a_nI=0 \tag{2-33}$$

2. 化 e^{At} 为 A 的有限项

根据凯莱—哈密尔顿定理可以将无穷项之和的状态转移矩阵

$$e^{At}=I+At+\frac{A^2t^2}{2!}+\frac{A^3t^3}{3!}+\cdots$$

其中的 A^n，A^{n+1}，…用 A^{n-1}，A^{n-2}，…A，I 的线性组合表示，状态转移矩阵可表示为

$$e^{At}=a_0(t)I+a_1(t)A+a_2(t)A^2+\cdots+a_{n-1}(t)A^{n-1} \tag{2-34}$$

另外，根据凯莱—哈密尔顿定理，特征值 λ 也满足特征方程，即

$$f(\lambda)=0$$

同样可以将 e^{At} 表示成有限项的组合，即

$$\begin{cases} e^{\lambda_1 t} = a_0(t) + a_1(t)\lambda_1 + a_2(t)\lambda_1{}^2 + \cdots + a_{n-1}(t)\lambda_1{}^{n-1} \\ e^{\lambda_2 t} = a_0(t) + a_1(t)\lambda_2 + a_2(t)\lambda_2{}^2 + \cdots + a_{n-1}(t)\lambda_2{}^{n-1} \\ \vdots \\ e^{\lambda_n t} = a_0(t) + a_1(t)\lambda_n + a_2(t)\lambda_n{}^2 + \cdots + a_{n-1}(t)\lambda_n{}^{n-1} \end{cases} \tag{2-35}$$

可写成

$$\begin{bmatrix} e^{\lambda_1 t} \\ e^{\lambda_2 t} \\ \vdots \\ e^{\lambda_n t} \end{bmatrix} = \begin{bmatrix} 1 & \lambda_1 & \lambda_1^2 & \cdots & \lambda_1^{n-1} \\ 1 & \lambda_2 & \lambda_2^2 & \cdots & \lambda_2^{n-1} \\ \vdots & \vdots & \vdots & \vdots & \vdots \\ 1 & \lambda_n & \lambda_n^2 & \cdots & \lambda n - 1^n \end{bmatrix} \begin{bmatrix} a_0(t) \\ a_1(t) \\ \vdots \\ a_{n-1}(t) \end{bmatrix} \tag{2-36}$$

解方程组可求出系数函数 a_0 (t)，a_1 (t)，a_2 (t)，…，a_{n-1} (t)

$$\begin{bmatrix} a_0(t) \\ a_1(t) \\ \vdots \\ a_{n-1}(t) \end{bmatrix} = \begin{bmatrix} 1 & \lambda_1 & \lambda_1^2 & \cdots & \lambda_1^{n-1} \\ 1 & \lambda_2 & \lambda_2^2 & \cdots & \lambda_2^{n-1} \\ \vdots & \vdots & \vdots & \vdots & \vdots \\ 1 & \lambda_n & \lambda_n^2 & \cdots & \lambda n - 1^n \end{bmatrix}^{-1} \begin{bmatrix} e^{\lambda_1 t} \\ e^{\lambda_2 t} \\ \vdots \\ e^{\lambda_n t} \end{bmatrix} \tag{2-37}$$

【例 2-15】　已知 $\boldsymbol{A} = \begin{bmatrix} 0 & 1 & 0 \\ 0 & 0 & 1 \\ -6 & -11 & -6 \end{bmatrix}$，将 $e^{\boldsymbol{A}t}$ 化为有限项求状态转移矩阵。

解　先求矩阵 $\boldsymbol{A}$ 的特征值

$$|\lambda \boldsymbol{I} - \boldsymbol{A}| = \lambda^3 + 6\lambda^2 + 11\lambda + 6 = (\lambda+1)(\lambda+2)(\lambda+3)$$

特征值　$\lambda_1 = -1$，$\lambda_2 = -2$，$\lambda_3 = -3$

根据式（2-37）得

$$\begin{bmatrix} a_0(t) \\ a_1(t) \\ a_2(t) \end{bmatrix} = \begin{bmatrix} 1 & -1 & 1 \\ 1 & -2 & 4 \\ 1 & -3 & 9 \end{bmatrix}^{-1} \begin{bmatrix} e^{\lambda_1 t} \\ e^{\lambda_2 t} \\ e^{\lambda_3 t} \end{bmatrix}$$

$$\begin{bmatrix} a_0(t) \\ a_1(t) \\ a_2(t) \end{bmatrix} = \begin{bmatrix} 3 & -3 & 1 \\ \frac{5}{2} & -4 & \frac{3}{2} \\ \frac{1}{2} & -1 & \frac{1}{2} \end{bmatrix} \begin{bmatrix} e^{\lambda_1 t} \\ e^{\lambda_2 t} \\ e^{\lambda_3 t} \end{bmatrix}$$

则

$$\begin{cases} a_0(t) = 3e^{-t} - 3e^{-2t} + e^{-3t} \\ a_1(t) = \frac{5}{2}e^{-t} - 4e^{-2t} + \frac{3}{2}e^{-3t} \\ a_2(t) = \frac{1}{2}e^{-t} - e^{-2t} + \frac{1}{2}e^{-3t} \end{cases}$$

$$e^{\boldsymbol{A}t} = a_0(t)\boldsymbol{I} + a_1(t)\boldsymbol{A} + a_2(t)\boldsymbol{A}^2$$

$$=\begin{bmatrix} 3e^{-t}-3e^{-2t}+e^{-3t} & \frac{5}{2}e^{-t}-4e^{-2t}+\frac{3}{2}e^{-3t} & \frac{1}{2}e^{-t}-e^{-2t}+\frac{1}{2}e^{-3t} \\ -3e^{-t}+6e^{-2t}-3e^{-3t} & -\frac{5}{2}e^{-t}+8e^{-2t}-\frac{9}{2}e^{-3t} & -\frac{1}{2}e^{-t}+2e^{-2t}-\frac{3}{2}e^{-3t} \\ 3e^{-t}-12e^{-2t}+9e^{-3t} & \frac{5}{2}e^{-t}-16e^{-2t}+\frac{27}{2}e^{-3t} & \frac{1}{2}e^{-t}-4e^{-2t}+\frac{9}{2}e^{-3t} \end{bmatrix}$$

第三节　线性离散系统的状态空间分析

对离散系统进行分析先建立离散系统的状态空间表达式，然后求状态方程的解。

一、线性定常连续系统状态方程的离散化

线性定常连续系统状态方程的离散化，是将线性定常连续系统的状态空间表达式

$$\begin{aligned} \dot{\boldsymbol{x}}(t)&=\boldsymbol{A}\boldsymbol{x}(t)+\boldsymbol{B}\boldsymbol{u}(t) \\ \boldsymbol{y}(t)&=\boldsymbol{A}\boldsymbol{x}(t)+\boldsymbol{D}\boldsymbol{u}(t) \end{aligned} \tag{2-38}$$

化为离散的状态空间表达式

$$\begin{aligned} \boldsymbol{x}(k+1)&=\boldsymbol{G}\boldsymbol{x}(k)+\boldsymbol{H}\boldsymbol{u}(k) \\ \boldsymbol{y}(k)&=\boldsymbol{C}\boldsymbol{x}(k)+\boldsymbol{D}\boldsymbol{u}(k) \end{aligned} \tag{2-39}$$

连续系统状态方程的解为

$$\boldsymbol{x}(t)=e^{-\boldsymbol{A}(t-t_0)}\boldsymbol{x}(t_0)+\int_{t_0}^{t}e^{\boldsymbol{A}(t-\tau)}\boldsymbol{B}\boldsymbol{u}(\tau)d\tau \tag{2-40}$$

考虑一个采样周期之间的解。设 $\boldsymbol{u}(t)=\boldsymbol{u}(k)$ 在采样周期内采样值不变，将 $t_0=kT$，$t=(k+1)T$ 代入式（2-40）得

$$\boldsymbol{x}[(k+1)T]=e^{\boldsymbol{A}T}\boldsymbol{x}(kT)+\int_{kT}^{(k+1)T}e^{\boldsymbol{A}[(k+1)T-\tau]}\boldsymbol{B}d\tau u(kT) \tag{2-41}$$

对式（2-41）进行积分变换，令

$$t=(k+1)T-\tau$$

$$d\tau=-dt$$

$\tau=kT$ 时，$t=T$；$\tau=(k+1)T$ 时，$t=0$；

式（2-41）转变为

$$\boldsymbol{x}[(k+1)T]=e^{\boldsymbol{A}T}\boldsymbol{x}(kT)+\int_{0}^{T}e^{\boldsymbol{A}t}\boldsymbol{B}dtu(kT) \tag{2-42}$$

设 $\qquad \boldsymbol{G}=e^{\boldsymbol{A}T},\quad \boldsymbol{H}=\int_{0}^{T}e^{\boldsymbol{A}T}\boldsymbol{B}dt$

得线性定常连续系统状态方程的离散化方程

$$\boldsymbol{x}[(k+1)T]=\boldsymbol{G}\boldsymbol{x}(kT)+\boldsymbol{H}\boldsymbol{u}(kT) \tag{2-43}$$

连续系统的输出方程是一个线性方程，离散化后 $\boldsymbol{y}(k)$，$\boldsymbol{x}(k)$，$\boldsymbol{u}(k)$ 之间仍保持原来的线性关系。因此离散化后的输出方程为

$$\boldsymbol{y}(k)=\boldsymbol{C}\boldsymbol{x}(k)+\boldsymbol{D}\boldsymbol{u}(k) \tag{2-44}$$

【例 2-16】　试求线性定常连续系统状态方程

$$\dot{\boldsymbol{x}}=\begin{bmatrix}0 & 1\\ 0 & -2\end{bmatrix}\boldsymbol{x}+\begin{bmatrix}0\\ 1\end{bmatrix}u$$

的离散化方程。

解　首先求 G

$$G=\mathrm{e}^{\boldsymbol{A}T}=\mathrm{L}^{-1}[(s\boldsymbol{I}-\boldsymbol{A})]|_{t=T}$$

$$[s\boldsymbol{I}-\boldsymbol{A}]=\begin{bmatrix} s & -1 \\ 0 & s+2 \end{bmatrix}$$

$$[s\boldsymbol{I}-\boldsymbol{A}]^{-1}=\begin{bmatrix} \frac{1}{s} & \frac{1}{s(s+2)} \\ 0 & \frac{1}{s+2} \end{bmatrix}$$

得

$$\mathrm{e}^{\boldsymbol{A}T}=\begin{bmatrix} 1 & \frac{1}{2}(1-\mathrm{e}^{-2T}) \\ 0 & \mathrm{e}^{-2T} \end{bmatrix}$$

再求 $\boldsymbol{H}$

$$H=\int_0^T \mathrm{e}^{\boldsymbol{A}T}\boldsymbol{B}\,\mathrm{d}t$$

$$=\int_0^T \begin{bmatrix} 1 & (1-\mathrm{e}^{-2T})/2 \\ 0 & \mathrm{e}^{-2T} \end{bmatrix}\begin{bmatrix} 0 \\ 1 \end{bmatrix}\mathrm{d}t$$

$$=\begin{bmatrix} \frac{1}{2}T+\frac{1}{4}\mathrm{e}^{-2T}-\frac{1}{4} \\ -\frac{1}{2}\mathrm{e}^{-2T}+\frac{1}{2} \end{bmatrix}$$

离散化状态方程为

$$\boldsymbol{x}(k+1)=\begin{bmatrix} 1 & \frac{1}{2}(1-\mathrm{e}^{-2T}) \\ 0 & \mathrm{e}^{-2T} \end{bmatrix}\boldsymbol{x}(k)+\begin{bmatrix} \frac{1}{2}T+\frac{1}{4}\mathrm{e}^{-2T}-\frac{1}{4} \\ -\frac{1}{2}\mathrm{e}^{-2T}+\frac{1}{2} \end{bmatrix}\boldsymbol{u}(k)$$

线性定常连续系统状态方程的离散化还可以通过脉冲传递函数直接求得。传递函数转换为脉冲传递函数的过程实际上就是离散化的过程。下面举例说明。

【例 2-17】　某系统结构如图 2-2 所示。试求该系统离散化状态空间表达式。

图 2-2　系统结构图

解　系统的传递函数为

$$\boldsymbol{G}(s)=\frac{1-\mathrm{e}^{-Ts}}{s}\,\frac{1}{s(s+1)}$$

$$=\left(\frac{1}{s^2}-\frac{1}{s}+\frac{1}{s+1}\right)(1-\mathrm{e}^{-Ts})$$

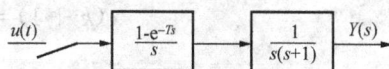

脉冲传递函数为

$$\boldsymbol{G}(z)=\left(\frac{Tz}{(z-1)^2}-\frac{z}{z-1}+\frac{1}{z-\mathrm{e}^{-T}}\right)(1-z^{-1})$$

$$=\frac{(T-1+\mathrm{e}^{-T})z+(1-\mathrm{e}^{-T}-T\mathrm{e}^{-T})}{(z-1)(z-\mathrm{e}^{-T})}$$

$$=\frac{(T-1+e^{-T})z+(1-e^{-T}-Te^{-T})}{z^2-(1+e^{-T})z+e^{-T}}$$

离散状态空间表达式

$$\boldsymbol{x}(k+1)=\begin{bmatrix}0 & 1\\ -e^{-T} & 1+e^{-T}\end{bmatrix}\boldsymbol{x}(k)+\begin{bmatrix}0\\1\end{bmatrix}\boldsymbol{u}(k)$$

$$\boldsymbol{y}(k)=[1-e^{-T}-Te^{-T} \quad T-1+e^{-T}]\boldsymbol{x}(k)$$

二、线性连续系统状态方程离散化的近似方法

状态方程离散化的近似方法是将微分近似用差分表示，即

$$\dot{\boldsymbol{x}}(k)=\frac{1}{T}[\boldsymbol{x}(k+1)-\boldsymbol{x}(k)] \tag{2-45}$$

将式（2-45）代入状态方程中

$$\dot{\boldsymbol{x}}(t)=\boldsymbol{Ax}(t)+\boldsymbol{Bu}(t)$$

得

$$\frac{1}{T}[\boldsymbol{x}(k+1)-\boldsymbol{x}(k)]=\boldsymbol{Ax}(k)+\boldsymbol{Bu}(k)$$

$$\begin{aligned}\boldsymbol{x}(k+1)&=[\boldsymbol{I}+T\boldsymbol{A}]\boldsymbol{x}(k)+T\boldsymbol{Bu}(k)\\&=\boldsymbol{Gx}(k)+\boldsymbol{Hu}(k)\end{aligned} \tag{2-46}$$

式中

$$\boldsymbol{G}=\boldsymbol{I}+T\boldsymbol{A},\quad \boldsymbol{H}=T\boldsymbol{B}$$

【例 2-18】 试求线性定常连续系统状态方程

$$\dot{\boldsymbol{x}}=\begin{bmatrix}0 & 1\\0 & -1\end{bmatrix}\boldsymbol{x}+\begin{bmatrix}0\\1\end{bmatrix}u$$

$$\boldsymbol{y}=[1 \quad 0]\boldsymbol{x}$$

的离散化方程。

解 先求 $\boldsymbol{G}$ 和 $\boldsymbol{H}$

$$\boldsymbol{G}=\boldsymbol{I}+T\boldsymbol{A}=\begin{bmatrix}1 & T\\0 & 1-T\end{bmatrix}$$

$$\boldsymbol{H}=T\boldsymbol{B}=\begin{bmatrix}0\\T\end{bmatrix}$$

离散化方程为

$$\boldsymbol{x}(k+1)=\begin{bmatrix}1 & T\\0 & 1-T\end{bmatrix}\boldsymbol{x}(k)+\begin{bmatrix}0\\T\end{bmatrix}\boldsymbol{u}(k)$$

$$\boldsymbol{y}(k)=[1 \quad 0]\boldsymbol{x}(k)$$

三、线性离散系统状态方程的解

线性离散系统的状态空间表达式为

$$\begin{cases}\boldsymbol{x}(k+1)=\boldsymbol{Gx}(k)+\boldsymbol{Hu}(k)\\ \boldsymbol{y}(k)=\boldsymbol{Cx}(k)+\boldsymbol{Du}(k)\end{cases} \tag{2-47}$$

离散系统状态方程的求解可以采用迭代法和 Z 变换法。

1. 迭代法

迭代法是一种递推的数值算法。将输入函数和初始状态代入状态空间表达式，采用迭代运算可求得各个采样时刻的数值解。这种方法适用于计算机求解。

设离散系统的初始状态为 $\boldsymbol{x}(0)$，系统的输入函数为 $\boldsymbol{u}(k)$，将其代入式（2-47）可得

$k=0$　　$\boldsymbol{x}(1)=\boldsymbol{Gx}(0)+\boldsymbol{Hu}(0)$

$k=1$　　$\boldsymbol{x}(2)=\boldsymbol{Gx}(1)+\boldsymbol{Hu}(1)=\boldsymbol{G}^2\boldsymbol{x}(0)+\boldsymbol{GHu}(1)+\boldsymbol{Hu}(1)$

$k=2$　　$\boldsymbol{x}(3)=\boldsymbol{Gx}(2)+\boldsymbol{Hu}(2)=\boldsymbol{G}^3\boldsymbol{x}(0)+\boldsymbol{G}^2\boldsymbol{Hu}(0)+\boldsymbol{GHu}(1)+\boldsymbol{Hu}(2)$

⋮　　　　　　　　　　⋮

按上述步骤递推下去可得数值解的一般表达式

$$\begin{aligned}\boldsymbol{x}(k)&=\boldsymbol{G}^k\boldsymbol{x}(0)+\boldsymbol{G}^{k-1}\boldsymbol{Hu}(0)+\cdots+\boldsymbol{GHu}(k-2)+\boldsymbol{Hu}(k-1)\\&=\boldsymbol{G}^k\boldsymbol{x}(0)+\sum_{i=0}^{k-1}\boldsymbol{G}^{k-i-1}\boldsymbol{Hu}(i)\end{aligned}\tag{2-48}$$

由式（2-48）可以看出，线性离散系统状态方程的解也是由两部分组成。一部分是由初始状态引起的响应，另一部分是由各采样时刻的输入信号引起的响应。第 k 个采样时刻的状态只与前 $k-1$ 个采样时刻的输入值有关，而与第 k 个采样时刻的输入值无关。

定义 $\boldsymbol{G}^k$ 为线性离散系统的状态转移矩阵，可表示为

$$\boldsymbol{\Phi}(k)=\boldsymbol{G}^k\tag{2-49}$$

线性离散系统状态方程的解可表示为

$$\boldsymbol{x}(k)=\boldsymbol{\Phi}(k)\boldsymbol{x}(0)+\sum_{i=0}^{k-1}\boldsymbol{\Phi}(k-i-1)\boldsymbol{Hu}(i)\tag{2-50}$$

将式（2-50）代入离散系统的输出方程中

$$\begin{aligned}\boldsymbol{y}(k)&=\boldsymbol{Cx}(k)+\boldsymbol{Du}(k)\\&=\boldsymbol{C\Phi}(k)\boldsymbol{x}(0)+\boldsymbol{C}\sum_{i=0}^{k-1}\boldsymbol{\Phi}(k-i-1)\boldsymbol{Hu}(i)+\boldsymbol{Du}(k)\end{aligned}$$

【例 2-19】　已知 $\boldsymbol{u}(k)=1$，　$\boldsymbol{x}(0)=\begin{bmatrix}1\\-1\end{bmatrix}$，试求线性定常离散系统状态方程

$$\boldsymbol{x}(k+1)=\begin{bmatrix}0&1\\-0.16&-1\end{bmatrix}\boldsymbol{x}+\begin{bmatrix}1\\1\end{bmatrix}\boldsymbol{u}(k)$$

的解。

解　用迭代法可得状态转移矩阵

$$\boldsymbol{\Phi}(1)=\begin{bmatrix}0&1\\-0.16&-1\end{bmatrix}$$

$$\boldsymbol{\Phi}(2)=\begin{bmatrix}0&1\\-0.16&-1\end{bmatrix}^2=\begin{bmatrix}-0.16&-1\\0.16&0.84\end{bmatrix}$$

$$\boldsymbol{\Phi}(3)=\begin{bmatrix}0&1\\-0.16&-1\end{bmatrix}^3=\begin{bmatrix}0.16&0.84\\-0.13&-62\end{bmatrix}$$

$$\vdots$$

状态方程的解

$$\boldsymbol{x}(1)=\begin{bmatrix}0&1\\-0.16&-1\end{bmatrix}\begin{bmatrix}1\\-1\end{bmatrix}+\begin{bmatrix}1\\1\end{bmatrix}=\begin{bmatrix}0\\1.48\end{bmatrix}$$

$$\boldsymbol{x}(2)=\begin{bmatrix}0&1\\-0.16&-1\end{bmatrix}\begin{bmatrix}0\\1.48\end{bmatrix}+\begin{bmatrix}1\\1\end{bmatrix}=\begin{bmatrix}2.48\\-0.84\end{bmatrix}$$

$$\boldsymbol{x}(3)=\begin{bmatrix}0 & 1\\ -0.16 & -1\end{bmatrix}\begin{bmatrix}2.84\\ -0.84\end{bmatrix}+\begin{bmatrix}1\\ 1\end{bmatrix}=\begin{bmatrix}0.16\\ 1.386\end{bmatrix}$$

$$\vdots$$

2. Z 变换法

线性定常系统的状态方程

$$\boldsymbol{x}(k+1)=\boldsymbol{G}\boldsymbol{x}(k)+\boldsymbol{H}\boldsymbol{u}(k)$$

对上式求 Z 变换得

$$z\boldsymbol{X}(z)-z\boldsymbol{x}(0)=\boldsymbol{G}\boldsymbol{X}(z)+\boldsymbol{H}\boldsymbol{U}(z)$$

$$(z\boldsymbol{I}-\boldsymbol{G})\boldsymbol{X}(z)=z\boldsymbol{x}(0)+\boldsymbol{H}\boldsymbol{U}(z)$$

求解为

$$\boldsymbol{X}(z)=(z\boldsymbol{I}-\boldsymbol{G})^{-1}z\boldsymbol{x}(0)+(z\boldsymbol{I}-\boldsymbol{G})^{-1}\boldsymbol{H}\boldsymbol{U}(z)$$

求 Z 反变换即为离散系统状态方程的解

$$\boldsymbol{x}(k)=Z^{-1}[(z\boldsymbol{I}-\boldsymbol{G})^{-1}z\boldsymbol{x}(0)+(z\boldsymbol{I}-\boldsymbol{G})^{-1}\boldsymbol{H}\boldsymbol{U}(z)] \tag{2-51}$$

状态转移矩阵为

$$\boldsymbol{\Phi}(k)=Z^{-1}[(z\boldsymbol{I}-\boldsymbol{G})^{-1}z] \tag{2-52}$$

【例 2-20】 已知 $\boldsymbol{u}(k)=1$，$\boldsymbol{x}(0)=\begin{bmatrix}1\\ -1\end{bmatrix}$，用 Z 变换法求离散系统状态方程

$$\boldsymbol{x}(k+1)=\begin{bmatrix}0 & 1\\ -0.16 & -1\end{bmatrix}\boldsymbol{x}+\begin{bmatrix}1\\ 1\end{bmatrix}\boldsymbol{u}(k)$$

的解。

解 先求状态转移矩阵，然后再求状态方程的解

$$|z\boldsymbol{I}-\boldsymbol{G}|=\begin{vmatrix}z & -1\\ 0.16 & z+1\end{vmatrix}=(z+0.2)(z+0.8)$$

$$(z\boldsymbol{I}-\boldsymbol{G})^{-1}=\frac{1}{(z+0.2)(z+0.8)}\begin{bmatrix}z+1 & -1\\ -0.16 & z\end{bmatrix}$$

$$=\begin{bmatrix}\dfrac{4/3}{z+0.2}-\dfrac{1/3}{z+0.8} & \dfrac{5/3}{z+0.2}-\dfrac{5/3}{z+0.8}\\ \dfrac{-8/3}{z+0.2}+\dfrac{0.8/3}{z+0.8} & \dfrac{-1/3}{z+0.2}+\dfrac{4/3}{z+0.8}\end{bmatrix}$$

状态转移矩阵 $\boldsymbol{\Phi}(k)=Z^{-1}[(z\boldsymbol{I}-\boldsymbol{G})^{-1}z]$

$$=Z^{-1}\begin{bmatrix}\dfrac{4/3}{z+0.2}z-\dfrac{1/3}{z+0.8}z & \dfrac{5/3}{z+0.2}z-\dfrac{5/3}{z+0.8}z\\ \dfrac{-8/3}{z+0.2}z+\dfrac{0.8/3}{z+0.8}z & \dfrac{-1/3}{z+0.2}z+\dfrac{4/3}{z+0.8}z\end{bmatrix}$$

$$=\begin{bmatrix}\dfrac{4}{3}(-0.2)^k-(-0.8)^k & \dfrac{5}{3}(-0.2)^k-\dfrac{5}{3}(-0.8)^k\\ -\dfrac{0.8}{3}(-0.2)^k+\dfrac{8}{3}(-0.8)^k & -\dfrac{1}{3}(-0.2)^k+\dfrac{4}{3}(-0.8)^k\end{bmatrix}$$

已知

$$u(k)=1,\quad U(z)=\frac{z}{z-1}$$

状态方程的解

$$\begin{aligned}\boldsymbol{x}(k)&=Z^{-1}[(z\boldsymbol{I}-\boldsymbol{G})^{-1}z\boldsymbol{x}(0)+(z\boldsymbol{I}-\boldsymbol{G})^{-1}\boldsymbol{H}\boldsymbol{U}(z)]\\&=Z^{-1}\{(z\boldsymbol{I}-\boldsymbol{G})^{-1}[z\boldsymbol{x}(0)+\boldsymbol{H}\boldsymbol{U}(z)]\}\\&=Z^{-1}\left[\frac{1}{(z+0.2)(z+0.8)}\begin{bmatrix}z+1&1\\-0.16&z\end{bmatrix}\left(\begin{bmatrix}z\\-z\end{bmatrix}+\begin{bmatrix}\dfrac{z}{z-1}\\\dfrac{z}{z-1}\end{bmatrix}\right)\right]\\&=Z^{-1}\left[\frac{1}{(z+0.2)(z+0.8)}\begin{bmatrix}z+1&1\\-0.16&z\end{bmatrix}\begin{bmatrix}\dfrac{z^2}{z-1}\\\dfrac{-z^2+2z}{z-1}\end{bmatrix}\right]\\&=Z^{-1}\begin{bmatrix}\dfrac{(z^2+2)z}{(z+0.2)(z+0.8)(z-1)}\\\dfrac{(-z^2+1.84z)z}{(z+0.2)(z+0.8)(z-1)}\end{bmatrix}\\&=Z^{-1}\begin{bmatrix}\dfrac{-17/6}{z+0.2}z+\dfrac{22/9}{z+0.8}z+\dfrac{25/18}{z-1}z\\\dfrac{3.4/6}{z+0.2}z+\dfrac{-17.6/9}{z+0.8}z+\dfrac{7/18}{z-1}z\end{bmatrix}\\&=\begin{bmatrix}-\dfrac{17}{6}(-0.2)^k+\dfrac{22}{9}(-0.8)^k+\dfrac{25}{18}\\\dfrac{3.4}{6}(-0.2)^k-\dfrac{17.6}{9}(-0.8)^k+\dfrac{7}{18}\end{bmatrix}\end{aligned}$$

第四节　MATLAB 用于状态空间分析

一、化矩阵 A 为标准型法求状态转移矩阵

利用 jordan（A）函数首先求出化对角阵的变换矩阵 $\boldsymbol{P}$，然后利用 $\boldsymbol{\Phi}(t)=\boldsymbol{P}e^{\boldsymbol{\Lambda}t}\boldsymbol{P}^{-1}$ 求的结果。

【例 2-21】　已知矩阵 $\boldsymbol{A}$ 为

$$\boldsymbol{A}=\begin{bmatrix}0&1\\-2&-3\end{bmatrix}$$

试用化矩阵 A 为对角线标准型法求矩阵指数函数 $e^{\boldsymbol{A}t}$。

解　MATLAB 程序如下：

```
A = [0 1; - 2 - 3];
[P, F] = Jordan(A)
P1 = inv(P)
```

程序运行结果如下：

```
P =
      2   -1
    - 2    2
```

```
F =

    -1     0
     0    -2

P1 =

    1.0000   0.5000
    1.0000   1.0000
```

则系统的矩阵指数函数为

$$e^{At}=\boldsymbol{P}e^{\Lambda t}\boldsymbol{P}^{-1}=\begin{bmatrix}2e^{-t}-e^{-2t} & e^{-t}-e^{-2t}\\ -2e^{-t}+2e^{-2t} & -e^{-t}+2e^{-2t}\end{bmatrix}$$

【例 2-22】 已知矩阵 $\boldsymbol{A}$ 为

$$\boldsymbol{A}=\begin{bmatrix}0 & 1 & 0\\ 0 & 0 & 1\\ -2 & -5 & 4\end{bmatrix}$$

试求矩阵 $\boldsymbol{A}$ 的矩阵指数函数 e^{At}。

解 MATLAB 程序如下：

```
A=[0 1 0;0 0 1; -2 -5 4];
[P, F]=Jordan(A)
P1=inv(P)
```

程序运行结果如下：

```
P =

    1   -2    0
    2   -2   -2
    4   -2   -4

F =

    2  0  0
    0  1  1
    0  0  1

P1 =

    1.0000   -2.0000   1.0000
         0   -1.0000   0.5000
    1.0000   -1.5000   0.5000
```

则系统的矩阵指数函数为

$$e^{At}=\boldsymbol{P}e^{\Lambda t}\boldsymbol{P}^{-1}=\begin{bmatrix}-2te^{t}+e^{2t} & 3te^{t}+2e^{t}-2e^{2t} & -te^{t}-e^{t}+e^{2t}\\ 2(-e^{t}-te^{t}+e^{2t}) & 3te^{t}+5e^{t}-4e^{2t} & -te^{t}-2e^{t}+2e^{2t}\\ -2te^{t}-4e^{t}+4e^{2t} & 3te^{t}+3e^{t}-8e^{2t} & -te^{t}-3e^{t}+4e^{2t}\end{bmatrix}$$

二、状态方程、输出方程求解

lsim () 函数为任意输入的连续响应函数，可用于计算在给定的输入信号序列下传递函数模型的输出响应，或状态空间模型的状态和输出响应。

【例 2-23】 已知系统状态方程

$$\dot{x}=\begin{bmatrix}0 & 1\\ -2 & -3\end{bmatrix}x+\begin{bmatrix}0\\ 1\end{bmatrix}u$$
$$y=[1\quad 0]x$$

试求 $x(0)=[0;\ 0]$，$u(t)=1(t)$ 时，系统的状态和输出响应。

解　MATLAB 程序如下：

```
A=[0 1;-2 -3];
B=[1;1];
C=[1 0];
D=0;
x0=[0; 0];
t=0:100;
[y,x]=lsim(A,B,C,D,1+t*0,t,x0);
plot(x)
plot(y)
```

程序响应如图 2-3 所示。

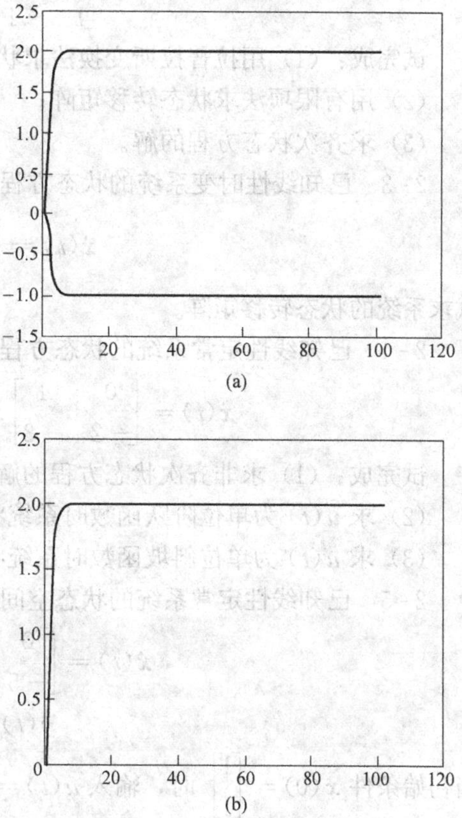

图 2-3　[例 2-23] 程序响应

三、连续系统状态方程的离散化

模型转换命令 c2d（）可以实现方程的离散化。

【例 2-24】　试求线性定常连续系统状态方程

$$\dot{x}=\begin{bmatrix}0 & 1\\ 0 & 1\end{bmatrix}x+\begin{bmatrix}0\\ 1\end{bmatrix}u$$

在采样周期 $T=0.1$ 时的离散化方程。

解　MATLAB 程序如下：

```
A=[0 1;0 1];
B=[0;1];
T=0.1;
sysd=c2d(sysc, Ts, method)
```

程序运行结果如下：

```
G=
    1.0000   0.1052
         0   1.1052
H=
    0.0052
    0.1052
```

四、离散系统的状态响应和输出响应

dlsim（）函数是对任意输入的离散系统响应函数。

习　题

2-1　试求下列矩阵 $\boldsymbol{A}$ 对应的状态转移矩阵。

(1) $\boldsymbol{A}=\begin{bmatrix}0 & 1\\ 0 & -1\end{bmatrix}$；　(2) $\boldsymbol{A}=\begin{bmatrix}0 & -1\\ 4 & 0\end{bmatrix}$；

(3) $\boldsymbol{A}=\begin{bmatrix}0 & 1 & 0\\ 0 & 0 & 1\\ 2 & -5 & 4\end{bmatrix}$；　(4) $\boldsymbol{A}=\begin{bmatrix}0 & 1 & 0\\ 0 & 0 & 1\\ -1 & -3 & -3\end{bmatrix}$

2-2　已知系统的状态方程和初始条件为

$$\dot{\boldsymbol{x}}=\begin{bmatrix}4 & 1 & -2\\ 1 & 0 & 2\\ 1 & -1 & 3\end{bmatrix}\boldsymbol{x},\quad \boldsymbol{x}(0)=\begin{bmatrix}0\\ 0\\ 1\end{bmatrix}$$

试完成：(1) 用拉普拉斯变换法求状态转移矩阵；

(2) 用有限项法求状态转移矩阵；

(3) 求齐次状态方程的解。

2-3　已知线性时变系统的状态方程为

$$\dot{\boldsymbol{x}}(t)=\begin{bmatrix}-2t & 1\\ 1 & -2t\end{bmatrix}\boldsymbol{x}(t)$$

试求系统的状态转移矩阵。

2-4　已知线性定常系统的状态方程为

$$\dot{\boldsymbol{x}}(t)=\begin{bmatrix}0 & 1\\ -2 & -3\end{bmatrix}\boldsymbol{x}(t)+\begin{bmatrix}0\\ 1\end{bmatrix}u(t),\quad \boldsymbol{x}(0)=\begin{bmatrix}1\\ 0\end{bmatrix}$$

试完成：(1) 求非齐次状态方程的解；

(2) 求 $u(t)$ 为单位阶跃函数时系统状态方程的解；

(3) 求 $u(t)$ 为单位斜坡函数时系统状态方程的解。

2-5　已知线性定常系统的状态空间表达式为

$$\dot{\boldsymbol{x}}(t)=\begin{bmatrix}0 & 1\\ -5 & -6\end{bmatrix}\boldsymbol{x}(t)+\begin{bmatrix}2\\ 0\end{bmatrix}u(t)$$

$$y(t)=\begin{bmatrix}1 & 2\end{bmatrix}\boldsymbol{x}(t)$$

当初始条件 $\boldsymbol{x}(0)=\begin{bmatrix}1\\ 1\end{bmatrix}$ 时，输入 $u(t)=t(t\geqslant 0)$，试求：

(1) 系统的状态转移矩阵；

(2) 系统的输出响应。

2-6　已知线性时变系统的状态方程为

$$\dot{\boldsymbol{x}}(t)=\begin{bmatrix}0 & 1\\ 0 & -2t\end{bmatrix}\boldsymbol{x}(t),\quad \boldsymbol{x}(0)=\begin{bmatrix}-1\\ 1\end{bmatrix}$$

试求系统状态方程的解。

2-7　设系统状态方程为

$$\dot{\boldsymbol{x}}(t)=\boldsymbol{A}\boldsymbol{x}(t)$$

已知当 $\boldsymbol{x}(0)=\begin{bmatrix}1\\-1\end{bmatrix}$ 时，$\boldsymbol{x}(t)=\begin{bmatrix}e^{-2t}\\-e^{-2t}\end{bmatrix}$；

已知当 $\boldsymbol{x}(0)=\begin{bmatrix}2\\-1\end{bmatrix}$ 时，$\boldsymbol{x}(t)=\begin{bmatrix}2e^{-t}\\-e^{-t}\end{bmatrix}$。

试求：(1) 系统矩阵 $\boldsymbol{A}$；

(2) 系统的状态转移矩阵。

2-8　已知离散系统状态方程为

$$\boldsymbol{x}(k+1)=\begin{bmatrix}0 & 1\\-0.16 & -1\end{bmatrix}\boldsymbol{x}(k)+\begin{bmatrix}1\\1\end{bmatrix}u(k)$$

$$\boldsymbol{x}(0)=\begin{bmatrix}-1\\1\end{bmatrix}\qquad u(k)=1,\ (k=0,\ 1,\ 2,\ \cdots)$$

试求离散系统状态方程的解。

2-9　已知线性定常离散系统的状态空间表达式为

$$\begin{bmatrix}x_1(k+1)T\\x_2(k+1)T\end{bmatrix}=\begin{bmatrix}\frac{1}{2} & 0\\ \frac{1}{8} & \frac{1}{2}\end{bmatrix}\begin{bmatrix}x_1(kT)\\x_2(kt)\end{bmatrix}+\begin{bmatrix}1\\1\end{bmatrix}\begin{bmatrix}u_1(kT)\\u_2(kT)\end{bmatrix}$$

$$y(kT)=\begin{bmatrix}\frac{1}{2} & 0\end{bmatrix}\begin{bmatrix}x_1(kT)\\x_2(kT)\end{bmatrix}$$

设系统初始条件为 $x(0)=\begin{bmatrix}1\\0\end{bmatrix}$，系统输入是在 $kT=0$ 时刻的单位脉冲。试求：

(1) 离散系统状态方程的解；

(2) 离散系统的输出响应。

2-10　已知线性时变系统的状态方程为

$$\dot{\boldsymbol{x}}(t)=\begin{bmatrix}0 & 5(1-e^{-2t})\\0 & 5e^{-2t}\end{bmatrix}\boldsymbol{x}(t)+\begin{bmatrix}5\\0\end{bmatrix}u(t)$$

试求采样周期 $T=0.1s$ 时，系统的离散化方程。

第三章 线性控制系统的能控性和能观测性

能控性和能观测性是现代控制理论中两个重要的基本概念，是卡尔曼在 1960 年首先提出来的。在现代控制理论中，设计和分析一个系统时，必须研究系统的能控性和能观测性。

任何一个系统在不同时刻都有其特定的状态，系统的当前状态反映了它在当前时刻的全部信息。随着时间的变化，系统的状态会按照其自身的规律不断变化。能控性是系统在控制的作用下在有限时间内能否达到某希望的特定状态。

能观测性是指系统的输入和输出对状态的反映程度。能观测性主要是研究系统输出能否完全反映状态变量的运动的问题。

本章首先讨论线性定常系统和离散系统的能控性、能观测性判据，然后对系统的结构进行分析。

第一节 线性连续系统的能控性

一、能控性的定义

考虑图 3 - 1 所示的电路。系统的状态变量为电容端电压 x，输入为电压源 $u(t)$，输出电压为 y。从电路中可知，如果初始状态 $x(t_0)=0$，那么不管输入 $u(t)$ 是多少，对所有 $t\geqslant t_0$，必恒有 $x(t)=0$，即 $x(t)$ 不受 $u(t)$ 的影响，因而状态 x 是不能控的。

考虑图 3 - 2 所示的系统结构图。对应的状态方程为

$$\dot{x}_1=-3x_1+x_2+u$$
$$\dot{x}_2=-x_2$$

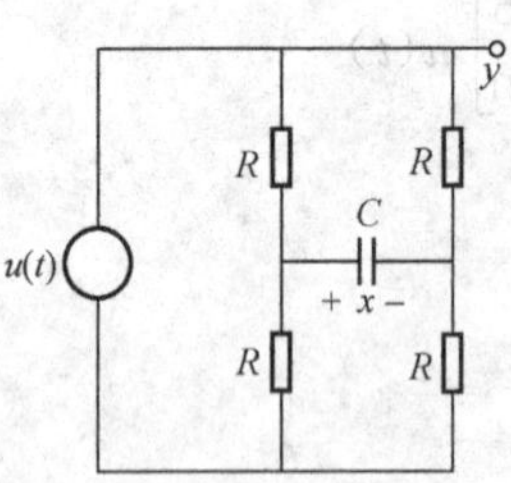

图 3 - 1 电路

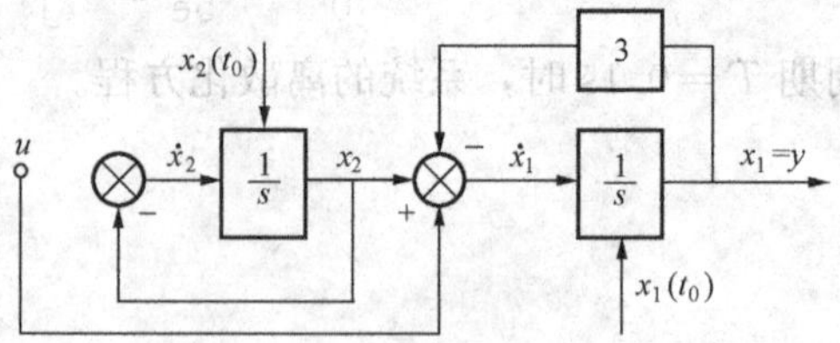

图 3 - 2 系统结构图

显而易见，x_1 受 u 的控制，但 x_2 与 u 无关，因为在第二个状态方程中只含状态变量 x_2 而不含 u，故 x_2 是不能控的，因此，系统不完全能控。由上面分析可以看出，状态可否控制只与系统的状态方程有关。

设线性定常系统的状态方程为

$$\dot{\boldsymbol{x}}=\boldsymbol{A}\boldsymbol{x}+\boldsymbol{B}u \tag{3-1}$$

能控性定义：如果系统的输入信号 $\boldsymbol{u}(t)$ 能在有限的时间区间 $[t_0,\ t_f]$ 内，将系统的任

一初始状态 $\boldsymbol{x}(t_0)$ 转移到状态 $\boldsymbol{x}(t_f)$，那么该系统的状态是完全能控的。若系统 n 个状态变量中，至少有一个状态变量不能控时，则称该系统是状态不完全能控的。

二、线性定常系统的状态能控性

1. 秩判据准则

考虑线性定常系统

$$\dot{\boldsymbol{x}} = \boldsymbol{A}\boldsymbol{x} + \boldsymbol{B}\boldsymbol{u}$$

其状态完全能控的充分必要条件是由 $\boldsymbol{A}$，$\boldsymbol{B}$ 矩阵所构成的能控性判别矩阵

$$[\boldsymbol{B} \quad \boldsymbol{AB} \quad \boldsymbol{A}^2\boldsymbol{B} \quad \cdots \quad \boldsymbol{A}^{n-1}\boldsymbol{B}] \tag{3-2}$$

满秩，即

$$\operatorname{rank}[\boldsymbol{B} \quad \boldsymbol{AB} \quad \cdots \quad \boldsymbol{A}^{n-1}\boldsymbol{B}] = n \tag{3-3}$$

n 为该系统状态向量 x 的维数，也是该系统的维数。

证明：设初始状态 $t_0=0$，系统状态方程的解为

$$x(t) = \mathrm{e}^{\boldsymbol{A}t}x(0) + \int_0^t \mathrm{e}^{\boldsymbol{A}(t-\tau)}\boldsymbol{B}u(\tau)\mathrm{d}\tau \tag{3-4}$$

由能控性的定义，若系统能控，则对任意的初始状态向量 $\boldsymbol{x}(t_0)$ 应能找到 $\boldsymbol{u}(t)$，使之在 $[t_0, t_1]$ 有限时间区间内转移到零，即 $\boldsymbol{x}(t_1)=0$，得

$$x(t_1) = 0 = \mathrm{e}^{\boldsymbol{A}t_1}x(0) + \int_0^t \mathrm{e}^{\boldsymbol{A}(t_1-\tau)}\boldsymbol{B}u(\tau)\mathrm{d}\tau$$

即

$$x(0) = -\int_0^{t_1} \mathrm{e}^{-\boldsymbol{A}\tau}\boldsymbol{B}u(\tau)\mathrm{d}\tau \tag{3-5}$$

根据凯莱—哈密尔顿定理

$$\mathrm{e}^{-\boldsymbol{A}\tau} = \sum_{m=0}^{n-1} a_m(\tau)\boldsymbol{A}^m \tag{3-6}$$

将式（3-6）代入式（3-5），得

$$\begin{aligned} x(0) &= -\int_0^{t_1}\sum_{m=0}^{n-1} a_m(\tau)\boldsymbol{A}^m\boldsymbol{B}u(\tau)\mathrm{d}\tau \\ &= -\sum_{m=0}^{n-1}\boldsymbol{A}^m\boldsymbol{B}\int_0^{t_1} a_m(\tau)u(\tau)\mathrm{d}\tau \end{aligned} \tag{3-7}$$

因为 t_1 是固定的，所以令

$$\beta_m = \int_0^{t_1} a_m(\tau)u(\tau)\mathrm{d}\tau$$

式（3-7）可简化为

$$\begin{aligned} x(0) &= -\sum_{m=0}^{n-1}\boldsymbol{A}^m\boldsymbol{B}\beta_m \\ &= -(\boldsymbol{B}\beta_0 + \boldsymbol{AB}\beta_1 + \cdots + \boldsymbol{A}^{n-1}\boldsymbol{B}\beta_{n-1}) \\ &= -[\boldsymbol{B} \quad \boldsymbol{AB} \quad \boldsymbol{A}^2\boldsymbol{B} \quad \cdots \quad \boldsymbol{A}^{n-1}\boldsymbol{B}]\begin{bmatrix}\beta_0 \\ \beta_1 \\ \vdots \\ \beta_{n-1}\end{bmatrix} \end{aligned} \tag{3-8}$$

令

$$U_c = [\boldsymbol{B} \quad \boldsymbol{AB} \quad \cdots \quad \boldsymbol{A}^{n-1}\boldsymbol{B}] \tag{3-9}$$

如果系统是能控的，对于任意给定的初始状态 $\boldsymbol{x}(0)$ 都能从式（3-8）中解出 β_0，β_1，…，β_{n-1}。而式（3-8）有解的充分与必要条件为能控矩阵 $\boldsymbol{U}_c$ 必须满秩，即

$$\text{rank}\boldsymbol{U}_c = \text{rank}\begin{bmatrix}\boldsymbol{B} & \boldsymbol{AB} & \cdots & \boldsymbol{A}^{n-1}\boldsymbol{B}\end{bmatrix} = n \tag{3-10}$$

当 $\text{rank}\boldsymbol{U}_c < n$ 时，说明系统不完全能控。

【例 3-1】 试判别系统

$$\dot{\boldsymbol{x}} = \begin{bmatrix}-2 & 1\\ 0 & -1\end{bmatrix}\boldsymbol{x} + \begin{bmatrix}1\\ 0\end{bmatrix}\boldsymbol{u}$$

的能控性。

解 能控性判别矩阵

$$\boldsymbol{U}_c = \begin{bmatrix}\boldsymbol{B} & \boldsymbol{AB}\end{bmatrix} = \begin{bmatrix}1 & -2\\ 0 & 0\end{bmatrix}$$

$\boldsymbol{U}_c$ 是一个奇异阵，即 $\text{rank}\boldsymbol{U}_c = 1$（$n=2$），所以该系统是不完全能控的。

【例 3-2】 试判别系统

$$\dot{\boldsymbol{x}} = \begin{bmatrix}1 & 2 & 1\\ 0 & 1 & 0\\ 1 & 0 & 3\end{bmatrix}\boldsymbol{x} + \begin{bmatrix}1 & 0\\ 0 & 1\\ 0 & 0\end{bmatrix}\boldsymbol{u}$$

的能控性。

解 由

$$\boldsymbol{B} = \begin{bmatrix}1 & 0\\ 0 & 1\\ 0 & 0\end{bmatrix}$$

得

$$\boldsymbol{AB} = \begin{bmatrix}1 & 2 & 1\\ 0 & 1 & 0\\ 1 & 0 & 3\end{bmatrix}\begin{bmatrix}1 & 0\\ 0 & 1\\ 0 & 0\end{bmatrix} = \begin{bmatrix}1 & 2\\ 0 & 1\\ 1 & 0\end{bmatrix}$$

$$\boldsymbol{A}^2\boldsymbol{B} = \begin{bmatrix}1 & 2 & 1\\ 0 & 1 & 0\\ 1 & 0 & 3\end{bmatrix}\begin{bmatrix}1 & 2\\ 0 & 1\\ 1 & 0\end{bmatrix} = \begin{bmatrix}2 & 4\\ 0 & 1\\ 4 & 2\end{bmatrix}$$

能控性判别矩阵

$$\boldsymbol{U}_c = \begin{bmatrix}\boldsymbol{B} & \boldsymbol{AB} & \boldsymbol{A}^2\boldsymbol{B}\end{bmatrix} = \begin{bmatrix}1 & 0 & 1 & 2 & 2 & 4\\ 0 & 1 & 0 & 1 & 0 & 1\\ 0 & 0 & 1 & 0 & 4 & 2\end{bmatrix}$$

$\text{rank}\boldsymbol{U}_c = 3 = n$，因此，系统完全能控。

2. 对角线标准形判别准则

考虑线性定常系统

$$\dot{\boldsymbol{x}} = \boldsymbol{Ax} + \boldsymbol{Bu}$$

若系统矩阵 $\boldsymbol{A}$ 具有互不相等的特征值，则系统能控的充要条件是，系统经线性非奇异变换后的对角线标准形

$$\dot{\tilde{x}}=\begin{bmatrix}\lambda_1 & & & 0\\ & \lambda_2 & & \\ & & \ddots & \\ 0 & & & \lambda_n\end{bmatrix}\tilde{x}+\tilde{B}u \tag{3-11}$$

中，$\tilde{B}$ 阵不包含元素全为零的行。

首先证明状态能控性的不变性，即：对于一个线性系统来说，经过线性非奇异状态变换后，其状态能控性不变。若取非奇异矩阵为 P，对 x 进行线性变换

$$x=P\tilde{x}$$

则有
$$A=P\tilde{A}P^{-1}，B=P\tilde{B}$$

变换后系统的能控性判别矩阵为

$$\begin{aligned}[\tilde{B}\quad \tilde{A}\tilde{B}\quad \cdots\quad \tilde{A}^{n-1}\tilde{B}]&=[P^{-1}B\quad P^{-1}AB\quad \cdots\quad P^{-1}A^{n-1}B]\\&=P^{-1}[B\quad AB\quad \cdots\quad A^{n-1}B]\end{aligned}$$

因为 P 为非奇异矩阵，则

$$\text{rank}[\tilde{B}\quad \tilde{A}\tilde{B}\quad \cdots\quad \tilde{A}^{n-1}\tilde{B}]=\text{rank}[B\quad AB\quad \cdots\quad A^{n-1}B]=n$$

所以，经过线性非奇异状态变换后，其状态能控性不变。

将式（3-11）展开如下形式

$$\begin{aligned}\dot{\tilde{x}}_1&=\lambda_1\tilde{x}_1+\tilde{b}_{11}u_1+\tilde{b}_{12}u_2+\cdots+\tilde{b}_{1r}u_r\\ \dot{\tilde{x}}_2&=\lambda_2\tilde{x}_2+\tilde{b}_{21}u_1+\tilde{b}_{22}u_2+\cdots+\tilde{b}_{2r}u_r\\ &\vdots\\ \dot{\tilde{x}}_n&=\lambda_n\tilde{x}_n+\tilde{b}_{n1}u_1+\tilde{b}_{n2}u_2+\cdots+\tilde{b}_{nr}u_r\end{aligned}$$

显然，上式的状态变量之间是完全解耦的，彼此无联系，只有通过输入 $u(t)$ 直接控制每一个状态变量。若矩阵 $\tilde{B}$ 中任意一行的元素全等于零，则对应的状态变量将不受输入 $u(t)$ 的控制，因而系统是不完全能控。反之，如果矩阵 $\tilde{B}$ 中，没有全零行，则所有状态变量均是能控的，系统完全能控。

【例 3-3】　试判别如下系统

(1) $\dot{x}=\begin{bmatrix}-7 & 0 & 0\\ 0 & -5 & 0\\ 0 & 0 & -1\end{bmatrix}x+\begin{bmatrix}2\\5\\7\end{bmatrix}u$

(2) $\dot{x}=\begin{bmatrix}-7 & 0 & 0\\ 0 & -5 & 0\\ 0 & 0 & -1\end{bmatrix}x+\begin{bmatrix}0 & 0\\4 & 0\\7 & 5\end{bmatrix}u$

(3) $\dot{x}=\begin{bmatrix}3 & 0 & 0\\ 0 & -1 & 0\\ 0 & 0 & -2\end{bmatrix}x+\begin{bmatrix}2\\1\\0\end{bmatrix}u$

的能控性。

解　系统（1）、（2）、（3）的矩阵 A 均为对角线标准形，但因矩阵 $\tilde{B}$ 的不同，能控性也

不同。系统（1），由于矩阵 $\widetilde{\boldsymbol{B}}$ 中不含有元素全为零的行，故完全能控。系统（2），由于矩阵 $\widetilde{\boldsymbol{B}}$ 中第一行的元素全为零，故系统不完全能控。系统（3），由于矩阵 $\widetilde{\boldsymbol{B}}$ 中第三行的元素为零，故系统不完全能控。

在应用这个判别准则时，应当特别注意特征值互不相等这个条件，某些具有重特征值的矩阵，也能化成对角线标准形，但这种系统不能应用这个判别准则。

【例 3-4】 试判别系统

$$\dot{\boldsymbol{x}}=\begin{bmatrix}2&0\\0&2\end{bmatrix}\boldsymbol{x}+\begin{bmatrix}1\\1\end{bmatrix}u$$

的状态能控性。

解 系统中矩阵 $\boldsymbol{A}$ 存在相同特征值 2，尽管矩阵 $\boldsymbol{B}$ 不包含全零行，但这种情况不能应用对角线判别准则，利用能控性判别矩阵 $\boldsymbol{U}_c$，得

$$\operatorname{rank}\boldsymbol{U}_c=\operatorname{rank}[\boldsymbol{B}\quad \boldsymbol{AB}]=\operatorname{rank}\begin{bmatrix}1&2\\1&2\end{bmatrix}=1<n$$

故系统不完全能控。

3. 约当标准形判别准则

考虑线性定常系统

$$\dot{\boldsymbol{x}}=\boldsymbol{Ax}+\boldsymbol{Bu}$$

若系统矩阵 $\boldsymbol{A}$ 具有特征值 $\lambda_1(m_1$ 重$)$，$\lambda_2(m_2$ 重$)$，…，$\lambda_k(m_k$ 重$)$，且对应于每一个重特征值，只有一个约当块，则系统状态完全能控的充要条件是系统经线性非奇异变换后，矩阵 $\boldsymbol{A}$ 的约当标准型

$$\dot{\tilde{\boldsymbol{x}}}=\begin{bmatrix}\boldsymbol{J}_1&0&0&0\\0&\boldsymbol{J}_2&0&0\\0&0&\ddots&0\\0&0&0&\boldsymbol{J}_k\end{bmatrix}\tilde{\boldsymbol{x}}+\widetilde{\boldsymbol{B}}\boldsymbol{u}$$

中，与每个约当块 $\boldsymbol{J}_i$（$i=1, 2, 3, \cdots, k$）最后一行对应的矩阵 $\widetilde{\boldsymbol{B}}$ 的各行元素不全为零，这个结论的证明与具有互异特征值的证明类似，不再重复。

【例 3-5】 试判别下面三个系统

$$(1)\ \dot{\boldsymbol{x}}=\begin{bmatrix}-4&1&0&0\\0&-4&0&0\\0&0&-3&1\\0&0&0&-3\end{bmatrix}\boldsymbol{x}+\begin{bmatrix}0&0\\0&1\\0&0\\2&0\end{bmatrix}\boldsymbol{u}$$

$$(2)\ \dot{\boldsymbol{x}}=\begin{bmatrix}-4&1&0&0\\0&-4&0&0\\0&0&-3&1\\0&0&0&-3\end{bmatrix}\boldsymbol{x}+\begin{bmatrix}0&1\\0&0\\2&0\\0&0\end{bmatrix}\boldsymbol{u}$$

$$(3)\ \dot{\boldsymbol{x}}=\begin{bmatrix}-3&1&0\\0&-3&0\\0&0&1\end{bmatrix}\boldsymbol{x}+\begin{bmatrix}0&0\\2&-1\\0&3\end{bmatrix}\boldsymbol{u}$$

的状态能控性。

解　系统（1）中，两个约当块最后一行对应的矩阵 $\boldsymbol{B}$ 的两行元素不全为零，故系统完全能控。系统（2）中，第一个约当块的最后一行所对应的矩阵 $\boldsymbol{B}$ 的行向量为零，故系统不完全能控。系统（3）中约当块最后一行对应的矩阵 $\boldsymbol{B}$ 的那行元素不全为零，同时特征值 1 对应的矩阵 $\boldsymbol{B}$ 的那行元素也不全为零，故系统状态完全能控。

三、线性定常系统的输出能控性

在分析和设计控制系统的许多情况中，系统的被控量往往不是系统的状态，而是系统的输出，因此有必要研究系统的输出是否能控的问题。

1. 输出能控性定义

设系统的状态空间表达式为

$$\begin{cases}\dot{\boldsymbol{x}}=\boldsymbol{A}\boldsymbol{x}+\boldsymbol{B}\boldsymbol{u}\\ \boldsymbol{y}=\boldsymbol{C}\boldsymbol{x}\end{cases} \tag{3-12}$$

如果在一定有限时间区间 $[t_0,\ t_1]$ 内，存在适当的控制向量 $u(t)$，使系统能以任意的初始输出 $y(t_0)$ 转移到任意指定输出 $y(t_1)$，则称系统是输出完全能控的。

2. 输出完全能控判据

系统输出完全能控的充分必要条件是矩阵

$$[\boldsymbol{CB}\quad \boldsymbol{CAB}\quad \boldsymbol{CA}^2\boldsymbol{B}\quad \cdots\quad \boldsymbol{CA}^{n-1}\boldsymbol{B}\quad \boldsymbol{D}] \tag{3-13}$$

的秩为系统输出向量的维数 m。

【例 3-6】　试判别系统

$$\dot{\boldsymbol{x}}=\begin{bmatrix}-4 & 1\\ 2 & -3\end{bmatrix}\boldsymbol{x}+\begin{bmatrix}1\\ 2\end{bmatrix}u$$

$$y=[1\quad 0]\begin{bmatrix}\boldsymbol{x}_1\\ \boldsymbol{x}_2\end{bmatrix}$$

的状态能控性和输出能控性。

解　系统的状态能控性矩阵

$$\mathrm{rank}\,[\boldsymbol{B}\quad \boldsymbol{AB}]=\mathrm{rank}\begin{bmatrix}1 & -2\\ 2 & -4\end{bmatrix}=1<n$$

所以系统是状态不完全能控的。

系统的输出能控性矩阵

$$\mathrm{rank}\,[\boldsymbol{CB}\quad \boldsymbol{CAB}\quad \boldsymbol{D}]=\mathrm{rank}\,[1\quad -2\quad 0]=1=m$$

因此系统输出是完全能控的。

状态能控性与输出能控性之间没有必然的联系，系统的输出完全能控，不一定状态能控，反之亦然。

第二节　线性连续系统的能观测性

一、能观测性定义

能观测性表征系统的状态是否由系统的输入和输出完全反映，所以应同时考虑系统的状态方程和输出方程。

考虑如图 3-3 所示系统，输出方程为

$$y=x_1$$

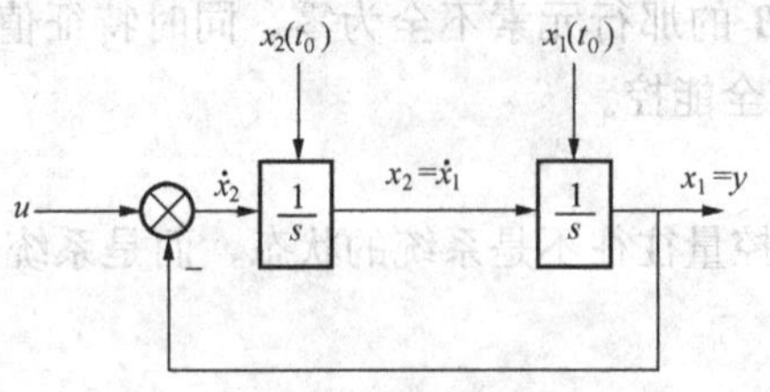

图 3-3　系统结构图

显然输出 y 直接反映状态变量 x_1，且由状态方程间接反映状态变量 x_2，故系统完全能观测。

给定系统的空间描述为

$$\begin{cases}\dot{x}_1=-3x_1+2u\\ \dot{x}_2=4x_2+u\\ y=-7x_2\end{cases}$$

由上式可以看出：状态变量 x_1 和 x_2 均可通过选择控制输入 u 而由始点达到原点，因而系统是完全能控的；但输出 y 仅仅反映状态变量 x_2，状态变量 x_1 和控制输出 y，既无直接联系也无间接联系，所以状态变量 x_1 不能观测，故系统不完全能观测。

能观测性定义：当控制输入 $u(t)=0$ 时，在有限区间 $[t_0,\ t_1]$ 内量测到的输出 $y(t)$ 能够唯一地确定系统在 t_0 时刻的初始状态 $x(t_0)$，则称 $x(t_0)$ 是能观测的。若系统在 t_0 时刻的所有初始状态都能观测，则称系统的状态是完全能观测的。

二、线性定常系统的能观测性判据

和能控性一样，能观测性判据对于工程实践来说也是很有用的。

1. 秩判据准则

考虑输入 $u(t)=0$ 时的线性定常系统

$$\begin{cases}\dot{\boldsymbol{x}}=\boldsymbol{A}\boldsymbol{x}\\ \boldsymbol{y}=\boldsymbol{C}\boldsymbol{x}\end{cases} \tag{3-14}$$

$$x(0)=x_0,\quad t\geqslant 0$$

线性定常系统完全能观测的充分必要条件是能观测判别矩阵满秩，即

$$\mathrm{rank}\boldsymbol{U}_{\mathrm{o}}=\mathrm{rank}\begin{bmatrix}\boldsymbol{C}\\ \boldsymbol{CA}\\ \vdots\\ \boldsymbol{CA}^{n-1}\end{bmatrix}=n \tag{3-15}$$

n 是状态向量 $\boldsymbol{x}$ 的维数，也是系统的维数。

证明：设初始状态 $t_0=0$，由状态方程的解得

$$\boldsymbol{x}(t)=\mathrm{e}^{\boldsymbol{A}t}\boldsymbol{x}(0)$$

将上式代入系统的输出方程，得

$$y(t)=\boldsymbol{C}\mathrm{e}^{\boldsymbol{A}t}x(0)$$

根据凯莱—哈密尔顿定理

$$\mathrm{e}^{\boldsymbol{A}t}=\sum_{m=0}^{n-1}a_m(t)\boldsymbol{A}^m$$

得

$$y(t)=\boldsymbol{C}\sum_{m=0}^{n-1}a_m(t)\boldsymbol{A}^m x(0)$$

$$=a_0(t)\boldsymbol{C}x(0)+a_1(t)\boldsymbol{CA}x(0)+a_2(t)\boldsymbol{CA}^2x(0)+\cdots+a_{n-1}(t)\boldsymbol{CA}^{n-1}x(0)$$

写成矩阵形式

$$y(t)=[a_0(t)\boldsymbol{I}_m \quad a_1(t)\boldsymbol{I}_m \quad \cdots \quad a_{n-1}(t)\boldsymbol{I}_m]\begin{bmatrix}\boldsymbol{C}\\ \boldsymbol{CA}\\ \vdots\\ \boldsymbol{CA}^{n-1}\end{bmatrix}\boldsymbol{x}(0)$$

上式表明在有限区间 $[0, t_1]$ 内量测到输出 $y(t)$，能够将初始状态 $x(0)$ 唯一地确定下来的充要条件是能观测矩阵

$$\boldsymbol{U}_o=\begin{bmatrix}\boldsymbol{C}\\ \boldsymbol{CA}\\ \vdots\\ \boldsymbol{CA}^{n-1}\end{bmatrix} \tag{3-16}$$

必须满秩。

【例 3-7】　试判别系统

$$\dot{\boldsymbol{x}}=\begin{bmatrix}1 & 1\\ -2 & -1\end{bmatrix}\boldsymbol{x}+\begin{bmatrix}0\\ 1\end{bmatrix}u$$

$$y=[1 \quad 0]\begin{bmatrix}\boldsymbol{x}_1\\ \boldsymbol{x}_2\end{bmatrix}$$

的能观测性。

解　系统的状态能观测矩阵 $\boldsymbol{U}_o$ 为

$$\boldsymbol{U}_o=\begin{bmatrix}\boldsymbol{C}\\ \boldsymbol{CA}\end{bmatrix}=\begin{bmatrix}1 & 0\\ 1 & 1\end{bmatrix}$$

$$\text{rank}\boldsymbol{U}_o=2=n$$

所以系统是完全能观测性的。

【例 3-8】　试判别系统

$$\dot{\boldsymbol{x}}=\begin{bmatrix}-4 & 5\\ 1 & 0\end{bmatrix}\boldsymbol{x}+\begin{bmatrix}1\\ 0\end{bmatrix}u$$

$$y=[1 \quad -1]\begin{bmatrix}\boldsymbol{x}_1\\ \boldsymbol{x}_2\end{bmatrix}$$

的能观测性。

解　系统的状态能观测矩阵 $\boldsymbol{U}_o$ 为

$$\boldsymbol{U}_o=\begin{bmatrix}\boldsymbol{C}\\ \boldsymbol{CA}\end{bmatrix}=\begin{bmatrix}1 & -1\\ -5 & 5\end{bmatrix}$$

$$\text{rank}\boldsymbol{U}_o=1<n$$

所以系统是不完全能观测的。

2. 对角线标准型判别准则

设线性连续定常系统

$$\begin{cases}\dot{\boldsymbol{x}}=\boldsymbol{Ax}\\ \boldsymbol{y}=\boldsymbol{Cx}\end{cases} \tag{3-17}$$

A 阵为对角线标准型，有互不相同的特征值，则其状态完全可观测的充分必要条件是输出矩阵 **C** 中不含有元素全为零的列。

上述结论的证明从略。

【例 3-9】 试判别下列两系统

（1）$\dot{\boldsymbol{x}}=\begin{bmatrix}-7 & & 0\\ & -5 & \\ 0 & & -1\end{bmatrix}\boldsymbol{x}$

$\boldsymbol{y}=[6\quad 4\quad 5]\boldsymbol{x}$

（2）$\dot{\boldsymbol{x}}=\begin{bmatrix}-7 & & 0\\ & -5 & \\ 0 & & -1\end{bmatrix}\boldsymbol{x}$

$\boldsymbol{y}=[3\quad 2\quad 0]\boldsymbol{x}$

的能观测性。

解 两系统中矩阵 **A** 均为对角线标准形且相同，而由于输出矩阵 **C** 的不同，两系统的能观测性则不同。

对于系统（1），因为 **C** 中不含有元素全为零的列，故系统完全能观测。

对于系统（2），因为 **C** 中第三列为零，故系统不完全能观测。

说明：要特别注意其成立的条件，即矩阵 **A** 具有互不相同的特征值，否则，若矩阵 **A** 具有相同的特征值，即使仍可化为对角线标准形，此判别准则也不适用。

【例 3-10】 试判别系统

$$\dot{\boldsymbol{x}}=\begin{bmatrix}1 & 0\\ 0 & 1\end{bmatrix}\boldsymbol{x}$$

$$\boldsymbol{y}=[1\quad 1]\boldsymbol{x}$$

的能观测性。

解 系统矩阵 **A** 虽然为对角线形式，且输出矩阵 **C** 无全零列，但因为矩阵 **A** 具有相同的特征值，因此不能采用判据 2 来判别系统能观测性，只能采用秩判别准则

$$\boldsymbol{U}_{\mathrm{o}}=\begin{bmatrix}\boldsymbol{C}\\ \boldsymbol{CA}\end{bmatrix}=\begin{bmatrix}1 & 1\\ 1 & 1\end{bmatrix}$$

$$\mathrm{rank}\boldsymbol{U}_{\mathrm{o}}=1<n$$

故系统不完全能观测。

3. 约当标准型判别准则

如果矩阵 **A** 为约当标准型

$$\dot{\tilde{\boldsymbol{x}}}=\begin{bmatrix}\boldsymbol{J}_1 & & & 0\\ & \boldsymbol{J}_2 & & \\ & & \ddots & \\ 0 & & & \boldsymbol{J}_n\end{bmatrix}\tilde{\boldsymbol{x}} \tag{3-18}$$

$$\boldsymbol{y}=\tilde{\boldsymbol{C}}\tilde{\boldsymbol{x}}$$

则其状态完全可观测的充分必要条件是每一个约当块 $\boldsymbol{J}_i$（$i=1, 2, \cdots, n$）的首列相对应

的矩阵 $\tilde{C}$ 所有各列其元素不全为零。

上述结论的证明从略。

【例 3-11】　试判别系统

$$\dot{x}=\begin{bmatrix}-2 & 1 & 0\\ 0 & -2 & 0\\ 0 & 0 & 3\end{bmatrix}x$$

$$y=\begin{bmatrix}1 & 0 & 0\\ 0 & 0 & 1\end{bmatrix}x$$

的能观测性。

解　系统矩阵 A 为约当标准形，与约当块首列对应的 C 的列 $\begin{bmatrix}1\\0\end{bmatrix}$ 不全为零，与互异特征值 3 对应的 C 的列 $\begin{bmatrix}0\\1\end{bmatrix}$ 不全为零，故系统完全能观测。

【例 3-12】　试判别系统

$$\dot{x}=\begin{bmatrix}2 & 1 & & 0\\ 0 & 2 & & \\ & & 3 & 1\\ 0 & & 0 & 3\end{bmatrix}x$$

$$y=\begin{bmatrix}0 & 1 & 1 & 0\\ 0 & 1 & 1 & 1\end{bmatrix}x$$

的状态能观测性。

解　系统矩阵 A 为约当标准形，与第一个约当首列对应的 C 的列 $\begin{bmatrix}0\\0\end{bmatrix}$ 全为零，尽管与第二个约当首列对应的 C 的列 $\begin{bmatrix}1\\1\end{bmatrix}$ 不为零，但系统仍不完全能观测。

几点补充说明：

(1) 对应于矩阵 A 的每一个重特征值只有一个约当块，否则此准则不成立。

(2) 当矩阵 A 特征值相同，但仍能对角化的情况下，此判据不适用。

(3) 在矩阵 A 的约当标准形中对应于同一特征值，不只有一个约当块的情况下，系统状态能观测性的必要条件是：对应于相同特征值下的每个约当块首列的首列所对应的 $\tilde{C}$ 的列线性无关，另外，也可根据能观测矩阵的秩判据来判别。

【例 3-13】　试判别系统

$$\dot{x}=\begin{bmatrix}-2 & 1 & 0\\ 0 & -2 & 0\\ 0 & 0 & -2\end{bmatrix}x$$

$$y=\begin{bmatrix}1 & 0 & 4\\ 2 & 0 & 8\end{bmatrix}x$$

的能观测性。

解　矩阵 A 为对应于同一特征值有两个约当块情况，因为第一个约当块首列对应的矩

阵 $\boldsymbol{C}$ 的列为 $\begin{bmatrix}1\\2\end{bmatrix}$，第二个约当块首列对应的矩阵 $\boldsymbol{C}$ 的列为 $\begin{bmatrix}4\\8\end{bmatrix}$，两列线性相关，故系统是状态不完全能观测的。

第三节　线性定常离散系统的能控性和能观测性

一、线性定常离散系统的能控性

1. 离散系统能控性定义

设线性定常离散系统的状态方程为

$$\boldsymbol{x}(k+1)=\boldsymbol{G}\boldsymbol{x}(k)+\boldsymbol{H}\boldsymbol{u}(k) \tag{3-19}$$

式中：$\boldsymbol{x}(k)$ 为 n 维状态向量；$\boldsymbol{u}(k)$ 为 r 维输入控制向量；$\boldsymbol{G}$ 为系统矩阵；$\boldsymbol{H}$ 为输入矩阵。

如果存在控制向量 $\boldsymbol{u}(k)$，$\boldsymbol{u}(k+1)$，…，$\boldsymbol{u}(N-1)$，$(N\leqslant n)$，能使系统从第 k 步的状态的状态向量 $\boldsymbol{x}(k)$ 开始，在第 N 步上到达零状态，即 $\boldsymbol{x}(N)=0$，那么就称此系统在第 k 步能控，如果系统每一个第 k 步的状态都是能控的，则称系统是状态完全能控。

2. 离散系统的能控性判据

线性定常离散系统完全能控的充分必要条件是系统能控性矩阵的秩为 n，即

$$\mathrm{rank}\boldsymbol{U}_c=\mathrm{rank}\begin{bmatrix}\boldsymbol{H} & \boldsymbol{G}\boldsymbol{H} & \cdots & \boldsymbol{G}^{n-1}\boldsymbol{H}\end{bmatrix}=n \tag{3-20}$$

【例 3-14】 试判别离散系统

$$\boldsymbol{x}(k+1)=\begin{bmatrix}1 & 2 & 1\\1 & 0 & 2\\0 & 1 & 0\end{bmatrix}\boldsymbol{x}(k)+\begin{bmatrix}1 & 0\\0 & 0\\0 & 1\end{bmatrix}\boldsymbol{u}(k)$$

的能控性。

解 由能控性矩阵

$$\boldsymbol{U}_c=\begin{bmatrix}\boldsymbol{H} & \boldsymbol{G}\boldsymbol{H} & \boldsymbol{G}^2\boldsymbol{H}\end{bmatrix}=\begin{bmatrix}1 & 0 & 1 & 1 & 3 & 5\\0 & 0 & 1 & 2 & 1 & 1\\0 & 1 & 0 & 0 & 1 & 2\end{bmatrix}$$

$\mathrm{rank}\boldsymbol{U}_c=3$，故该离散系统能控。

多输入系统的能控性矩阵是一个 $n\times nr$ 矩阵，根据判据只要求它的秩等于 n，所以在计算时不一定需要将能控性矩阵算完，算到哪一步发现充要条件已满足就可以停下来不必要再计算下去。上例中，只要计算出矩阵 $[\boldsymbol{H}\quad \boldsymbol{G}\boldsymbol{H}]$ 的秩即可，而无需将 $[\boldsymbol{H}\quad \boldsymbol{G}\boldsymbol{H}\quad \boldsymbol{G}^2\boldsymbol{H}]$ 计算出来。

【例 3-15】 试判别线性定常离散系统

$$\boldsymbol{x}(k+1)=\begin{bmatrix}1 & 0 & 0\\0 & 2 & -2\\-1 & 1 & 0\end{bmatrix}\boldsymbol{x}(k)+\begin{bmatrix}1\\0\\1\end{bmatrix}\boldsymbol{u}(k)$$

的能控性。

解
$$\boldsymbol{H}=\begin{bmatrix}1\\0\\1\end{bmatrix}$$

$$GH=\begin{bmatrix}1&0&0\\0&2&-2\\-1&1&0\end{bmatrix}\begin{bmatrix}1\\0\\1\end{bmatrix}=\begin{bmatrix}1\\-2\\-1\end{bmatrix}$$

$$G^2H=\begin{bmatrix}1&0&0\\0&2&-2\\-1&1&0\end{bmatrix}\begin{bmatrix}1\\-2\\-1\end{bmatrix}=\begin{bmatrix}1\\-2\\-3\end{bmatrix}$$

$$\text{rank}[H\quad GH\quad G^2H]=\text{rank}\begin{bmatrix}1&1&1\\0&-2&-2\\1&-1&-3\end{bmatrix}=3=n$$

故系统完全能控。

二、定常离散系统的能观测性

1. 能观测性定义

考虑离散系统

$$\begin{cases}x(k+1)=Gx(k)+Hu(k)\\y(k)=Cx(k)\end{cases}\tag{3-21}$$

在已知输入 $u(k)$ 的条件下，若能依据第 i 步及以后 $n-1$ 步的观测值 $y(i)$，$y(i+1)$，…，$y(i+n-1)$ 唯一地确定出第 i 步的状态 $x(i)$，则称系统在第 i 步是状态能观测的；如果系统在任何 i 步上都是能观测的，则称系统是状态完全能观测的。

2. 能观测性判据

线性定常离散系统完全能观测的充分必要条件是可观测判据矩阵的秩为 n，即

$$\text{rank}U_o=\begin{bmatrix}C\\CA\\\vdots\\CA^{n-1}\end{bmatrix}=n\tag{3-22}$$

【例 3-16】 试判别系统

$$x(k+1)=\begin{bmatrix}2&0&3\\-1&-2&0\\0&1&2\end{bmatrix}x(k)$$

$$y(k)=\begin{bmatrix}1&0&0\\0&1&0\end{bmatrix}x(k)$$

的能观测性。

解 系统能观测矩阵

$$U_o=\begin{bmatrix}C\\CA\\CA^2\end{bmatrix}=\begin{bmatrix}1&0&0\\0&1&0\\2&0&3\\-1&-2&0\\4&3&12\\0&4&-3\end{bmatrix}$$

$\text{rank}U_o=3=n$，系统完全能观测。

【例 3 - 17】 试判别系统

$$x(k+1)=\begin{bmatrix}1&0&-1\\0&-2&1\\3&0&2\end{bmatrix}x(k)+\begin{bmatrix}2\\-1\\1\end{bmatrix}u(k)$$

$$y(k)=\begin{bmatrix}0&0&1\\1&0&0\end{bmatrix}x(k)$$

的能观测性。

解 系统能观测矩阵

$$U_o=\begin{bmatrix}C\\CA\\CA^2\end{bmatrix}=\begin{bmatrix}0&0&1\\1&0&0\\3&0&2\\1&-2&-1\\9&0&1\\-2&0&-3\end{bmatrix}$$

因为 $\text{rank}U_o=2<n$，故系统不完全能观测。

第四节 对 偶 原 理

对偶原理是现代控制理论中的一个重要概念，利用对偶原理可以将系统能控性分析方面所得到的结论用于对偶系统，从而能很容易得到其对偶系统能观测性方面的结论。线性系统的能控性和能观测性不是两个相互独立的概念，它们之间存在着一种内在的联系，即一个系统的能控性等价于对偶系统的能观测性，一个系统的能观测性等价于对偶系统的能控性。

一、线性系统的对偶关系

若定常系统Σ_1 和Σ_2 的状态空间表达式分别为

$$\Sigma_1 \qquad \begin{cases}\dot{x}=Ax+Bu\\y=Cx\end{cases} \tag{3-23}$$

$$\Sigma_2 \qquad \begin{cases}\dot{z}=A^{T}z+C^{T}v\\\omega=B^{T}z\end{cases} \tag{3-24}$$

则称Σ_1 和Σ_2 是互为对偶的。

图 3 - 4 是对偶系统Σ_1 和Σ_2 的结构框图。通过比较可以看出，两个互为对偶的系统不仅系统矩阵 A、控制矩阵 B、输出矩阵 C 是其对偶系统相应矩阵的转置，而且输入端与输出端互换，信号传递方向相反。

对于系统Σ_1，其传递函数矩阵为

$$G(s)=C(sI-A)^{-1}B$$

对于系统Σ_2，其传递函数矩阵是

$$\begin{aligned}G^{*}(s)&=B^{T}(sI-A^{T})^{-1}C^{T}\\&=B^{T}[(sI-A^{-1})]^{T}C^{T}\\&=[C(sI-A)^{-1}B]^{T}\\&=G^{T}(s)\end{aligned}$$

由此可知，对偶系统的传递函数阵是互为转置的。

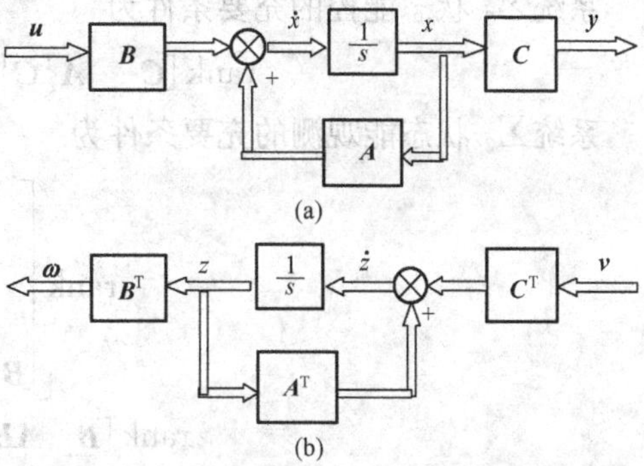

图 3 - 4　对偶系统的结构图

(a) Σ_1；(b) Σ_2

【例 3 - 18】　已知系统的微分方程

$$\dddot{y}+5\ddot{y}+6\dot{y}+5y=u$$

求出对偶系统的状态空间表达式和传递函数矩阵。

解　根据微分方程写出系统的状态空间表达式

$$\dot{\boldsymbol{x}}=\begin{bmatrix}0 & 1 & 0\\ 0 & 0 & 1\\ -5 & -6 & -5\end{bmatrix}\boldsymbol{x}+\begin{bmatrix}0\\ 0\\ 1\end{bmatrix}u$$

$$y=\begin{bmatrix}1 & 0 & 0\end{bmatrix}\boldsymbol{x}$$

对偶系统的状态空间表达式

$$\dot{\boldsymbol{z}}=\begin{bmatrix}0 & 0 & -5\\ 1 & 0 & -6\\ 0 & 1 & -5\end{bmatrix}\boldsymbol{z}+\begin{bmatrix}1\\ 0\\ 0\end{bmatrix}v$$

$$w=\begin{bmatrix}0 & 0 & 1\end{bmatrix}\boldsymbol{z}$$

系统的传递函数矩阵

$$\boldsymbol{G}(s)=\boldsymbol{c}(s\boldsymbol{I}-\boldsymbol{A})^{-1}\boldsymbol{B}=\begin{bmatrix}0 & 0 & 1\end{bmatrix}\begin{bmatrix}s & 0 & 5\\ -1 & s & 6\\ 0 & -1 & s+5\end{bmatrix}^{-1}\begin{bmatrix}1\\ 0\\ 0\end{bmatrix}$$

$$=\begin{bmatrix}0 & 0 & 1\end{bmatrix}\frac{\begin{bmatrix}s^2+5s+6 & 5 & -5s\\ s+5 & s^2+5s & -6s-5\\ 1 & s & s^2\end{bmatrix}}{s^3+5s^2+6s+5}\begin{bmatrix}1\\ 0\\ 0\end{bmatrix}=\frac{1}{s^3+5s^2+6s+5}$$

二、能控性与能观测性的对偶关系

系统Σ_1状态完全能控的充要条件是对偶系统Σ_2状态完全能观测，系统Σ_1状态能观测的充要条件是对偶系统Σ_2的状态完全能控。

对于式（3 - 23）和式（3 - 24）所示的对偶系统，系统Σ_1状态完全能控的充分必要条件为

$$\operatorname{rank}\begin{bmatrix}\boldsymbol{B} & \boldsymbol{AB} & \cdots & \boldsymbol{A}^{n-1}\boldsymbol{B}\end{bmatrix}=n$$

系统Σ_1状态完全能观测性的充要条件为

$$\operatorname{rank}\begin{bmatrix}\boldsymbol{C}\\ \boldsymbol{CA}\\ \vdots\\ \boldsymbol{CA}^{n-1}\end{bmatrix}=n$$

或

$$\operatorname{rank}\begin{bmatrix}\boldsymbol{C}^{\mathrm{T}} & \boldsymbol{A}^{\mathrm{T}}\boldsymbol{C}^{\mathrm{T}} & \cdots & (\boldsymbol{A}^{\mathrm{T}})^{n-1}\boldsymbol{C}^{\mathrm{T}}\end{bmatrix}=n$$

系统Σ_2状态能控的充要条件为

$$\mathrm{rank}\begin{bmatrix}\boldsymbol{C}^{\mathrm{T}} & \boldsymbol{A}^{\mathrm{T}}\boldsymbol{C}^{\mathrm{T}} & \cdots & (\boldsymbol{A}^{\mathrm{T}})^{n-1}\boldsymbol{C}^{\mathrm{T}}\end{bmatrix}=n$$

系统Σ_2状态能观测的充要条件为

$$\mathrm{rank}\begin{bmatrix}\boldsymbol{B}^{\mathrm{T}} \\ \boldsymbol{B}^{\mathrm{T}}\boldsymbol{A}^{\mathrm{T}} \\ \vdots \\ \boldsymbol{B}^{\mathrm{T}}(\boldsymbol{A}^{\mathrm{T}})^{n-1}\end{bmatrix}=n$$

或
$$\mathrm{rank}\begin{bmatrix}\boldsymbol{B} & \boldsymbol{AB} & \cdots & \boldsymbol{A}^{n-1}\boldsymbol{B}\end{bmatrix}=n$$

【例 3 - 19】 已知系统的状态空间表达式

$$\dot{\boldsymbol{x}}=\begin{bmatrix}0 & 1 \\ -2 & -3\end{bmatrix}\boldsymbol{x}+\begin{bmatrix}1 & 0 \\ 0 & 1\end{bmatrix}u$$

$$y=\begin{bmatrix}1 & 0 \\ 1 & 1\end{bmatrix}\boldsymbol{x}$$

试求该系统及对偶系统的能控能观性判别矩阵及传递函数矩阵。

解 能控性判据矩阵 $\boldsymbol{U}_{\mathrm{c}}=\begin{bmatrix}\boldsymbol{B} & \boldsymbol{AB}\end{bmatrix}=\begin{bmatrix}1 & 0 & 0 & 1 \\ 0 & 1 & -2 & -3\end{bmatrix}$

能观测性判据矩阵 $\boldsymbol{U}_{\mathrm{o}}=\begin{bmatrix}\boldsymbol{C} \\ \boldsymbol{CA}\end{bmatrix}=\begin{bmatrix}1 & 0 \\ 1 & 1 \\ 0 & 1 \\ -2 & -2\end{bmatrix}$

系统的传递函数矩阵

$$\boldsymbol{G}(s)=\boldsymbol{C}(s\boldsymbol{I}-\boldsymbol{A})^{-1}\boldsymbol{B}=\begin{bmatrix}1 & 0 \\ 1 & 1\end{bmatrix}\begin{bmatrix}s & -1 \\ 2 & s+3\end{bmatrix}^{-1}\begin{bmatrix}1 & 0 \\ 0 & 1\end{bmatrix}$$

$$=\begin{bmatrix}1 & 0 \\ 1 & 1\end{bmatrix}\frac{\begin{bmatrix}s+3 & 1 \\ -2 & s\end{bmatrix}}{s^2+3s+2}\begin{bmatrix}1 & 0 \\ 0 & 1\end{bmatrix}=\begin{bmatrix}\dfrac{s+3}{(s+2)(s+1)} & \dfrac{1}{(s+2)(s+1)} \\ \dfrac{1}{s+2} & \dfrac{1}{s+2}\end{bmatrix}$$

对偶系统的状态空间表达式 $\dot{\boldsymbol{x}}=\begin{bmatrix}0 & -2 \\ 1 & -3\end{bmatrix}\boldsymbol{x}+\begin{bmatrix}1 & 1 \\ 0 & 1\end{bmatrix}\boldsymbol{u}$，$y=\begin{bmatrix}1 & 0 \\ 0 & 1\end{bmatrix}\boldsymbol{x}$

对偶系统的能控性判据矩阵 $\boldsymbol{U}_{\mathrm{c}}=\begin{bmatrix}\boldsymbol{B} & \boldsymbol{AB}\end{bmatrix}=\begin{bmatrix}1 & 1 & 0 & -2 \\ 0 & 1 & 1 & -2\end{bmatrix}$

对偶系统的能观测性判据矩阵 $\boldsymbol{U}_{\mathrm{o}}=\begin{bmatrix}\boldsymbol{C} \\ \boldsymbol{CA}\end{bmatrix}=\begin{bmatrix}1 & 0 \\ 0 & 1 \\ 0 & -2 \\ 1 & -3\end{bmatrix}$

对偶系统的传递函数矩阵

$$\boldsymbol{G}(s)=\boldsymbol{C}(s\boldsymbol{I}-\boldsymbol{A})^{-1}\boldsymbol{B}=\begin{bmatrix}1 & 0 \\ 0 & 1\end{bmatrix}\begin{bmatrix}s & 2 \\ -1 & s+3\end{bmatrix}^{-1}\begin{bmatrix}1 & 1 \\ 0 & 1\end{bmatrix}$$

$$=\begin{bmatrix}1&0\\0&1\end{bmatrix}\frac{\begin{bmatrix}s+3&-2\\1&s\end{bmatrix}}{s^2+3s+2}\begin{bmatrix}1&1\\0&1\end{bmatrix}=\begin{bmatrix}\frac{s+3}{(s+2)(s+1)}&\frac{1}{(s+2)}\\\frac{1}{(s+2)(s+1)}&\frac{1}{s+2}\end{bmatrix}$$

该实例可以验证以上的证明是正确的。

通过上述对比可得：一个系统的状态完全能控性（能观测性）可以借助于其对偶系统的状态完全能观测性（能控性）来研究；反之亦然。

第五节　系统的结构分解

由前面的定义可知，系统不完全能控或不完全能观测意味着系统中有部分状态不能控或不能观测。如果一个系统不完全能控，则可以将状态空间中所有的能控状态构成能控子空间。同理，如果一个系统不完全能观测，则可以将状态空间中所有的能观测状态构成能观测子空间。本节将讨论如何通过非奇异变换将系统的状态空间按能控性和能观测性进行结构分解。

一、系统按能控性分解

设不完全能控系统

$$\begin{cases}\dot{\boldsymbol{x}}=\boldsymbol{A}\boldsymbol{x}+\boldsymbol{B}\boldsymbol{u}\\\boldsymbol{y}=\boldsymbol{C}\boldsymbol{x}\end{cases}\tag{3-25}$$

其能控性矩阵的秩为 $k(k<n)$，则必存在一非奇异矩阵 $\boldsymbol{T}_c$，对其进行状态变换

$$\boldsymbol{x}=\boldsymbol{T}_c\tilde{\boldsymbol{x}}\tag{3-26}$$

使系统的状态空间表达式变换为

$$\begin{cases}\dot{\boldsymbol{x}}=\begin{bmatrix}\tilde{\boldsymbol{A}}_{11}&\tilde{\boldsymbol{A}}_{12}\\0&\tilde{\boldsymbol{A}}_{22}\end{bmatrix}\boldsymbol{x}+\begin{bmatrix}\tilde{\boldsymbol{B}}_1\\0\end{bmatrix}\boldsymbol{u}\\\boldsymbol{y}=\begin{bmatrix}\tilde{\boldsymbol{C}}_1&\tilde{\boldsymbol{C}}_2\end{bmatrix}\boldsymbol{x}\end{cases}\tag{3-27}$$

系统矩阵为

$$\tilde{\boldsymbol{A}}=\boldsymbol{T}^{-1}_c\boldsymbol{A}\boldsymbol{T}_c=\begin{bmatrix}\tilde{\boldsymbol{A}}_{11}&\tilde{\boldsymbol{A}}_{12}\\0&\tilde{\boldsymbol{A}}_{22}\end{bmatrix}\tag{3-28}$$

$$\tilde{\boldsymbol{B}}=\boldsymbol{T}_c^{-1}\boldsymbol{B}=\begin{bmatrix}\tilde{\boldsymbol{B}}_1\\0\end{bmatrix}\tag{3-29}$$

$$\tilde{\boldsymbol{C}}=\boldsymbol{C}\boldsymbol{T}_c=\begin{bmatrix}\tilde{\boldsymbol{C}}_1&\tilde{\boldsymbol{C}}_2\end{bmatrix}\tag{3-30}$$

其中 k 维子系统是能控的

$$\dot{\tilde{\boldsymbol{x}}}_1=\tilde{\boldsymbol{A}}_{11}\tilde{\boldsymbol{x}}_1+\tilde{\boldsymbol{A}}_{12}\tilde{\boldsymbol{x}}_2+\tilde{\boldsymbol{B}}_1u$$

$n-k$ 维子系统是不能控的

$$\dot{\tilde{\boldsymbol{x}}}_2=\tilde{\boldsymbol{A}}_{22}\tilde{\boldsymbol{x}}_2$$

其分解结构如图 3-5 所示。

非奇异变换矩阵 $\boldsymbol{T}_c$ 的求法如下：

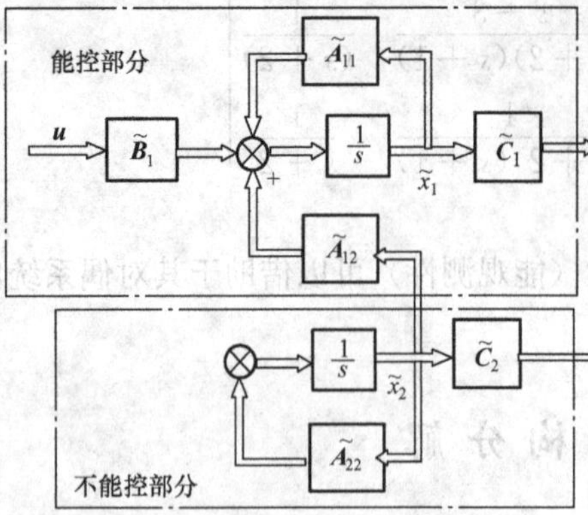

图 3-5 能控性分解结构图

(a) 从能控性矩阵 $\boldsymbol{U}_c=[\boldsymbol{B}\quad \boldsymbol{AB}\quad\cdots\quad \boldsymbol{A}^{n-1}\boldsymbol{B}]$ 中选择 k 个线性无关的列向量。

(b) 将上面求得的列向量作为 $\boldsymbol{T}_c$ 的前 k 个列向量，在保证 $\boldsymbol{T}_c$ 为非奇异矩阵的条件下，任意取 $n-k$ 个列向量构成 $\boldsymbol{T}_c$。

【例 3-20】 已知线性定常系统

$$\dot{\boldsymbol{x}}=\begin{bmatrix}1&2&-1\\0&1&0\\1&-4&3\end{bmatrix}\boldsymbol{x}+\begin{bmatrix}0\\0\\1\end{bmatrix}u$$

$$\boldsymbol{y}=[1\quad -1\quad 1]\boldsymbol{x}$$

试对其进行能控性分解。

解 能控性矩阵

$$\boldsymbol{U}_c=[\boldsymbol{B}\quad \boldsymbol{AB}\quad \boldsymbol{A}^2\boldsymbol{B}]=\begin{bmatrix}0&-1&-4\\0&0&0\\1&3&8\end{bmatrix}$$

$\text{rank}\boldsymbol{U}_c=2=k<n$，故系统不完全能控。系统的状态变量图如图 3-6 所示。

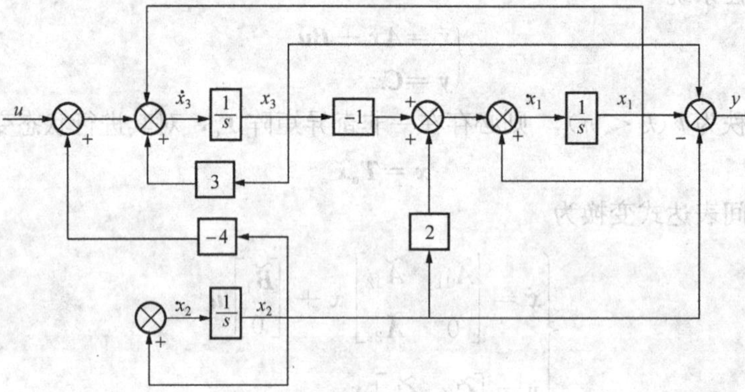

图 3-6 系统的状态变量图

从状态变量图可看出状态变量 x_2 是不能控的。从 $\boldsymbol{U}_c$ 中选择两列线性无关的向量 $\begin{bmatrix}0\\0\\1\end{bmatrix}$ 和 $\begin{bmatrix}-1\\0\\3\end{bmatrix}$，再任选一列向量 $\begin{bmatrix}0\\1\\0\end{bmatrix}$ 与前面两列向量线性无关，得

$$\boldsymbol{T}_c=\begin{bmatrix}0&-1&0\\0&0&1\\1&3&0\end{bmatrix}$$

其逆矩阵为

$$\boldsymbol{T}_c^{-1}=\begin{bmatrix}3&0&1\\-1&0&0\\0&1&0\end{bmatrix}$$

$$\widetilde{\boldsymbol{A}}=\boldsymbol{T}_c^{-1}\boldsymbol{A}\boldsymbol{T}_c=\begin{bmatrix}3&0&1\\-1&0&0\\0&1&0\end{bmatrix}\begin{bmatrix}1&2&-1\\0&1&0\\1&-4&3\end{bmatrix}\begin{bmatrix}0&-1&0\\0&0&1\\1&3&0\end{bmatrix}=\begin{bmatrix}0&-4&2\\1&4&-2\\0&0&1\end{bmatrix}$$

$$\widetilde{\boldsymbol{B}}=\boldsymbol{T}_c^{-1}\boldsymbol{B}=\begin{bmatrix}3&0&1\\-1&0&0\\0&1&0\end{bmatrix}\begin{bmatrix}0\\0\\1\end{bmatrix}=\begin{bmatrix}1\\0\\0\end{bmatrix}$$

$$\widetilde{\boldsymbol{C}}=\boldsymbol{C}\boldsymbol{T}_c=\begin{bmatrix}1&-1&1\end{bmatrix}\begin{bmatrix}0&-1&0\\0&0&1\\1&3&0\end{bmatrix}=\begin{bmatrix}1&2&-1\end{bmatrix}$$

从而，系统状态空间表达式为

$$\dot{\boldsymbol{x}}=\begin{bmatrix}0&-4&2\\1&4&-2\\0&0&1\end{bmatrix}\hat{\boldsymbol{x}}+\begin{bmatrix}1\\0\\0\end{bmatrix}u$$

$$\boldsymbol{y}=\begin{bmatrix}1&2&-1\end{bmatrix}\widetilde{\boldsymbol{x}}$$

其中二维子系统

$$\dot{\widetilde{\boldsymbol{x}}}_1=\begin{bmatrix}0&-4\\1&4\end{bmatrix}\widetilde{\boldsymbol{x}}_1+\begin{bmatrix}1\\0\end{bmatrix}u$$

$$\boldsymbol{y}=\begin{bmatrix}1&2\end{bmatrix}\widetilde{\boldsymbol{x}}_1$$

为能控子系统。

结构分解后系统的状态变量图如图 3-7 所示。

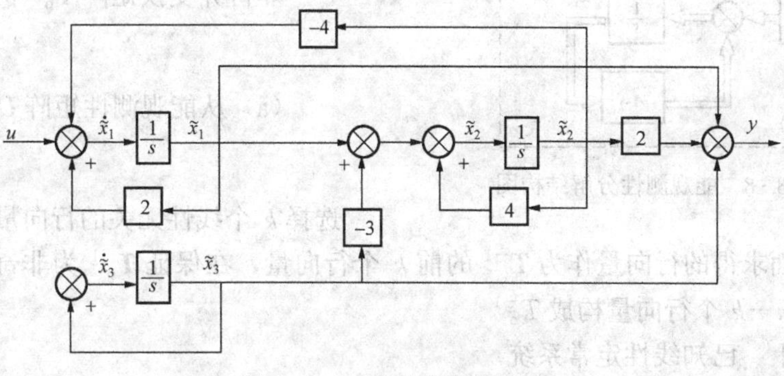

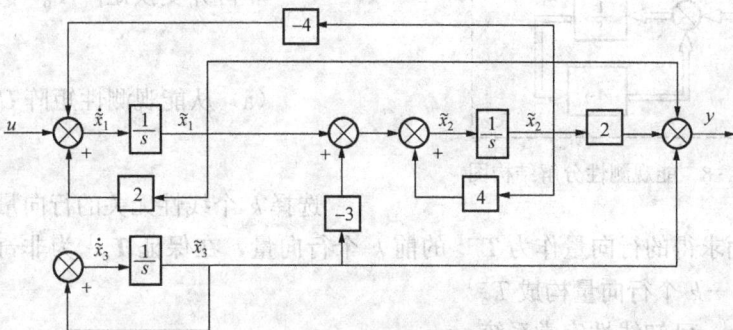

图 3-7 系统的状态变量图

当 $\boldsymbol{T}_c$ 选择不同时，它们均能按能控性将系统分解成能控子系统和不能控子系统两部分，且能控子系统的表达式是不变的。

二、系统按能观测性分解

设系统为不完全能观测，且其能观测性矩阵的秩为 $k(k<n)$，则存在一非奇异矩阵 $\boldsymbol{T}_o$，对其进行状态变换

$$\boldsymbol{x}=\boldsymbol{T}_o\widetilde{\boldsymbol{x}} \tag{3-31}$$

使系统的状态空间表达式变换为

$$
\begin{bmatrix}\dot{\tilde{\boldsymbol{x}}}_1\\ \dot{\tilde{\boldsymbol{x}}}_2\end{bmatrix}=\begin{bmatrix}\tilde{\boldsymbol{A}}_{11} & 0\\ \tilde{\boldsymbol{A}}_{21} & \tilde{\boldsymbol{A}}_{22}\end{bmatrix}\begin{bmatrix}\tilde{\boldsymbol{x}}_1\\ \tilde{\boldsymbol{x}}_2\end{bmatrix}+\begin{bmatrix}\tilde{\boldsymbol{B}}_1\\ \tilde{\boldsymbol{B}}_2\end{bmatrix}\boldsymbol{u}
$$

$$
\boldsymbol{y}=\begin{bmatrix}\tilde{\boldsymbol{C}}_1 & 0\end{bmatrix}\begin{bmatrix}\tilde{\boldsymbol{x}}_1\\ \tilde{\boldsymbol{x}}_2\end{bmatrix} \tag{3-32}
$$

系统矩阵为

$$
\tilde{\boldsymbol{A}}=\boldsymbol{T}_{\mathrm{o}}^{-1}\boldsymbol{A}\boldsymbol{T}_{\mathrm{o}}=\begin{bmatrix}\tilde{\boldsymbol{A}}_{11} & 0\\ \tilde{\boldsymbol{A}}_{21} & \tilde{\boldsymbol{A}}_{22}\end{bmatrix} \tag{3-33}
$$

$$
\tilde{\boldsymbol{B}}=\boldsymbol{T}_{\mathrm{o}}^{-1}\boldsymbol{B}=\begin{bmatrix}\tilde{\boldsymbol{B}}_1\\ \tilde{\boldsymbol{B}}_2\end{bmatrix} \tag{3-34}
$$

$$
\tilde{\boldsymbol{C}}=\boldsymbol{C}\boldsymbol{T}_{\mathrm{o}}=\begin{bmatrix}\tilde{\boldsymbol{C}}_1 & 0\end{bmatrix} \tag{3-35}
$$

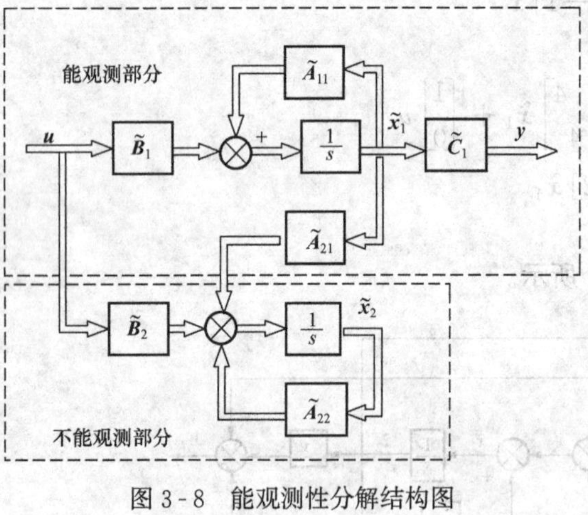

图 3-8　能观测性分解结构图

其中 k 维子系统是能观测的

$$
\dot{\tilde{\boldsymbol{x}}}_1=\tilde{\boldsymbol{A}}_{11}\tilde{\boldsymbol{x}}_1+\tilde{\boldsymbol{B}}_1 u
$$

$$
\boldsymbol{y}=\tilde{\boldsymbol{C}}_1\tilde{\boldsymbol{x}}_1
$$

$n-k$ 维子系统是不能观测的

$$
\dot{\tilde{\boldsymbol{x}}}_2=\tilde{\boldsymbol{A}}_{21}\tilde{\boldsymbol{x}}_1+\tilde{\boldsymbol{A}}_{22}\tilde{\boldsymbol{x}}_2
$$

其结构示意图如图 3-8 所示。

非奇异变换矩阵 $\boldsymbol{T}_{\mathrm{o}}^{-1}$ 的求法如下：

（a）从能观测性矩阵 $\boldsymbol{U}_{\mathrm{o}}=\begin{bmatrix}\boldsymbol{C}\\ \boldsymbol{C}\boldsymbol{A}\\ \vdots\\ \boldsymbol{C}\boldsymbol{A}^{n-1}\end{bmatrix}$ 中选择 k 个线性无关的行向量。

（b）将上面求得的行向量作为 $\boldsymbol{T}_{\mathrm{o}}^{-1}$ 的前 k 个行向量，在保证 $\boldsymbol{T}_{\mathrm{o}}^{-1}$ 为非奇异矩阵的条件下，另任意取 $n-k$ 个行向量构成 T_{o}^{-1}。

【例 3-21】　已知线性定常系统

$$
\dot{\boldsymbol{x}}=\begin{bmatrix}0 & 0 & -1\\ 1 & 0 & -3\\ 0 & 1 & -3\end{bmatrix}\boldsymbol{x}+\begin{bmatrix}1\\ 1\\ 0\end{bmatrix}u,\quad \boldsymbol{y}=\begin{bmatrix}0 & 1 & -2\end{bmatrix}\boldsymbol{x}
$$

试对其进行能观测性分解。

解　能观测性矩阵

$$
\boldsymbol{U}_{\mathrm{o}}=\begin{bmatrix}\boldsymbol{C}\\ \boldsymbol{C}\boldsymbol{A}\\ \boldsymbol{C}\boldsymbol{A}^2\end{bmatrix}=\begin{bmatrix}0 & 1 & -2\\ 1 & -2 & 3\\ -2 & 3 & -4\end{bmatrix}
$$

$\mathrm{rank}\boldsymbol{U}_{\mathrm{o}}=2=k<n$，故系统不完全能观测。系统的状态变量图如图 3-9 所示。

从 $\boldsymbol{U}_{\mathrm{o}}$ 中选择两行线性无关的行向量 $[0\quad 1\quad -2]$ 和 $[1\quad -2\quad 3]$ 作为 $\boldsymbol{T}_{\mathrm{o}}^{-1}$ 的前两行，再

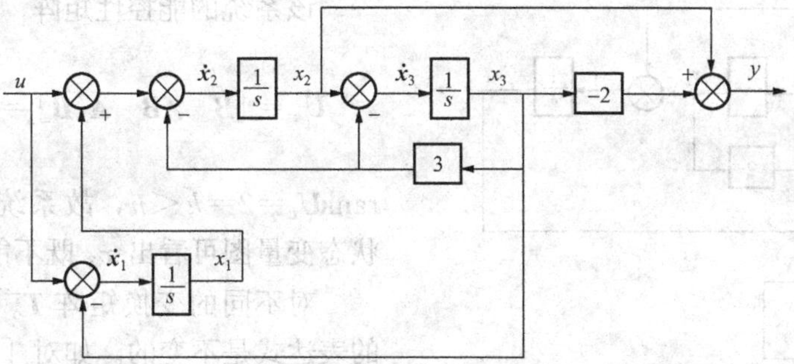

图 3-9　系统的状态变量图

任选一行向量 $[0\quad 0\quad 1]$ 与前面两行向量线性无关作为 $\boldsymbol{T}_o^{-1}$ 的第三行，则 $\boldsymbol{T}_o^{-1}$ 为

$$\boldsymbol{T}_o^{-1}=\begin{bmatrix}0 & 1 & -2\\ 1 & -2 & 3\\ 0 & 0 & 1\end{bmatrix}$$

其逆矩阵为

$$\boldsymbol{T}_o=\begin{bmatrix}2 & 1 & 1\\ 1 & 0 & 2\\ 0 & 0 & 1\end{bmatrix}$$

则

$$\widetilde{\boldsymbol{A}}=\boldsymbol{T}_o^{-1}\boldsymbol{A}\boldsymbol{T}_o=\begin{bmatrix}0 & 1 & -2\\ 1 & -2 & 3\\ 0 & 0 & 1\end{bmatrix}\begin{bmatrix}0 & 0 & -1\\ 1 & 0 & -3\\ 0 & 1 & -3\end{bmatrix}\begin{bmatrix}2 & 1 & 1\\ 1 & 0 & 2\\ 0 & 0 & 1\end{bmatrix}=\begin{bmatrix}0 & 1 & 0\\ -1 & -2 & 0\\ 0 & 0 & 1\end{bmatrix}$$

$$\widetilde{\boldsymbol{B}}=\boldsymbol{T}_o^{-1}\boldsymbol{B}=\begin{bmatrix}0 & 1 & -2\\ 1 & -2 & 3\\ 0 & 0 & 1\end{bmatrix}\begin{bmatrix}1\\ 1\\ 0\end{bmatrix}=\begin{bmatrix}1\\ -1\\ 0\end{bmatrix}$$

$$\widetilde{\boldsymbol{C}}=\boldsymbol{C}\boldsymbol{T}_o=[0\quad 1\quad -2]\begin{bmatrix}2 & 1 & 1\\ 1 & 0 & 2\\ 0 & 0 & 1\end{bmatrix}=[1\quad 0\quad 0]$$

从而，系统状态空间表达式为

$$\dot{\hat{\boldsymbol{x}}}=\begin{bmatrix}0 & 1 & 0\\ -1 & -2 & 0\\ 0 & 0 & 1\end{bmatrix}\boldsymbol{x}+\begin{bmatrix}1\\ -1\\ 0\end{bmatrix}\boldsymbol{u}$$

$$y=[1\quad 0\quad 0]\,\hat{x}$$

其中，二维子系统

$$\begin{cases}\dot{\hat{\boldsymbol{x}}}_1=\begin{bmatrix}0 & 1\\ -1 & -2\end{bmatrix}\hat{x}_1+\begin{bmatrix}1\\ -1\end{bmatrix}\boldsymbol{u}\\ \boldsymbol{y}=[1\quad 0]\,\hat{\boldsymbol{x}}_1\end{cases}$$

为能观测子系统。

结构分解后系统的状态变量图如图 3-10 所示。

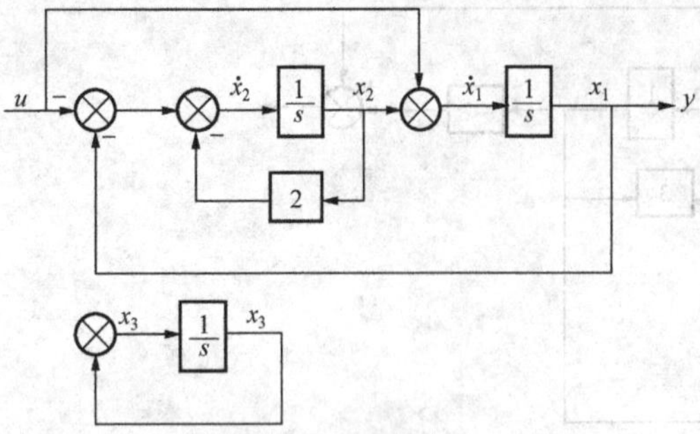

图 3-10 系统的状态变量图

该系统的能控性矩阵

$$\boldsymbol{U}_c=[\boldsymbol{B}\quad \boldsymbol{AB}\quad \boldsymbol{A}^2\boldsymbol{B}]=\begin{bmatrix}1 & 0 & -1\\ 1 & 1 & -3\\ 0 & 1 & -2\end{bmatrix}$$

$\operatorname{rank}\boldsymbol{U}_c=2=k<n$，故系统不完全能控。从状态变量图可看出 x_3 既不能控又不能观测。

对不同的变换矩阵 $\boldsymbol{T}_o^{-1}$，能观测子系统的表达式是不变的。如对［例 3-21］取

$$\boldsymbol{T}_o^{-1}=\begin{bmatrix}0 & 1 & -2\\ 1 & -2 & 3\\ 1 & 0 & 0\end{bmatrix}$$

则其逆矩阵

$$\boldsymbol{T}_o=\begin{bmatrix}0 & 0 & 1\\ -3 & -2 & 2\\ -2 & -1 & 1\end{bmatrix}$$

系统状态空间表达式为

$$\begin{aligned}\dot{\tilde{\boldsymbol{x}}}&=\boldsymbol{T}_o^{-1}\boldsymbol{A}\boldsymbol{T}_o\tilde{\boldsymbol{x}}+\boldsymbol{T}_o^{-1}\boldsymbol{B}u\\ &=\begin{bmatrix}0 & 1 & 0\\ -1 & -2 & 0\\ 2 & 1 & -1\end{bmatrix}\tilde{\boldsymbol{x}}+\begin{bmatrix}1\\ -1\\ 1\end{bmatrix}u\\ \boldsymbol{y}&=\boldsymbol{C}\boldsymbol{T}_o\tilde{\boldsymbol{x}}=[1\quad 0\quad 0]\tilde{\boldsymbol{x}}\end{aligned}$$

其能观测子系统同为

$$\begin{aligned}\dot{\tilde{\boldsymbol{x}}}_1&=\begin{bmatrix}0 & 1\\ -1 & -2\end{bmatrix}\tilde{\boldsymbol{x}}_1+\begin{bmatrix}1\\ -1\end{bmatrix}u\\ \boldsymbol{y}&=[1\quad 0]\tilde{\boldsymbol{x}}_1\end{aligned}$$

三、系统按能控性和能观测性分解

前面分别介绍了对于不完全能控系统和不完全能观测系统的结构分解，同理，对于既不完全能控又不完全能观测系统也可以通过某种非奇异变换，找到其既能控又能观测子系统。

设既不完全能控，又不完全能观测系统

$$\begin{cases}\dot{\boldsymbol{x}}=\boldsymbol{A}\boldsymbol{x}+\boldsymbol{B}\boldsymbol{u}\\ \boldsymbol{y}=\boldsymbol{C}\boldsymbol{x}\end{cases}\tag{3-36}$$

经过线性非奇异变换阵 $\boldsymbol{T}$，可将其化为下列形式

$$\dot{\boldsymbol{x}}=\begin{bmatrix}\tilde{\boldsymbol{A}}_{11} & 0 & \tilde{\boldsymbol{A}}_{13} & 0\\ \tilde{\boldsymbol{A}}_{21} & \tilde{\boldsymbol{A}}_{22} & \tilde{\boldsymbol{A}}_{23} & \tilde{\boldsymbol{A}}_{24}\\ 0 & 0 & \tilde{\boldsymbol{A}}_{33} & 0\\ 0 & 0 & \tilde{\boldsymbol{A}}_{43} & \tilde{\boldsymbol{A}}_{44}\end{bmatrix}\boldsymbol{x}+\begin{bmatrix}\tilde{\boldsymbol{B}}_1\\ \tilde{\boldsymbol{B}}_2\\ 0\\ 0\end{bmatrix}\boldsymbol{u}$$

$$y=[\tilde{\boldsymbol{C}}_1\quad 0\quad \tilde{\boldsymbol{C}}_3\quad 0]\boldsymbol{x}$$

可以看出，系统被分解为四个子系统：

(a) Σ_{co}：k_1 维子系统

$$\begin{cases}\dot{\tilde{\boldsymbol{x}}}_1=\tilde{\boldsymbol{A}}_{11}\tilde{\boldsymbol{x}}_1+\tilde{\boldsymbol{A}}_{13}\tilde{\boldsymbol{x}}_3+\tilde{\boldsymbol{B}}_1\boldsymbol{u}\\ y_1=\tilde{\boldsymbol{C}}_1\tilde{\boldsymbol{x}}_1\end{cases}$$

是能控能观测的。

(b) $\Sigma_{c\bar{o}}$：k_2 维子系统

$$\dot{\tilde{\boldsymbol{x}}}_2=\tilde{\boldsymbol{A}}_{21}\tilde{\boldsymbol{x}}_1+\tilde{\boldsymbol{A}}_{22}\tilde{\boldsymbol{x}}_2+\tilde{\boldsymbol{A}}_{23}\tilde{\boldsymbol{x}}_3+\tilde{\boldsymbol{A}}_{24}\tilde{\boldsymbol{x}}_4+\tilde{\boldsymbol{B}}_2\boldsymbol{u}$$

是能控但不能观测的。

(c) $\Sigma_{\bar{c}o}$：k_3 维子系统

$$\begin{cases}\dot{\tilde{\boldsymbol{x}}}_{31}=\tilde{\boldsymbol{A}}_{33}\tilde{\boldsymbol{x}}_3\\ \boldsymbol{y}_3=\tilde{\boldsymbol{C}}_3\tilde{\boldsymbol{x}}_3\end{cases}$$

是不能控但能观测的。

(d) $\Sigma_{\bar{c}\bar{o}}$：k_4 维子系统

$$\dot{\tilde{\boldsymbol{x}}}_4=\tilde{\boldsymbol{A}}_{43}\tilde{\boldsymbol{x}}_3+\tilde{\boldsymbol{A}}_{44}\tilde{\boldsymbol{x}}_4$$

是既不能控又不能观测的。

其结构示意图如图 3 - 11 所示。

系统能控性和能观测性分解的步骤如下：

(1) 先对系统进行能控性分解，即引入状态变换 $\boldsymbol{x}=\boldsymbol{T}_c\begin{bmatrix}\tilde{\boldsymbol{x}}_c\\ \tilde{\boldsymbol{x}}_{\bar{c}}\end{bmatrix}$，其中 $\tilde{\boldsymbol{x}}_c$ 为能控状态变量，$\tilde{\boldsymbol{x}}_{\bar{c}}$ 为不能控状态变量。

(2) 再对能控子系统进行能观测性分解，即引入状态变换 $\tilde{\boldsymbol{x}}_c=\boldsymbol{T}_{o1}\begin{bmatrix}\tilde{\boldsymbol{x}}_{co}\\ \tilde{\boldsymbol{x}}_{c\bar{o}}\end{bmatrix}$，其中 $\tilde{\boldsymbol{x}}_{co}$ 为能控且能观测状态变量，$\tilde{\boldsymbol{x}}_{c\bar{o}}$ 为能控但不能观测状态变量。

(3) 然后对不能控子系统进行能观测性分解，即引入状态变换 $\tilde{\boldsymbol{x}}_{\bar{c}}=\boldsymbol{T}_{o2}\begin{bmatrix}\tilde{\boldsymbol{x}}_{\bar{c}o}\\ \tilde{\boldsymbol{x}}_{\bar{c}\bar{o}}\end{bmatrix}$，其中 $\tilde{\boldsymbol{x}}_{\bar{c}o}$ 为不能控但能观测状态变量，$\tilde{\boldsymbol{x}}_{\bar{c}\bar{o}}$ 为既不能控又不能观测状态变量

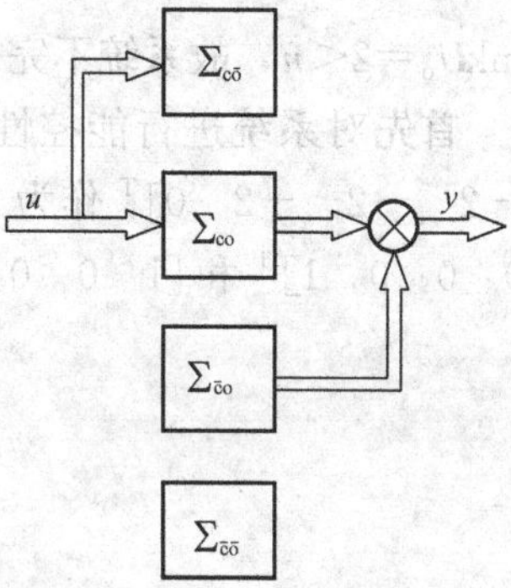

图 3 - 11　能控性和观测性分解结构图

(4) 写出状态变量关系

$$\boldsymbol{x}=\begin{bmatrix}\boldsymbol{T}_c\boldsymbol{T}_{o1} & & & 0\\ & \boldsymbol{T}_c\boldsymbol{T}_{o1} & & \\ & & \boldsymbol{T}_c\boldsymbol{T}_{o2} & \\ 0 & & & \boldsymbol{T}_c\boldsymbol{T}_{o2}\end{bmatrix}\begin{bmatrix}\boldsymbol{x}_{co}\\ \boldsymbol{x}_{c\bar{o}}\\ \boldsymbol{x}_{\bar{c}o}\\ \boldsymbol{x}_{\bar{c}\bar{o}}\end{bmatrix}\triangleq\boldsymbol{T}\begin{bmatrix}\boldsymbol{x}_{co}\\ \boldsymbol{x}_{c\bar{o}}\\ \boldsymbol{x}_{\bar{c}o}\\ \boldsymbol{x}_{\bar{c}\bar{o}}\end{bmatrix}$$

同理，也可先对系统进行能观测性结构分解，再分别对能观测部分及不能观测部分进行能控性结构分解，结论一致。

【例 3-22】 已知线性系统

$$\dot{\boldsymbol{x}}=\begin{bmatrix}-2&0&1&-1\\-4&-2&4&-4\\-4&0&3&-3\\0&0&0&1\end{bmatrix}\boldsymbol{x}+\begin{bmatrix}2\\1\\2\\0\end{bmatrix}u$$

$$y=[1\quad 1\quad -1\quad 2]\boldsymbol{x}$$

试求其能控且能观测子系统。

解 系统的能控性矩阵

$$\boldsymbol{U}_c=[\boldsymbol{B}\quad \boldsymbol{AB}\quad \boldsymbol{A}^2\boldsymbol{B}\quad \boldsymbol{A}^3\boldsymbol{B}]=\begin{bmatrix}2&-2&2&-2\\1&-2&4&-8\\2&-2&2&-2\\0&0&0&0\end{bmatrix}$$

$\mathrm{rank}\boldsymbol{U}_c=2<n$，故系统不完全能控。

系统的能观测性矩阵

$$\boldsymbol{U}_o=\begin{bmatrix}\boldsymbol{C}\\\boldsymbol{CA}\\\boldsymbol{CA}^2\\\boldsymbol{CA}^3\end{bmatrix}=\begin{bmatrix}1&1&-1&2\\-2&-2&2&0\\4&4&-4&4\\-8&-8&-8&-4\end{bmatrix}$$

$\mathrm{rank}\boldsymbol{U}_o=2<n$，故系统不完全能观测。

首先对系统进行能控性结构分解，取 $\boldsymbol{U}_c$ 中两列线性无关的列向量 $[2\quad 1\quad 2\quad 0]^T$ 和 $[-2\quad -2\quad -2\quad 0]^T$ 作为 $\boldsymbol{T}_c$ 的前两列，再在保持 $\boldsymbol{T}_c$ 非奇异的情况下取另外两列向量 $[0\quad 0\quad 0\quad 1]^T$ 和 $[1\quad 0\quad 0\quad 0]^T$ 作为 $\boldsymbol{T}_c$ 的后两列，则

$$\boldsymbol{T}_c=\begin{bmatrix}2&-2&0&1\\1&-2&0&0\\2&-2&0&0\\0&0&1&0\end{bmatrix}$$

其逆矩阵

$$\boldsymbol{T}_c^{-1}=\begin{bmatrix}0&-1&1&0\\0&-1&1/2&0\\0&0&0&1\\1&0&-1&0\end{bmatrix}$$

从而

$$\widetilde{\boldsymbol{A}}=\boldsymbol{T}_c^{-1}\boldsymbol{A}\boldsymbol{T}_c=\begin{bmatrix}0&-2&1&0\\1&-3&5/2&2\\0&0&1&0\\0&0&2&2\end{bmatrix}$$

$$\widetilde{\boldsymbol{B}}=\boldsymbol{T}_c^{-1}\boldsymbol{B}=\begin{bmatrix}1\\0\\0\\0\end{bmatrix}$$

$$\widetilde{C}=CT_c=[1\quad -2\quad 2\quad 1]$$

则能控子系统为

$$\dot{\widetilde{x}}_c=\begin{bmatrix}0 & -2\\1 & -3\end{bmatrix}\widetilde{x}_c+\begin{bmatrix}1\\0\end{bmatrix}u$$

$$y=[1\quad -2]\widetilde{x}_c$$

然后判断能控子系统是否完全能观测。能观测性矩阵为

$$\widetilde{U}_o=\begin{bmatrix}C\\CA\end{bmatrix}=\begin{bmatrix}1 & -2\\-2 & 4\end{bmatrix}$$

$\mathrm{rank}U_o=1<2$，故能控子系统不完全能观测。对能控子系统进行能观测性结构分解取

$$T_o^{-1}=\begin{bmatrix}1 & -2\\0 & 1\end{bmatrix}$$

其逆矩阵为

$$T_o=\begin{bmatrix}1 & 2\\0 & 1\end{bmatrix}$$

则

$$\widetilde{A}_c=T_o^{-1}AT_o=\begin{bmatrix}1 & -2\\0 & 1\end{bmatrix}\begin{bmatrix}0 & -2\\1 & -3\end{bmatrix}\begin{bmatrix}1 & 2\\0 & 1\end{bmatrix}=\begin{bmatrix}-2 & 0\\1 & -1\end{bmatrix}$$

$$\widetilde{B}_c=T_o^{-1}B=\begin{bmatrix}1 & -2\\0 & 1\end{bmatrix}\begin{bmatrix}1\\0\end{bmatrix}=\begin{bmatrix}1\\0\end{bmatrix}$$

$$\widetilde{C}_c=CT_o=[1\quad -2]\begin{bmatrix}1 & 2\\0 & 1\end{bmatrix}=[1\quad 0]$$

从而，既能控又能观测子系统为

$$\begin{cases}\dot{\widetilde{x}}_{co}=-2\widetilde{x}_{co}+u\\ y=\widetilde{x}_{co}\end{cases}$$

第六节　能控标准型和能观测标准型

由于状态变量选择的非唯一性，系统的状态空间表达式不是唯一的，若系统的状态空间表达式具有某种特定的形式，称这种形式的状态空间表达式为标准型。所谓能控标准型是指矩阵中的 A 和 B 表现为能控的标准形式，能观测标准型是指矩阵中的 A 和 B 表现为能观测的标准形式。本节仅讨论单输入/单输出系统的能控标准型和能观测标准型。

一、系统的能控标准型

1. 定义

设单输入/单输出系统的状态空间表达式

$$\begin{cases}\dot{x}=Ax+bu\\ y=cx\end{cases}$$

其中 c 为任意矩阵，若系统矩阵 A 和控制矩阵 b 分别为

$$\boldsymbol{A}=\begin{bmatrix}0 & 1 & 0 & \cdots & 0\\ 0 & 0 & 1 & \cdots & 0\\ \vdots & \vdots & \vdots & \ddots & \vdots\\ 0 & 0 & 0 & 0 & 1\\ -a_n & -a_{n-1} & \cdots & \cdots & -a_1\end{bmatrix},\quad \boldsymbol{b}=\begin{bmatrix}0\\ 0\\ \vdots\\ 1\end{bmatrix} \tag{3-37}$$

这是状态空间表达式的能控标准型。

2. 能控标准型变换

设线性定常系统的状态方程为

$$\dot{\boldsymbol{x}}=\boldsymbol{A}\boldsymbol{x}+\boldsymbol{b}u \tag{3-38}$$

如果此系统能控，则其能控形矩阵 $\boldsymbol{U}_{\mathrm{c}}=[\boldsymbol{b}\quad \boldsymbol{A}\boldsymbol{b}\quad \cdots\quad \boldsymbol{A}^{n-1}\boldsymbol{b}]$ 为非奇异，那么必存在一非奇异变换

$$\tilde{\boldsymbol{x}}=\boldsymbol{P}\boldsymbol{x}\qquad 或 \qquad \boldsymbol{x}=\boldsymbol{P}^{-1}\tilde{\boldsymbol{x}} \tag{3-39}$$

可将式（3-37）变换成能控标准型

$$\dot{\tilde{\boldsymbol{x}}}=\boldsymbol{A}_{\mathrm{c}}\tilde{\boldsymbol{x}}+\boldsymbol{b}_{\mathrm{c}}u \tag{3-40}$$

式中

$$\boldsymbol{A}_{\mathrm{c}}=\begin{bmatrix}0 & 1 & 0 & \cdots & 0\\ 0 & 0 & 1 & \cdots & 0\\ \vdots & \vdots & \vdots & \ddots & \vdots\\ 0 & 0 & 0 & 0 & 1\\ -a_n & -a_{n-1} & \cdots & \cdots & -a_1\end{bmatrix},\quad \boldsymbol{b}_{\mathrm{c}}=\begin{bmatrix}0\\ 0\\ \vdots\\ 1\end{bmatrix}$$

线性变换矩阵 $\boldsymbol{P}$ 由下式确定

$$\boldsymbol{P}=\begin{bmatrix}\boldsymbol{p}_1\\ \boldsymbol{p}_1\boldsymbol{A}\\ \vdots\\ \boldsymbol{p}_1\boldsymbol{A}^{n-1}\end{bmatrix} \tag{3-41}$$

其中

$$\boldsymbol{p}_1=[0\quad 0\quad \cdots\quad 0]\,[\boldsymbol{b}\quad \boldsymbol{A}\boldsymbol{b}\quad \cdots\quad \boldsymbol{A}^{n-1}\boldsymbol{b}]^{-1} \tag{3-42}$$

证明：将式（3-38）代入式（3-37）得

$$\dot{\tilde{\boldsymbol{x}}}=\boldsymbol{P}\boldsymbol{A}\boldsymbol{P}^{-1}\tilde{\boldsymbol{x}}+\boldsymbol{P}\boldsymbol{b}u$$

假设下列等式成立

$$\boldsymbol{P}\boldsymbol{A}\boldsymbol{P}^{-1}=\begin{bmatrix}0 & 1 & 0 & 0 & 0\\ 0 & 0 & 1 & 0 & 0\\ \vdots & \vdots & \vdots & \vdots & \vdots\\ 0 & 0 & 0 & 0 & 1\\ -a_n & -a_{n-1} & -a_{n-1} & \cdots & -a_1\end{bmatrix},\quad \boldsymbol{P}\boldsymbol{b}=\begin{bmatrix}0\\ 0\\ \vdots\\ 1\end{bmatrix} \tag{3-43}$$

令

$$\boldsymbol{P}=\begin{bmatrix}\boldsymbol{p}_1\\ \boldsymbol{p}_2\\ \vdots\\ \boldsymbol{p}_n\end{bmatrix}$$

用 $\boldsymbol{P}$ 右乘式（3-43）得

$$\boldsymbol{PA}=\begin{bmatrix}0 & 1 & 0 & 0 & 0\\ 0 & 0 & 1 & 0 & 0\\ \vdots & \vdots & \vdots & \ddots & \vdots\\ 0 & 0 & 0 & 0 & 1\\ -a_n & -a_{n-1} & -a_{n-1} & \cdots & -a_1\end{bmatrix}\begin{bmatrix}\boldsymbol{p}_1\\ \boldsymbol{p}_2\\ \vdots\\ \boldsymbol{p}_n\end{bmatrix}$$

即

$$\begin{bmatrix}\boldsymbol{p}_1\boldsymbol{A}\\ \boldsymbol{p}_2\boldsymbol{A}\\ \vdots\\ \boldsymbol{p}_{n-1}\boldsymbol{A}\\ \boldsymbol{p}_n\boldsymbol{A}\end{bmatrix}=\begin{bmatrix}0 & 1 & 0 & 0 & 0\\ 0 & 0 & 1 & 0 & 0\\ \vdots & \vdots & \vdots & \ddots & 0\\ 0 & 0 & 0 & 0 & 1\\ -a_n & -a_{n-1} & -a_{n-1} & \cdots & -a_1\end{bmatrix}\begin{bmatrix}\boldsymbol{p}_1\\ \boldsymbol{p}_2\\ \vdots\\ \boldsymbol{p}_{n-1}\\ \boldsymbol{p}_n\end{bmatrix}$$

从而

$$\begin{cases}\boldsymbol{p}_1\boldsymbol{A}=\boldsymbol{p}_2\\ \boldsymbol{p}_2\boldsymbol{A}=\boldsymbol{p}_3=\boldsymbol{p}_1\boldsymbol{A}^2\\ \quad\vdots\\ \boldsymbol{p}_{n-1}\boldsymbol{A}=\boldsymbol{p}_n=\boldsymbol{p}_1\boldsymbol{A}^{n-1}\end{cases}$$

则

$$\boldsymbol{P}=\begin{bmatrix}\boldsymbol{p}_1\\ \boldsymbol{p}_2\\ \vdots\\ \boldsymbol{p}_n\end{bmatrix}=\begin{bmatrix}\boldsymbol{p}_1\\ \boldsymbol{p}_1\boldsymbol{A}\\ \vdots\\ \boldsymbol{p}_1\boldsymbol{A}^{n-1}\end{bmatrix}\tag{3-44}$$

由式（3-44）得

$$\boldsymbol{Pb}=\begin{bmatrix}\boldsymbol{p}_1\boldsymbol{b}\\ \boldsymbol{p}_1\boldsymbol{Ab}\\ \vdots\\ \boldsymbol{p}_1\boldsymbol{A}^{n-1}\boldsymbol{b}\end{bmatrix}=\begin{bmatrix}0\\ 0\\ \vdots\\ 1\end{bmatrix}$$

则

$$\boldsymbol{p}_1[\boldsymbol{b}\quad \boldsymbol{Ab}\quad \cdots\quad \boldsymbol{A}^{n-1}\boldsymbol{b}]=[0\quad 0\quad \cdots\quad 1]$$

故

$$\boldsymbol{p}_1=[0\quad 0\quad \cdots\quad 1]\,[\boldsymbol{b}\quad \boldsymbol{Ab}\quad \cdots\quad \boldsymbol{A}^{n-1}\boldsymbol{b}]^{-1}$$

$\boldsymbol{p}_1$ 确定后，再由式（3-43）确定变换矩阵 $\boldsymbol{P}$。

【例 3-23】　设线性定常系统为

$$\dot{\boldsymbol{x}}=\begin{bmatrix}1 & -2\\ 3 & 4\end{bmatrix}\boldsymbol{x}+\begin{bmatrix}1\\ 1\end{bmatrix}u$$

试将其化成能控标准型。

解　能控性矩阵

$$\boldsymbol{U}_c=[\boldsymbol{b}\quad \boldsymbol{Ab}]=\begin{bmatrix}1 & -1\\ 1 & 7\end{bmatrix}$$

因为 $\mathrm{rank}\boldsymbol{U}_c=2=n$，所以系统完全能控。

其逆矩阵

$$U_c^{-1}=\begin{bmatrix}1 & -1\\1 & 7\end{bmatrix}^{-1}=\begin{bmatrix}7/8 & 1/8\\-1/8 & 1/8\end{bmatrix}$$

从而
$$p_1=[-1/8\quad 1/8]$$

则
$$P=\begin{bmatrix}p_1\\p_1A\end{bmatrix}=\begin{bmatrix}-1/8 & 1/8\\1/4 & 3/4\end{bmatrix}$$

其逆矩阵为
$$P^{-1}=\begin{bmatrix}-6 & 1\\2 & 1\end{bmatrix}$$

$$\widetilde{A}_c=PAP^{-1}=\begin{bmatrix}-1/8 & 1/8\\1/4 & 3/4\end{bmatrix}\begin{bmatrix}1 & -2\\3 & 4\end{bmatrix}\begin{bmatrix}-6 & 1\\2 & 1\end{bmatrix}=\begin{bmatrix}0 & 1\\-10 & 5\end{bmatrix}$$

$$\widetilde{b}_c=Pb=\begin{bmatrix}-1/8 & 1/8\\1/4 & 3/4\end{bmatrix}\begin{bmatrix}1\\1\end{bmatrix}=\begin{bmatrix}0\\1\end{bmatrix}$$

所以
$$\dot{\widetilde{x}}=\begin{bmatrix}0 & 1\\-10 & 5\end{bmatrix}\widetilde{x}+\begin{bmatrix}0\\1\end{bmatrix}u$$

二、单输出系统的能观测标准型

1. 定义

设单输入/单输出系统状态空间表达式为

$$\begin{cases}\dot{x}=Ax+bu\\y=cx\end{cases}$$

式中 b 为任意向量，若系统矩阵 A 和输出矩阵 c 分别为

$$A=\begin{bmatrix}0 & 0 & \cdots & 0 & -a_n\\1 & 0 & \cdots & 0 & -a_{n-1}\\0 & 1 & \cdots & 0 & -a_{n-2}\\\vdots & \vdots & \ddots & \vdots & \vdots\\0 & 0 & \cdots & 1 & -a_1\end{bmatrix}\tag{3-45}$$

$$c=[0\quad\cdots\quad 0\quad 1]$$

则称式（3-45）为能观测标准型。

2. 能观测标准型变换

设线性定常系统的状态空间表达式为

$$\begin{cases}\dot{x}=Ax+bu\\y=cx\end{cases}\tag{3-46}$$

如果系统是能观测的则其观测性矩阵是非奇异的，即

$$U_o=\begin{bmatrix}c\\cA\\\vdots\\cA^{n-1}\end{bmatrix}$$

那么必然存在一非奇异变换

$$x=T\widetilde{x}\quad 或\quad \widetilde{x}=T^{-1}x$$

能将系统变换为能观测标准型

$$\begin{cases}\dot{x}=A_{o}\tilde{x}+b_{o}u\\ y=c_{o}x\end{cases}$$

式中

$$A_{o}=\begin{bmatrix}0&0&\cdots&0&-a_{n}\\1&0&\cdots&0&-a_{n-1}\\0&1&\ddots&0&-a_{n-2}\\\vdots&\vdots&\cdots&\vdots&\vdots\\0&0&\cdots&1&-a_{1}\end{bmatrix}$$

$$c_{o}=[0\quad 0\quad\cdots\quad 0\quad 1]$$

变换矩阵 T 为

$$T=[T_1\quad AT_1\quad\cdots\quad A^{n-1}T_1]\tag{3-47}$$

其中

$$T_1=\begin{bmatrix}c\\cA\\\vdots\\cA^{n-1}\end{bmatrix}^{-1}\begin{bmatrix}0\\0\\\vdots\\1\end{bmatrix}$$

即 T_1 为能观测性矩阵的逆矩阵的最后一列。T_1 确定后，再由式（3-47）确定变换矩阵 T。

【例 3-24】 设线性定常系统为

$$\dot{x}=\begin{bmatrix}1&0\\-2&4\end{bmatrix}x+\begin{bmatrix}2\\1\end{bmatrix}u$$

$$y=[-1\quad 1]x$$

试将它转化为能观测标准型。

解 能观测性矩阵

$$U_{o}=\begin{bmatrix}c\\cA\end{bmatrix}=\begin{bmatrix}-1&1\\-3&4\end{bmatrix}$$

满秩。

其逆矩阵为

$$U_{o}^{-1}=\begin{bmatrix}-4&1\\-3&1\end{bmatrix}$$

取

$$T_1=\begin{bmatrix}1\\1\end{bmatrix}$$

则

$$T=[T_1\quad AT_1]=\begin{bmatrix}1&1\\1&2\end{bmatrix}$$

其逆矩阵为

$$T^{-1}=\begin{bmatrix}2&-1\\-1&1\end{bmatrix}$$

$$\tilde{A}=T^{-1}AT=\begin{bmatrix}2&-1\\-1&1\end{bmatrix}\begin{bmatrix}1&0\\-2&4\end{bmatrix}\begin{bmatrix}1&1\\1&2\end{bmatrix}=\begin{bmatrix}0&-4\\1&5\end{bmatrix}$$

$$\tilde{c}=cT=[-1\quad 1]\begin{bmatrix}1&1\\1&2\end{bmatrix}=[0\quad 1]$$

$$\tilde{b}=T^{-1}b=\begin{bmatrix}2&-1\\-1&1\end{bmatrix}\begin{bmatrix}2\\1\end{bmatrix}=\begin{bmatrix}3\\-1\end{bmatrix}$$

则系统的能观测标准型为

$$\begin{cases}\dot{\tilde{x}}=\begin{bmatrix}0 & -4\\1 & 5\end{bmatrix}\tilde{x}+\begin{bmatrix}3\\-1\end{bmatrix}u\\ y=\begin{bmatrix}0 & 1\end{bmatrix}\tilde{x}\end{cases}$$

第七节　MATLAB 用于能控性能观测性分析

一、判断系统的能控能观性

利用 rank( ) 函数求解矩阵的秩，inv( ) 函数求矩阵的逆，从而判别系统的能控能观性。

【例 3-25】　试判别系统

$$\dot{x}=\begin{bmatrix}1 & 2 & 1\\0 & 1 & 0\\1 & 0 & 3\end{bmatrix}x+\begin{bmatrix}1 & 0\\0 & 1\\0 & 0\end{bmatrix}u$$

的能控性。

解　MATLAB 程序如下：

```
A =[1  2  1;  0  1  0;  1  0  3]
B =[1  0; 0  1; 0  0]
U=[ B  A*B  A*A*B]
r = rank(U)
```

运行结果 r =3，系统完全能控。

【例 3-26】　试判别系统

$$\begin{bmatrix}\dot{x}_1\\\dot{x}_2\end{bmatrix}=\begin{bmatrix}-4 & 5\\1 & 0\end{bmatrix}\begin{bmatrix}x_1\\x_2\end{bmatrix}+\begin{bmatrix}1\\0\end{bmatrix}u$$

$$y=\begin{bmatrix}1 & -1\end{bmatrix}\begin{bmatrix}x_1\\x_2\end{bmatrix}$$

的能观测性。

解　MATLAB 程序如下：

```
A=[-4  5;1  0]
C=[1  -1]
U=[ C;C*A]
r = rank(U)
```

运行结果：r=1，系统不完全可观。

【例 3-27】　试判别离散系统

$$x(k+1)=\begin{bmatrix}1 & 2 & 1\\1 & 0 & 2\\0 & 1 & 0\end{bmatrix}x(k)+\begin{bmatrix}1 & 0\\0 & 0\\0 & 1\end{bmatrix}u(k)$$

的能控性。

解　MATLAB 程序如下：

```
A=[1  2  1;1  0  2;0  1  0]
B=[1  0;0  0;0  1]
U=[ B  A*B  A*A*B]
r = rank(U)
```

运行结果 r = 3，该离散系统能控。

【例 3-28】 试判别系统

$$x(k+1)=\begin{bmatrix}2 & 0 & 3\\ -1 & -2 & 0\\ 0 & 1 & 2\end{bmatrix}x(k)$$

$$y(k)=\begin{bmatrix}1 & 0 & 0\\ 0 & 1 & 0\end{bmatrix}x(k)$$

的能观测性。

解 MATLAB 程序如下：

```
A=[2  0  3;-1  -2  0;0  1  2]
C=[1  0  0;0  1  0]
U=[C;C*A;C*A*A]
r = rank(U)
```

运行结果：r=3，系统完全能观测。

二、求解系统的能控标准型

首先判断系统是否能控，如果系统能控，取能控性矩阵逆的最后一行作为 P_1，从而求得系统的能控标准型。

【例 3-29】 设线性定常系统为

$$\dot{x}=\begin{bmatrix}1 & 0 & 2\\ 2 & 1 & 1\\ 1 & 0 & -2\end{bmatrix}x+\begin{bmatrix}1\\ 2\\ 1\end{bmatrix}u$$

试将其化成能控标准型。

解 MATLAB 程序如下：

```
A=[1  0  2;2  1  1;1  0  -2]
B=[1;2;1]
U=[B  A*B  A*A*B]
r=rank(U)                    %------运行结果 r=3，故系统可控。
INVU=inv(U)
P1=INVU(3,1:3)
P =[P1;P1*A;P1*A*A]
INVP=inv(P)
Ac=P*A*INVP
Bc=P*B
```

运行结果：

```
Ac =
```

```
        0     1     0
        0     0     1
       -4     5     0
Bc =
        0
        0
        1
```

三、结构分解

【例 3-30】 试将线性定常系统

$$\dot{x}=\begin{bmatrix}1 & 2 & -1\\0 & 1 & 0\\1 & -4 & 3\end{bmatrix}x+\begin{bmatrix}0\\0\\1\end{bmatrix}u$$

$$y=[1 \quad -1 \quad 1]x$$

进行能控性结构分解。

解 MATLAB 程序如下：

```
A = [1  2  -1; 0  1  0;1  -4  3]
B = [0;0;1]
C = [1  -1  1]
Uc = [B  A*B  A*A*B]
r = rank(Uc)                    %---运行结果 r = 2，系统不完全可控
Tc1 = Uc(1:3,1:2)
Tc2 = [0; 1; 0]                 %Tc2 选取与 Tc1 列无关
Tc = [Tc1 Tc2]
INVTc = inv(Tc)
Ac = INVTc * A * Tc
Bc = INVTc * B
Cc = C * Tc
```

运行结果：

```
Ac =
0     -4     2
1      4    -2
0      0     1
Bc =
1
0
0
Cc =
1      2     -1
```

【例 3-31】 试将线性定常系统

$$\dot{\boldsymbol{x}}=\begin{bmatrix}0&0&-1\\1&0&-3\\0&1&-3\end{bmatrix}x+\begin{bmatrix}1\\1\\0\end{bmatrix}u$$

$$y=\begin{bmatrix}0&1&-2\end{bmatrix}\boldsymbol{x}$$

进行能观测性结构分解。

解 MATLAB程序如下：

```
A=[0  0  -1; 1  0  -3;0  1  -3]
B=[1;1;0]
C=[0  1  -2]
Uo=[C;C*A;C*A*A]
r =rank(Uo)                    %运行结果 r=2,系统不完全可观测
INVTo1=Uo(1:2,1:3)
INVTo2=[0  0  1]               %INVTo2 的选取必须与 INVTo1 的行无关
  INVTo=[INVTo1;INVTo2]
To=inv(INVTo)
Ao=INVTo*A*To
Bo=INVTo*B
Co=C*To
```

运行结果：

```
Ao =
0     1     0
-1    -2    0
1     0     -1

Bo =
1
-1
0
Co =
1     0     0
```

四、求解能控且能观测子系统

【例 3-32】 已知线性系统

$$\dot{\boldsymbol{x}}=\begin{bmatrix}-2&0&1&-1\\-4&-2&4&-4\\-4&0&3&-3\\0&0&0&1\end{bmatrix}\boldsymbol{x}+\begin{bmatrix}2\\1\\2\\0\end{bmatrix}u$$

$$y=\begin{bmatrix}1&1&-1&2\end{bmatrix}\boldsymbol{x}$$

试求其能控且能观测子系统。

解 键入`A=[-2 0 1-1;-4-2 4-4;-4 0 3-3;0 0 0 1]`

```
B=[2;1;2;0]
C=[1 1-1 2]
Uc=[B  A*B  A*A*B  A*A*A*B]
Rc=rank(Uc)                    %运行结果 Rc=2,系统不完全可控
Uo=[C;C*A;C*A*A;C*A*A*A]
Ro=rank(Uo)                    %运行结果 Ro=2,系统不完全能观测
Tc1=Uc(1:4,1:2)
Tc2=[0 1;0 0;0 0;1 0]
Tc=[Tc1 Tc2]
INVTc=inv(Tc)
Ac=INVTc*A*Tc
Bc=INVTc*B
Cc=C*Tc
Ac1=Ac(1:2,1:2)
Bc1=Bc(1:2,:)
Cc1=Cc(:,1:2)
Uco=[Cc1;Cc1*Ac1]
Rco=rank(Uco)                  %运行结果 Rco=1,此能控子系统不可观测
To=[1-2;0 1]
INVTo=inv(To)
Aco=INVTo*Ac1*To
Bco=INVTo*Bc1
Cco=Cc1*To
```

运行结果：

```
Aco=
   -2     0
    1    -1
Bco=
    1
    0
Cco=
    1     0
```

习　题

3-1　试判别下列系统的状态能控性。

(1) $\dot{\boldsymbol{x}}(t)=\begin{bmatrix}1 & 1\\0 & -1\end{bmatrix}\boldsymbol{x}(t)+\begin{bmatrix}1\\0\end{bmatrix}u(t)$

(2) $\dot{\boldsymbol{x}}(t)=\begin{bmatrix}1 & 0\\ -1 & 2\end{bmatrix}\boldsymbol{x}(t)+\begin{bmatrix}1\\ 0\end{bmatrix}u(t)$

(3) $\dot{\boldsymbol{x}}(t)=\begin{bmatrix}-3 & 1 & 0\\ 0 & -3 & 0\\ 0 & 0 & -1\end{bmatrix}\boldsymbol{x}(t)+\begin{bmatrix}1 & -1\\ 0 & 0\\ 3 & 0\end{bmatrix}\boldsymbol{u}(t)$

3-2 试判别下列系统的能观性。

(1) $\dot{\boldsymbol{x}}(t)=\begin{bmatrix}1 & 1\\ 1 & 0\end{bmatrix}\boldsymbol{x}(t)$

$y(t)=[1 \quad 1]\boldsymbol{x}(t)$

(2) $\dot{\boldsymbol{x}}(t)=\begin{bmatrix}-2 & 2 & -1\\ 0 & -2 & 0\\ 1 & -4 & 0\end{bmatrix}\boldsymbol{x}(t)$

$y(t)=[1 \quad -1 \quad 1]\boldsymbol{x}(t)$

(3) $\dot{\boldsymbol{x}}(t)=\begin{bmatrix}-4 & 0 & 0\\ 0 & -4 & 0\\ 0 & 0 & 1\end{bmatrix}\boldsymbol{x}(t)$

$y(t)=[1 \quad 1 \quad 4]\boldsymbol{x}(t)$

3-3 已知系统的状态方程为

$$\dot{\boldsymbol{x}}(t)=\begin{bmatrix}a & 1\\ -1 & b\end{bmatrix}\boldsymbol{x}(t)+\begin{bmatrix}b\\ -1\end{bmatrix}u(t)$$

试求系统状态完全能控时，系数 a 和 b 的关系。

3-4 已知系统的状态空间表达式为

$$\dot{\boldsymbol{x}}(t)=\begin{bmatrix}a & 1\\ 0 & b\end{bmatrix}\boldsymbol{x}(t)+\begin{bmatrix}1\\ 1\end{bmatrix}u(t)$$

$$y(t)=[1 \quad -1]\boldsymbol{x}(t)$$

试求系统状态完全能控且能观时，系数 a、b。

3-5 求下列矩阵的约当型和变换矩阵。

(1) $\begin{bmatrix}0 & 1 & 0\\ 0 & 0 & 1\\ 2 & 3 & 0\end{bmatrix}$；(2) $\begin{bmatrix}3 & 1 & -1\\ 1 & 2 & -1\\ 2 & 1 & 0\end{bmatrix}$；(3) $\begin{bmatrix}0 & 1 & 0\\ 0 & 0 & 1\\ -6 & -11 & -6\end{bmatrix}$

3-6 已知系统的微分方程为

$$\dddot{y}+5\ddot{y}+6\dot{y}+5y=u$$

试求：

(1) 对偶系统的状态空间表达式；

(2) 对偶系统的传递函数。

3-7 两个子系统Σ_1 和Σ_2：

Σ_1 $\quad \boldsymbol{A}_1=\begin{bmatrix}0 & 1\\ -3 & 4\end{bmatrix}$； $\boldsymbol{B}_1=\begin{bmatrix}0\\ 1\end{bmatrix}$； $\boldsymbol{C}_1=[2 \quad 1]$

Σ_2 $\quad \boldsymbol{A}_1=-1$； $\boldsymbol{B}_1=1$； $\boldsymbol{C}_1=1$

试完成：

(1) 求出串联后系统的状态空间表达式。传递函数；

(2) 判别串联后系统的能控性、能观测性；

(3) 求并联后系统的状态空间表达式。传递函数；

(4) 判别并联后系统的能控性、能观测性。

3-8　已知系统的状态方程为

$$\dot{x}(t)=\begin{bmatrix}-1 & 0\\ -1 & -2\end{bmatrix}x(t)+\begin{bmatrix}1\\ 1\end{bmatrix}u(t)$$

试求出系统的能控标准型。

3-9　已知系统的状态空间表达式为

$$\dot{\boldsymbol{x}}(t)=\begin{bmatrix}-2 & 2\\ 0 & -4\end{bmatrix}\boldsymbol{x}(t)$$

$$y(t)=[-1\quad 1]\,\boldsymbol{x}(t)$$

试求出系统的能观测标准型。

3-10　已知系统的状态空间表达式为

$$\dot{\boldsymbol{x}}(t)=\begin{bmatrix}1 & 0 & 0\\ 2 & 0 & 3\\ -2 & 0 & 1\end{bmatrix}\boldsymbol{x}(t)+\begin{bmatrix}1\\ 2\\ -2\end{bmatrix}\boldsymbol{u}(t)$$

$$y(t)=[1\quad 0\quad 1]\,\boldsymbol{x}(t)$$

试完成：

(1) 对系统进行能控性结构分解；

(2) 对系统进行能观测性结构分解。

3-11　已知系统的状态空间表达式为

$$\dot{\boldsymbol{x}}(t)=\begin{bmatrix}-2 & 2 & -1\\ 0 & -2 & 0\\ 1 & -4 & 0\end{bmatrix}\boldsymbol{x}(t)+\begin{bmatrix}0\\ 0\\ 1\end{bmatrix}u(t)$$

$$y(t)=[1\quad -1\quad 1]\,\boldsymbol{x}(t)$$

采用 $\widetilde{\boldsymbol{x}}(t)=\boldsymbol{T}^{-1}\boldsymbol{x}(t)$ 变换，试完成：

(1) 找出能控能观测的状态变量，表示为 x_1、x_2 和 x_3 的组合形式；

(2) 找出不能控但能观测的状态变量，表示为 x_1、x_2 和 x_3 的组合形式。

第四章 控制系统的稳定性分析

自动控制系统最重要的特性是稳定性，它表示系统能妥善地保持预定工作状态，耐受各种不利因素的影响。稳定性问题实质上是控制系统自身属性的问题。在经典控制理论中，对于单输入/单输出线性定常系统，应用 Routh 判据、Hurwitz 判据、根轨迹判据、Nyquist 判据以及对数频率判据等，不仅可以判定系统是否稳定，而且还能确定改善系统稳定性的方向。上述方法都是以分析系统特征方程的根在复平面上的分布为基础，但是对于非线性系统和时变系统，这些判据就不再适用了。

1892 年，俄国数学家李雅普诺夫（Ляпунов）在《运动稳定性一般问题》一文中，提出了著名的李雅普诺夫稳定性理论。该理论作为稳定性判据的通用方法，适用于各类系统，只是过去的控制系统在结构上相对来说比较简单，采用前面所提的一些稳定判据已能解决问题，因此在相当长的时间里没有受到人们的重视。20 世纪 60 年代以后，状态空间分析法理论迅速发展，致使李雅普诺夫理论重新为人们所重视，而且有了许多卓有成效的结果，并成为现代控制理论的一个重要组成部分。

李雅普诺夫稳定性理论，主要阐述了判断系统稳定性的两种方法：①李雅普诺夫第一法是通过求解系统微分方程，根据解的性质来判定系统的稳定性。它的思路和分析方法与经典理论基本一致。②李雅普诺夫第二法不需要求解系统方程，而是通过李雅普诺夫函数（标量函数）来直接判定系统的稳定性。因此，它特别适用于那些难以求解的非线性系统和时变系统。本章重点研究李雅普诺夫第二法关于稳定性分析的理论和应用。

李雅普诺夫第二法除了可以对系统进行稳定性分析外，还可以对系统动态响应的质量进行评价并求解参数最优化问题。在现代控制理论的最优系统设计、最优估值、最优滤波以及自适应控制系统设计等许多方面，李雅普诺夫理论都得到了广泛应用。

第一节 李雅普诺夫稳定性定义

在经典控制理论中，线性系统的稳定性是系统的固有属性，仅由系统的结构和参数决定，与系统的初始条件及外界扰动的大小无关。但是，非线性系统的稳定性则与初始条件及外界扰动的大小有关，因此经典控制理论中不能给出稳定性的一般定义。

李雅普诺夫给出了普遍适用的稳定性的一般定义。李雅普诺夫方法是一种既能够适用于线性系统，又能够适用于非线性系统以及时变系统稳定性分析的方法。

先考察系统的自由运动。设输入为零时，某系统的齐次状态方程为

$$\dot{\boldsymbol{x}} = f(\boldsymbol{x}, t) \tag{4-1}$$

式中：$\boldsymbol{x}$ 为 n 维状态向量；f 是 $\boldsymbol{x}$ 的各元素 $\boldsymbol{x}_i$ 和时间 t 的 n 维函数，一般为时变非线性函数，如果不显含 t，则为定常的非线性函数。

若方程（4-1）在给定初始条件（$\boldsymbol{x}_0$，t_0）下，有唯一解为

$$x = \boldsymbol{\Phi}(t, \boldsymbol{x}_0, t_0) \tag{4-2}$$

则式（4-2）表明了方程（4-1）所示系统在 n 维状态空间中，由给定初始条件（$\boldsymbol{x}_0$，t_0）出发的一条状态轨迹或状态轨线。

若方程（4-1）所示系统存在状态向量 $\boldsymbol{x}_e$，对所有 t，都满足

$$f[\boldsymbol{x}_e,\ t]\equiv 0 \tag{4-3}$$

则称 $\boldsymbol{x}_e$ 为该系统的平衡状态。

并非任意一个系统都存在平衡状态，如果存在，就未必是唯一的。

对于某线性定常系统

$$\dot{\boldsymbol{x}}=f(x,\ t)=\boldsymbol{A}\boldsymbol{x} \tag{4-4}$$

易知 $\boldsymbol{A}$ 为非奇异矩阵时，满足 $\boldsymbol{A}\boldsymbol{x}_e\equiv 0$ 的解 $\boldsymbol{x}_e=0$ 是系统唯一存在的一个平衡状态；而当 $\boldsymbol{A}$ 为奇异矩阵时，则系统会有无穷多个平衡状态。

一般非线性系统可有多个平衡状态，它们是由方程式（4-3）所确定的常值解。

对于某非线性系统

$$\dot{x}_1=-x_1$$
$$\dot{x}_2=x_1+x_2-x_2^2$$

其平衡状态应满足

$$\begin{cases}-x_1=0\\ x_1+x_2-x_2{}^2=0\end{cases}$$

该系统共有三个平衡状态

$$\boldsymbol{x}_{e1}=\begin{bmatrix}0\\0\end{bmatrix},\ \boldsymbol{x}_{e2}=\begin{bmatrix}0\\1\end{bmatrix},\ \boldsymbol{x}_{e3}=\begin{bmatrix}0\\-1\end{bmatrix}$$

由于可以通过坐标变换将已知的平衡状态平移到坐标原点 $\boldsymbol{x}_e=0$ 处，所以一般只讨论系统在坐标原点处的稳定性。

因为系统的稳定性问题是相对于某个平衡状态而言的、不同的平衡点可能表现出不同的稳定性，因此必须分别进行全面、具体的讨论。

用 $\|\boldsymbol{x}-\boldsymbol{x}_e\|$ 表示状态向量 $\boldsymbol{x}$ 与平衡状态 $\boldsymbol{x}_e$ 的距离，用点集 $s(\varepsilon)$ 表示以 $\boldsymbol{x}_e$ 为中心，以 ε 为半径的超球体，$\boldsymbol{x}\in \boldsymbol{s}(\varepsilon)$，有

$$\|\boldsymbol{x}-\boldsymbol{x}_e\|\leqslant\varepsilon \tag{4-5}$$

式中：$\|\boldsymbol{x}-\boldsymbol{x}_e\|$ 为欧几里得范数，在 n 维状态空间中，有

$$\|\boldsymbol{x}-\boldsymbol{x}_e\|=[(x_1-x_{1e})^2+\cdots+(x_n-x_{ne})^2]^{\frac{1}{2}} \tag{4-6}$$

当 ε 很小时，$s(\varepsilon)$ 为 $\boldsymbol{x}_e$ 的邻域。若 $\boldsymbol{x}_0\in \boldsymbol{s}(\delta)$，则 $\|\boldsymbol{x}_0-\boldsymbol{x}_e\|\leqslant\delta$。

类似地，若方程（4-1）的解 $\boldsymbol{\Phi}(t;\ \boldsymbol{x}_0,\ t_0)$ 位于球域 $s(\varepsilon)$ 内，则有

$$\|\boldsymbol{\Phi}(t;\ \boldsymbol{x}_0,\ t_0)-\boldsymbol{x}_e\|\leqslant\varepsilon,\ t\geqslant t_0 \tag{4-7}$$

式（4-7）表明齐次方程（4-1）由初态 $\boldsymbol{x}_0$ 或短暂扰动所引起的自由响应是有界的。

根据系统的自由响应是否有界，李雅普诺夫将系统的稳定性定义为四种情况。

1. 李雅普诺夫意义下的稳定

由方程（4-1）描述的系统，如果对于任意选定的实数 $\varepsilon>0$，都对应存在另一实数 $\delta(\varepsilon,\ t_0)>0$，有

$$\|\boldsymbol{x}_0-\boldsymbol{x}_e\|\leqslant\delta(\varepsilon,\ t_0) \tag{4-8}$$

而且从任意初态 $\boldsymbol{x}_0$ 出发的解都满足

$$\|\boldsymbol{\Phi}(t;\ \boldsymbol{x}_0, t_0)-\boldsymbol{x}_e\| \leqslant \varepsilon,\ t_0 \leqslant t \leqslant \infty \tag{4-9}$$

则平衡状态 $\boldsymbol{x}_e$ 为李雅普诺夫意义下的稳定。

其中实数 δ 与 ε 有关，一般也与 t_0 有关。如果 δ 与 t_0 无关，则称这种平衡状态是一致稳定的。

图 4-1 所示为二阶系统平衡状态 $\boldsymbol{x}_e$ 的稳定情况，表示由初始状态 $\boldsymbol{x}_0 \in s(\delta)$ 出发的状态轨线 $\boldsymbol{x} \in s(\varepsilon)$。

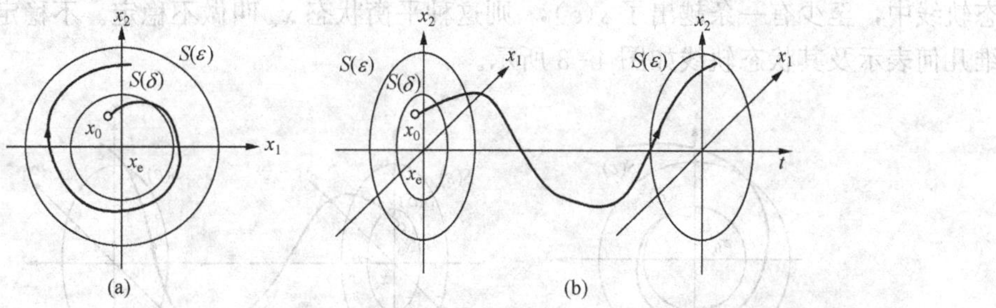

图 4-1　稳定的平衡状态 $\boldsymbol{x}_e$ 及由初态 $\boldsymbol{x}_0$ 出发的状态轨线

(a) $S(\varepsilon)$ 和 $S(\delta)$ 球域；(b) 状态轨迹变化

由图 4-1 可知，如果对于每一个 $s(\varepsilon)$，都存在一个 $s(\delta)$，使当 t 无限增长时，从 $s(\delta)$ 出发的状态轨线总在 $s(\varepsilon)$ 内，则系统响应的幅值是有界的，这时平衡状态 $\boldsymbol{x}_e$ 被称为李雅普诺夫意义下的稳定，简称稳定。

2. 渐近稳定

如果平衡状态 $\boldsymbol{x}_e$ 是稳定的，并且当 t 无限增长时，状态轨线最终收敛于 $\boldsymbol{x}_e$，则称这种平衡状态 $\boldsymbol{x}_e$ 为渐近稳定。图 4-2 为渐近稳定平衡状态在二维空间中的几何表示及其状态轨线的收敛。

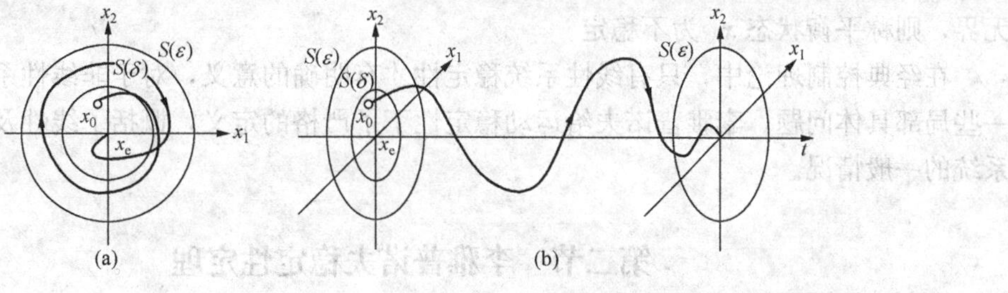

图 4-2　渐近稳定平衡状态及其状态轨线的收敛

(a) $S(\varepsilon)$ 和 $S(\delta)$ 球域；(b) 状态轨迹变化

需要指出，渐近稳定只是一个局部概念。因此对整个系统而言，只确定某个平衡状态的渐近稳定性还不行，还应该确定渐近稳定的最大区域，并尽量扩大渐近稳定区域的范围。

对于实际工程意义而言，“渐近稳定”比“稳定”更重要。工程上常常要求渐近稳定性，而将不是渐近稳定的运动与不稳定的运动同样看待。

3. 大范围渐近稳定

所谓“大范围渐近稳定”是指系统的平衡态 $\boldsymbol{x}_e$ 不仅是稳定的，而且从状态空间中所有初始状态出发的轨线都具有渐近稳定性。

显然，在整个状态空间只有一个平衡状态，是大范围渐近稳定的必要条件。

对于线性系统来说，如果平衡状态是渐近稳定的，则必然也是大范围渐近稳定的。

对于非线性系统，使平衡状态 $\boldsymbol{x}_e$ 为渐近稳定的球域 $s(\delta)$ 一般是不大的，这种平衡状态被称为小范围渐近稳定。

4. 不稳定

如果对于某个实数 $\varepsilon>0$ 和任一实数 $\delta>0$，不管 δ 这个实数多么小，由 $s(\delta)$ 内出发的状态轨线中，至少有一条越出了 $s(\varepsilon)$，则这种平衡状态 $\boldsymbol{x}_e$ 叫做不稳定。不稳定平衡状态的二维几何表示及其状态轨线如图 4-3 所示。

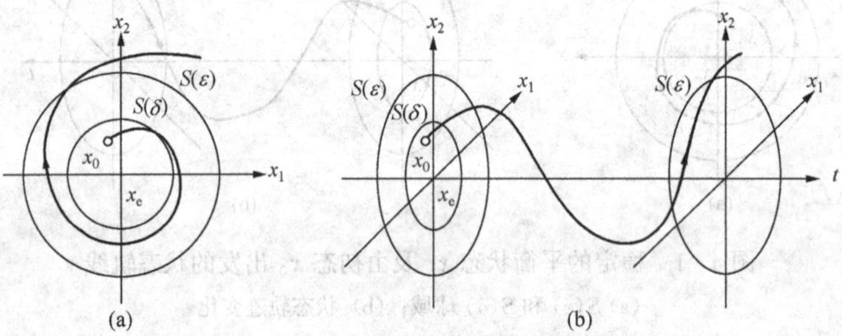

图 4-3 不稳定平衡状态及其状态轨线

(a) $S(\varepsilon)$ 和 $S(\delta)$ 球域；(b) 状态轨迹变化

综上所述，球域 $s(\delta)$ 对初始状态 $\boldsymbol{x}_0$ 的取值具有限制作用，球域 $s(\varepsilon)$ 则规定了系统自由响应 $\boldsymbol{x}(t)=\varphi(t;\ x_1,\ t_0)$ 的边界。也就是说：如果系统自由响应 $\boldsymbol{x}(t)$ 有界，则称平衡状态 $\boldsymbol{x}_e$ 为稳定；如果系统自由响应 $\boldsymbol{x}(t)$ 不仅有界而且有 $\lim\limits_{t\to\infty}\boldsymbol{x}(t)=0$（收敛于原点），则称平衡状态 $\boldsymbol{x}_e$ 为渐近稳定；如果平衡态 $\boldsymbol{x}_e$ 不仅是稳定的，而且从状态空间中所有初始状态出发的轨线都具有渐近稳定性，则称平衡状态 $\boldsymbol{x}_e$ 为大范围渐近稳定；如果系统自由响应 $\boldsymbol{x}(t)$ 无界，则称平衡状态 $\boldsymbol{x}_e$ 为不稳定。

在经典控制理论中，只有线性系统稳定性才有明确的意义，对于非线性系统，只能研究一些局部具体问题。李雅普诺夫给运动稳定性下了严格的定义，概括了线性及非线性等各类系统的一般情况。

第二节　李雅普诺夫稳定性定理

李雅普诺夫将稳定性定理归纳为李雅普诺夫第一法与李雅普诺夫第二法。本节先简要介绍李雅普诺夫第一法，然后重点研究李雅普诺夫第二法。

一、李雅普诺夫第一法

李雅普诺夫第一法是一种间接判断系统稳定性的方法，其基本思路是通过分析系统状态方程的解来判断系统的稳定性。对于线性定常系统，只需求出特征方程的根，就可以判断系统的稳定性。对于非线性系统，则可以在工作点小邻域内进行线性化处理，然后计算线性化方程的特征值，最后判断原非线性系统的稳定性。

1. 线性系统的稳定判据

(1) 线性系统的状态稳定判据。

对于线性定常系统
$$\begin{cases}\dot{\boldsymbol{x}}=\boldsymbol{A}\boldsymbol{x}+\boldsymbol{B}\boldsymbol{u}\\ \boldsymbol{y}=\boldsymbol{C}\boldsymbol{x}\end{cases}\tag{4-10}$$
使得平衡状态 $\boldsymbol{x}_e=0$ 渐近稳定的充要条件是：矩阵 $\boldsymbol{A}$ 的所有特征值均具有负实部。

以上是指系统的状态稳定性，或称内部稳定性。在实际工程问题中，系统的输出稳定性更有实际意义，更为重要。

(2) 线性系统的输出稳定判据。

所谓输出稳定性是指“有界”输入 $\boldsymbol{u}$ 作用下的系统输出 $\boldsymbol{y}$ 也“有界”的特性。

有界输入/有界输出稳定性也常简称 BIBO 稳定性。

判据：使得线性定常系统 $\sum(\boldsymbol{A},\boldsymbol{B},\boldsymbol{C})$ 输出稳定的充要条件是：

其传递函数
$$W(s)=\boldsymbol{C}(s\boldsymbol{I}-\boldsymbol{A})^{-1}\boldsymbol{B}\tag{4-11}$$
的所有极点全都位于复平面 [s] 平面的左半平面。

由上述可知，线性定常系统的平衡状态 $\boldsymbol{x}_e$ 的渐近稳定性由 $\boldsymbol{A}$ 的特征值决定，而 BIBO 稳定性由传递函数的极点决定。由于 $W(s)$ 的所有极点是 $\boldsymbol{A}$ 的特征值，故平衡状态 $\boldsymbol{x}_e$ 的渐近稳定性就包含了系统 BIBO 稳定。但是一个系统 BIBO 稳定，系统不一定状态渐近稳定。只有当系统的传递函数无零、极点对消时，两者才相一致。

【例 4-1】 某线性定常系统的状态空间表达式为
$$\begin{cases}\dot{\boldsymbol{x}}=\begin{bmatrix}0 & 6\\ 1 & -1\end{bmatrix}\boldsymbol{x}+\begin{bmatrix}-2\\ 1\end{bmatrix}\boldsymbol{u}\\ \boldsymbol{y}=\begin{bmatrix}0 & 1\end{bmatrix}\boldsymbol{x}\end{cases}$$
试分析系统的状态稳定性与输出稳定性。

解 由 $\boldsymbol{A}$ 的特征方程
$$\det[s\boldsymbol{I}-\boldsymbol{A}]=(s-2)(s+3)=0$$
可得特征值
$$s_1=2,\ s_2=-3$$
由于 $\mathrm{Re}[s_1]>0$，故此系统的状态不是渐近稳定的；

又由系统传递函数
$$W(s)=\boldsymbol{C}(s\boldsymbol{I}-\boldsymbol{A})^{-1}\boldsymbol{B}=\begin{bmatrix}0 & 1\end{bmatrix}\begin{bmatrix}s & -6\\ -1 & s+1\end{bmatrix}^{-1}\begin{bmatrix}-2\\ 1\end{bmatrix}=\frac{1}{s+3}$$
可知系统传递函数只有一个的极点 $s=-3$。由于此极点位于 [s] 的左半平面，故此系统输出稳定。

结论： 只有当系统的传递函数 $W(s)$ 不出现零、极点对消现象，并且矩阵 $\boldsymbol{A}$ 的特征值与系统传递函数 $W(s)$ 的极点相同时，系统的状态稳定性才与系统的输出稳定性一致。

2. 非线性系统的稳定判据

首先回顾一下非线性系统平衡的概念，对于具有形如 $\dot{\boldsymbol{x}}=f(\boldsymbol{x},t)$ 的非线性系统，凡满足 $f(\boldsymbol{x},t)=0$ 的所有状态都称为系统的平衡态，记为 $\boldsymbol{x}_e$。一般说来，非线性系统的平衡点不止一个。

对于非线性不太严重的系统，可以在工作点小邻域内进行线性化处理。

设系统的状态方程为

$$\dot{\boldsymbol{x}}=f(\boldsymbol{x},\ t) \tag{4-12}$$

式中：$f(\boldsymbol{x},\ t)$ 为与 $\boldsymbol{x}$ 同维的非线性向量函数，对 $\boldsymbol{x}$ 具有连续的偏导数。

为讨论系统在 $\boldsymbol{x}_e$ 处的稳定性，可将 $f(\boldsymbol{x},\ t)$ 在 $\boldsymbol{x}_e$ 邻域内展成泰勒级数，得

$$\dot{\boldsymbol{x}}=\frac{\partial \boldsymbol{f}}{\partial \boldsymbol{x}^{\mathrm{T}}}(\boldsymbol{x}-\boldsymbol{x}_e)+\boldsymbol{R}(\boldsymbol{x}) \tag{4-13}$$

式中：$\boldsymbol{R}(\boldsymbol{x})$ 为泰勒级数展开式中包含所有的高阶导数项的余项。

由雅可比（Jacobian）矩阵

$$\frac{\partial \boldsymbol{f}}{\partial \boldsymbol{x}^{\mathrm{T}}}=\begin{bmatrix}\dfrac{\partial f_1}{\partial x_1} & \dfrac{\partial f_1}{\partial x_2} & \cdots & \dfrac{\partial f_1}{\partial x_n}\\ \dfrac{\partial f_2}{\partial x_1} & \dfrac{\partial f_2}{\partial x_2} & \cdots & \dfrac{\partial f_2}{\partial x_n}\\ \vdots & \vdots & \vdots & \vdots\\ \dfrac{\partial f_n}{\partial x_1} & \dfrac{\partial f_n}{\partial x_2} & \cdots & \dfrac{\partial f_n}{\partial x_n}\end{bmatrix}_{n\times n} \tag{4-14}$$

令 $\Delta\boldsymbol{x}=\boldsymbol{x}-\boldsymbol{x}_e$，并取式（4-13）的一次近似，可得系统的线性化方程

$$\Delta\dot{\boldsymbol{x}}=\boldsymbol{A}\Delta\boldsymbol{x} \tag{4-15}$$

式中

$$\boldsymbol{A}=\left.\frac{\partial \boldsymbol{f}}{\partial \boldsymbol{x}^{\mathrm{T}}}\right|_{x=x_e} \tag{4-16}$$

在上述线性化的基础上，李雅普诺夫给出了如下判据：

判据 1：如果一次线性化方程式（4-15）中，系数矩阵 $\boldsymbol{A}$ 的所有特征值都具有负实部，则式（4-12）原非线性系统在平衡状态 $\boldsymbol{x}_e$ 是渐近稳定的，而且系统的稳定性与高阶导数项 $\boldsymbol{R}(\boldsymbol{x})$ 无关。

判据 2：如果 $\boldsymbol{A}$ 的所有特征值，至少有一个特征值的实部为零，其余特征值均具有负实部，则系统处于临界稳定，原非线性系统式（4-12）在平衡状态 $\boldsymbol{x}_e$ 的稳定性将取决于高阶导数项 $\boldsymbol{R}(\boldsymbol{x})$，而不能由 $\boldsymbol{A}$ 的特征值符号来确定。

【例 4-2】 某非线性系统的状态方程为

$$\begin{cases}\dot{x}_1=x_1-x_1x_2\\ \dot{x}_2=-x_2+x_1x_2\end{cases}$$

试分析此系统在平衡状态处的稳定性。

解 由题意可知，此非线性系统有两个平衡状态

$$\boldsymbol{x}_{e1}=[0\quad 0]^{\mathrm{T}},\ \boldsymbol{x}_{e2}=[1\quad 1]^{\mathrm{T}}$$

首先在 $\boldsymbol{x}_{e1}$ 处将其线性化，得

$$\begin{cases}\dot{x}_1=x_1\\ \dot{x}_2=-x_2\end{cases}$$

即

$$\boldsymbol{A}=\begin{bmatrix}\dfrac{\partial f_1}{\partial x_1} & \dfrac{\partial f_1}{\partial x_2}\\ \dfrac{\partial f_2}{\partial x_1} & \dfrac{\partial f_2}{\partial x_2}\end{bmatrix}_{x=x_{e1}}=\begin{bmatrix}1 & 0\\ 0 & -1\end{bmatrix}$$

其特征值为

$$\lambda_1=-1, \lambda_2=+1$$

由于 $\lambda_2>0$，所以此非线性系统在 x_{e1} 处是不稳定的。

然后在 x_{e2} 处将其线性化，得

$$\begin{cases}\dot{x}_1=-x_2\\ \dot{x}_2=x_1\end{cases}$$

即

$$\boldsymbol{A}=\begin{bmatrix}0 & 1\\ 1 & 0\end{bmatrix}$$

其特征方程为 $\lambda^2+1=0$，对应特征值为 $\pm j1$，即实部为零。由判据 2 可知：此系统处于临界稳定，不能由 $\boldsymbol{A}$ 的特征值符号来确定系统在 x_{e2} 处的稳定性。这种情况需要应用李雅普诺夫第二法进行判定。

二、李雅普诺夫第二法

李雅普诺夫第二法的基本思路是从能量观点出发，进行系统的稳定性分析；借助李雅普诺夫函数（标量函数），直接对系统平衡状态的稳定性做出判断。

如果一个系统被激励后，其储存的能量不仅随着时间的推移逐渐衰减，而且到达平衡状态时，能量会衰减到最小值，那么这个平衡状态就是渐近稳定的。

反之，如果系统被激励后，还能够不断地从外界吸收能量，使储能越来越大，那么这个平衡状态就是不稳定的。

如果系统被激励后，储能既不增加，也不消耗，那么这个平衡状态就是李雅普诺夫意义下的稳定。

图 4-4 所示曲面小球系统中，小球 B 受扰动作用后，偏离平衡点 A 到达状态 C 或状态 D。

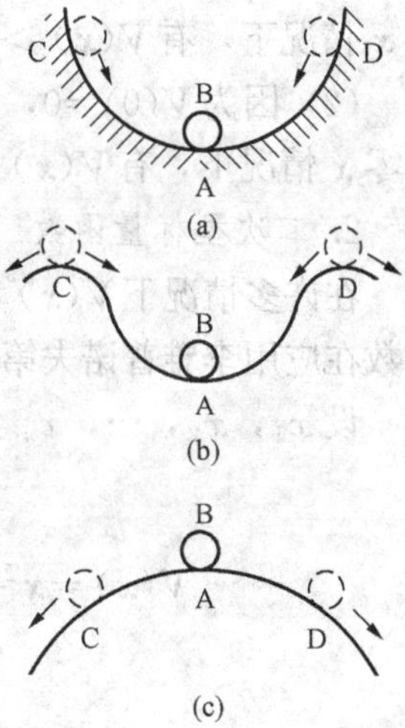

图 4-4 曲面小球系统

图 4-4（a）中，小球 B 获得一定的能量（系统状态的函数），并开始围绕平衡点 A 来回振荡。如果曲面表面绝对光滑，运动过程将不消耗能量，也不再从外界吸收能量，那么振荡将等幅地一直维持下去，这就是李雅普诺夫意义下的稳定。

如果曲面表面有摩擦，振荡过程将消耗能量，振荡幅值将越来越小，最终小球会回到平衡点 A。根据定义，这个平衡状态便是渐近稳定的。

图 4-4（b）中，小球 B 如果没有超出 C 或 D 的范围，最终小球会回到平衡点 A：如果超出了 C 或 D 的范围，小球就回不到平衡点 A，也就是说这个平衡状态的渐近稳定性是局部的。

图 4-4（c）中，小球 B 只要离开了平衡点 A，就再也回不到平衡点 A，也就是说这个平衡状态是不稳定的。

由此可见，按照系统运动过程中能量变化的趋势来分析系统的稳定性是直观、方便的。

但是，实际系统具有复杂性和多样性，难以直接找到一个能量函数来描述系统的能量关系。为了解决这个问题，李雅普诺夫定义了一个正定的标量函数 $V(\boldsymbol{x})$，作为虚构的广义能量函数，然后，根据 $\dot{V}(\boldsymbol{x})=\dfrac{\mathrm{d}V(\boldsymbol{x})}{\mathrm{d}t}$ 的符号特征来判别系统的稳定性。

对于一个给定系统，如果能找到一个正定的标量函数 $V(\boldsymbol{x})$，而 $\dot{V}(\boldsymbol{x})$ 是负定的，则这个系统是渐近稳定的。这个 $V(\boldsymbol{x})$ 就叫做李雅普诺夫函数。实际上，任何一个标量函数只要满足李雅普诺夫稳定性判据所假设的条件，均可作为李雅普诺夫函数。

应用李雅普诺夫第二法的关键问题，实际就是寻找李雅普诺夫函数 $V(\boldsymbol{x})$ 的问题。

由于李雅普诺夫函数的寻找主要靠试探，需要一定的经验和技巧，这就使得李雅普诺夫第二法的推广应用曾经受到严重的阻碍。

随着现代计算机技术的发展，借助计算机不仅可以找到所需要的李雅普诺夫函数，而且还能确定系统的稳定区域。不过要找到一套普遍适用于任何系统的方法仍然有困难。

1. 标量函数 $V(\boldsymbol{x})$ 的符号性质

设标量函数 $V(\boldsymbol{x})$ 由 n 维向量 $\boldsymbol{x}$ 所定义，$\boldsymbol{x}\in\Omega$，且在 $\boldsymbol{x}=0$ 处，恒有 $\boldsymbol{V}(\boldsymbol{x})=0$。对所在域 Ω 中的任何非零向量 $\boldsymbol{x}$：

(1) 如果 $V(\boldsymbol{x})>0$[例如 $V(\boldsymbol{x})=x_1^2+2x_2^2$]，则 $V(\boldsymbol{x})$ 正定；

(2) 如果 $V(\boldsymbol{x})\geqslant 0$[例如 $V(\boldsymbol{x})=(x_1+x_2)^2$]，则 $V(\boldsymbol{x})$ 半正定（非负定）；

(3) 如果 $V(\boldsymbol{x})<0$[例如 $V(\boldsymbol{x})=-(x_1^2+2x_2^2)$]，则 $V(\boldsymbol{x})$ 负定；

(4) 如果 $V(\boldsymbol{x})\leqslant 0$[例如 $V(\boldsymbol{x})=-(x_1+x_2)^2$]，则 $V(\boldsymbol{x})$ 半负定（非正定）；

(5) 如果 $V(\boldsymbol{x})>0$ 或 $V(\boldsymbol{x})<0$[例如 $V(\boldsymbol{x})=x_1+x_2$]，则 $V(\boldsymbol{x})$ 不定。

【例 4-3】 试判别下列各标量函数 $V(\boldsymbol{x})$ 的符号性质。

(1) 对 $\boldsymbol{x}=[x_1\quad x_2\quad x_3]^{\mathrm{T}}$，设标量函数为 $V(\boldsymbol{x})=(x_1+x_2)^2+x_3^2$；

(2) 对 $\boldsymbol{x}=[x_1\quad x_2\quad x_3]^{\mathrm{T}}$，设标量函数为 $V(\boldsymbol{x})=x_1^2+x_2^2$。

解 (1) 因为 $V(0)=0$，而且对非零 $\boldsymbol{x}$，如 $\boldsymbol{x}=[a\quad -a\quad 0]^{\mathrm{T}}$ 也使 $\boldsymbol{V}(\boldsymbol{x})=0$；其他非零 $\boldsymbol{x}$ 情况下，有 $V(\boldsymbol{x})>0$；所以 $V(x)$ 为半正定（非负定）的。

(2) 因为 $V(0)=0$，而且对于 x_3 为非零值，如 $\boldsymbol{x}=[0\quad 0\quad a]^{\mathrm{T}}$，也有 $\boldsymbol{V}(\boldsymbol{x})=0$；其他非零 $\boldsymbol{x}$ 情况下，有 $V(\boldsymbol{x})>0$；所以 $V(\boldsymbol{x})$ 为半正定。

2. 二次型标量函数

在许多情况下 $V(\boldsymbol{x})$ 都取为二次型。当 $\boldsymbol{P}$ 为实对称矩阵时，有 $V(\boldsymbol{x})=\boldsymbol{x}^{\mathrm{T}}\boldsymbol{P}\boldsymbol{x}$。二次型函数在应用李雅普诺夫第二法分析系统的稳定性时起着很重要的作用。

设 x_1，x_2，…，x_n 为 n 个变量，定义二次型标量函数为

$$V(\boldsymbol{x})=\boldsymbol{x}^{\mathrm{T}}\boldsymbol{P}\boldsymbol{x}=[x_1\quad x_2\quad\cdots\quad x_n]\begin{bmatrix}p_{11}&p_{12}&\cdots&p_{1n}\\p_{21}&p_{22}&\cdots&p_{2n}\\\vdots&\vdots&&\vdots\\p_{n1}&p_{n2}&\cdots&p_{nn}\end{bmatrix}\begin{bmatrix}x_1\\x_2\\\vdots\\x_n\end{bmatrix}\tag{4-17}$$

当 $p_{ij}=p_{ji}$ 时，$\boldsymbol{P}$ 为实对称矩阵。

如 $V(\boldsymbol{x})=x_1^2+2x_1x_2+x_2^2+x_3^2=[x_1\quad x_2\quad x_3]\begin{bmatrix}1&1&0\\1&1&0\\0&0&1\end{bmatrix}\begin{bmatrix}x_1\\x_2\\x_3\end{bmatrix}$ 就具有实对称矩阵。

对于二次型函数 $V(\boldsymbol{x})=\boldsymbol{x}^{\mathrm{T}}\boldsymbol{P}\boldsymbol{x}$，若 $\boldsymbol{P}$ 为实对称矩阵，则必存在正交矩阵 $\boldsymbol{T}$，通过变换 $\boldsymbol{x}=\boldsymbol{T}\tilde{\boldsymbol{x}}$ 可以化成

$$V(\boldsymbol{x})=\boldsymbol{x}^{\mathrm{T}}\boldsymbol{P}\boldsymbol{x}=\tilde{\boldsymbol{x}}^{\mathrm{T}}\boldsymbol{T}^{\mathrm{T}}\boldsymbol{P}\boldsymbol{T}\tilde{\boldsymbol{x}}=\tilde{\boldsymbol{x}}^{\mathrm{T}}(\boldsymbol{T}^{-1}\boldsymbol{P}\boldsymbol{T})\tilde{\boldsymbol{x}}$$

$$=\tilde{\boldsymbol{x}}^{\mathrm{T}}\boldsymbol{P}\tilde{\boldsymbol{x}}=\tilde{\boldsymbol{x}}^{\mathrm{T}}\begin{bmatrix}\lambda_1 & & & 0\\ & \lambda_2 & & \\ & & \ddots & \\ 0 & & & \lambda_n\end{bmatrix}\tilde{\boldsymbol{x}}=\sum_{i=1}^{n}\lambda_i\tilde{x}_i^{\ 2} \tag{4-18}$$

式（4-18）为二次型函数 $V(\boldsymbol{x})$ 的标准型，它只包含变量的平方项；其中 $\lambda_i(i=1,2,\cdots,n)$ 均为实数，是对称矩阵 $\boldsymbol{P}$ 的互异特征值。

因此二次型函数 $V(\boldsymbol{x})$ 正定的充要条件是：对称矩阵 $\boldsymbol{P}$ 的所有特征值 λ_i 均大于零。

关于对称矩阵 $\boldsymbol{P}$ 的符号性质，定义如下：

如果 $V(\boldsymbol{x})=\boldsymbol{x}^{\mathrm{T}}\boldsymbol{P}\boldsymbol{x}$ 是由 $n\times n$ 实对称矩阵 $\boldsymbol{P}$ 所决定的二次型函数，则

（1）若 $V(\boldsymbol{x})$ 正定，则 $\boldsymbol{P}$ 正定，记作 $\boldsymbol{P}>0$；

（2）若 $V(\boldsymbol{x})$ 负定，则 $\boldsymbol{P}$ 负定，记作 $\boldsymbol{P}<0$；

（3）若 $V(\boldsymbol{x})$ 半正定（非负定），则 $\boldsymbol{P}$ 半正定（非负定），记作 $\boldsymbol{P}\geqslant 0$；

（4）若 $V(\boldsymbol{x})$ 半负定（非正定），则 $\boldsymbol{P}$ 半负定（非正定），记作 $\boldsymbol{P}\leqslant 0$。

由上述定义可知，实对称矩阵 $\boldsymbol{P}$ 的符号性质与由 $\boldsymbol{P}$ 所决定的二次型函数 $V(\boldsymbol{x})=\boldsymbol{x}^{\mathrm{T}}\boldsymbol{P}\boldsymbol{x}$ 的符号性质完全一致。因此，要判别 $V(\boldsymbol{x})$ 的符号，只需判别 $\boldsymbol{P}$ 的符号即可。后者可以由希尔维斯特（Sylvester）判据进行判定。

3. 希尔维斯特判据（二次型定号准则）

设实对称矩阵 $\boldsymbol{P}=\begin{bmatrix}p_{11} & p_{12} & \cdots & p_{1n}\\ p_{21} & p_{22} & \cdots & p_{2n}\\ \vdots & \vdots & & \vdots\\ p_{n1} & p_{n2} & \cdots & p_{nn}\end{bmatrix}$，$p_{ij}=p_{ji}$

若 $\Delta_i(i=1,\ 2,\ \cdots,\ n)$ 为实对称矩阵 $\boldsymbol{P}$ 的各阶主子行列式，即

$$\Delta_1=p_{11},\ \Delta_2=\begin{vmatrix}p_{11} & p_{12}\\ p_{21} & p_{22}\end{vmatrix},\ \cdots,\ \Delta_n=|\boldsymbol{P}| \tag{4-19}$$

那么，实对称矩阵 $\boldsymbol{P}$ 或二次型函数 $V(\boldsymbol{x})$ 确定符号性质的希尔维斯特判据是：

判据 1　实对称矩阵 $\boldsymbol{P}$ 或二次型函数 $V(\boldsymbol{x})$ 正定的充要条件是实对称矩阵 $\boldsymbol{P}$ 的各阶主子行列式 $\Delta_i>0,(i=1,\ 2,\ \cdots,n)$。

判据 2　实对称矩阵 $\boldsymbol{P}$ 或二次型函数 $V(\boldsymbol{x})$ 负定的充要条件是实对称矩阵 $\boldsymbol{P}$ 的各阶主子行列式 $\Delta_i(i=1,\ 2,\ \cdots,\ n)$ 满足 $\begin{cases}\Delta_i>0, & i\text{ 为偶数}\\ \Delta_i<0, & i\text{ 为奇数}\end{cases}$。

判据 3　实对称矩阵 $\boldsymbol{P}$ 或二次型函数 $V(\boldsymbol{x})$ 半正定（非负定）的充要条件是实对称矩阵 $\boldsymbol{P}$ 的各阶主子行列式 Δ_i 满足 $\begin{cases}\Delta_i\geqslant 0 & i=1,2,\cdots,n-1\\ \Delta_i=0 & i=n\end{cases}$。

判据 4　实对称矩阵 $\boldsymbol{P}$ 或二次型函数 $V(\boldsymbol{x})$ 半负定（非正定）的充要条件是实对称矩阵 $\boldsymbol{P}$ 的各阶主子行列式 Δ_i 满足 $\begin{cases}\Delta_i\geqslant 0 & i\text{ 为偶数}\\ \Delta_i\leqslant 0 & i\text{ 为奇数}\\ \Delta_i=0 & i=n\end{cases}$。

4. 李雅普诺夫稳定性判据

若系统的状态方程为

$$\dot{\boldsymbol{x}}=\boldsymbol{f}(\boldsymbol{x}) \tag{4-20}$$

平衡状态为 $\boldsymbol{x}_e=0$，而且满足 $\boldsymbol{f}(\boldsymbol{x}_e)=0$。

如果存在一个标量函数 $V(\boldsymbol{x})$，满足：

(1) $V(\boldsymbol{x})$ 对所有 $\boldsymbol{x}$ 都具有连续的一阶偏导数；

(2) $V(\boldsymbol{x})$ 是正定的，即当 $\boldsymbol{x}=0$ 时，$V(\boldsymbol{x})=0$，$\boldsymbol{x}\neq 0$ 时，$V(\boldsymbol{x})>0$；

(3) $\dot{V}(\boldsymbol{x})=\mathrm{d}V(\boldsymbol{x})/\mathrm{d}t$ 是 $V(\boldsymbol{x})$ 沿着状态轨迹方向的时间导数。

用李雅普诺夫第二法分析系统的稳定性，可以概括为李雅普诺夫稳定判据、渐近稳定判据和李雅普诺夫不稳定判据三种。

(1) 李雅普诺夫稳定判据：平衡状态 $\boldsymbol{x}_e$ 在李雅普诺夫意义（简称李氏意义）下稳定的充分条件是 $\dot{V}(\boldsymbol{x})$ 为半负定。

(2) 李雅普诺夫渐近稳定判据：平衡状态 $\boldsymbol{x}_e$ 在李氏意义下渐近稳定的充分条件是 $\dot{V}(\boldsymbol{x})$ 为负定；或者虽然 $\dot{V}(\boldsymbol{x})$ 为半负定，但对任意初始状态 $\boldsymbol{x}(t_0)\neq 0$ 来说，除去 $\boldsymbol{x}=0$ 外，对 $\boldsymbol{x}\neq 0$，$\dot{V}(\boldsymbol{x})$ 不恒为零。如果进一步，当 $\|\boldsymbol{x}\|\to\infty$ 时，还有 $V(\boldsymbol{x})\to\infty$，则系统是大范围渐近稳定的。

(3) 李雅普诺夫不稳定判据：平衡状态 $\boldsymbol{x}_e$ 在李氏意义下不稳定的充分条件是 $\dot{V}(\boldsymbol{x})$ 为正定。对于渐近稳定判据中当 $\dot{V}(\boldsymbol{x})$ 为半负定时的附加条件"$\dot{V}(\boldsymbol{x})$ 不恒为零"需要给以说明。由于 $\dot{V}(\boldsymbol{x})$ 为半负定，所以在 $\boldsymbol{x}\neq 0$ 时可能会出现 $\dot{V}(\boldsymbol{x})=0$。这时系统可能有两种运动情况，如图 4-5 所示。

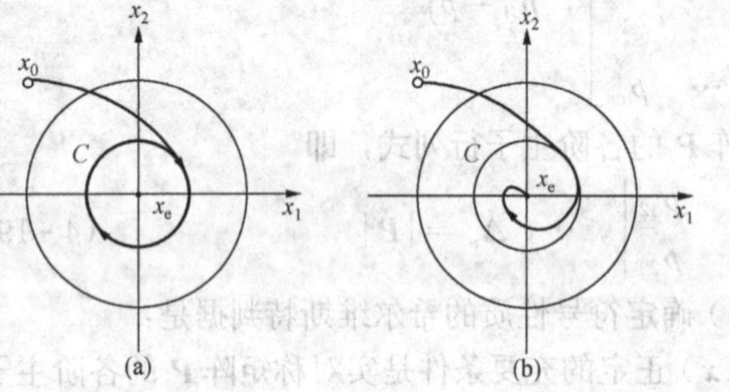

图 4-5　$\dot{V}(\boldsymbol{x})=0$ 时系统运动的两种情况

(a) $\dot{V}(\boldsymbol{x})$ 恒等于零；(b) $\dot{V}(\boldsymbol{x})$ 不恒等于零

图 4-5 (a) 中，$\dot{V}(\boldsymbol{x})$ 恒等于零，这时运动轨迹将落在某个特定的曲面 $V(\boldsymbol{x})=C$ 上。这意味着运动轨迹不会收敛于原点。读者可以将这种情况对照非线线性系统中的极限环或线性系统中的临界稳定现象，加深理解。

图 4-5 (b) 中，$\dot{V}(\boldsymbol{x})$ 不恒等于零，这时运动轨迹只在某个时刻与某个特定曲面 $V(\boldsymbol{x})=C$ 相切，运动轨迹通过切点后并不停留在曲面 C 上，而是继续向原点收敛。这种情况仍属于渐近稳定。

注意：上述判据只给出了判断系统稳定性的充分条件，而不是必要条件。

也就是说，对于给定系统，如果能够找到满足判据条件的李雅普诺夫函数，当然能对系统的稳定性做出肯定的结论。

但是决不能因为没有找到满足判据条件的李雅普诺夫函数，就做出否定的结论。即使能否定李雅普诺夫函数的存在，也不能就此断定系统不稳定。

【例 4-4】　试分析某非线性系统

$$\begin{cases}\dot{x}_1=x_2-x_1(x_1^2+x_2^2)\\ \dot{x}_2=-x_1-x_2(x_1^2+x_2^2)\end{cases}$$

平衡状态的稳定性。

解　由题意可知，坐标原点 $\boldsymbol{x}_e=0$ 是此非线性系统的唯一平衡状态。

设正定的标量函数　$V(\boldsymbol{x})=x_1^2+x_2^2>0$

求 $V(\boldsymbol{x})$ 对时间的导数

$$\dot{V}(\boldsymbol{x})=\frac{\partial V}{\partial x_1}\frac{\mathrm{d}x_1}{\mathrm{d}t}+\frac{\partial V}{\partial x_2}\frac{\mathrm{d}x_2}{\mathrm{d}t}=2x_1\dot{x}_1+2x_2\dot{x}_2$$

将此非线性系统的状态方程代入上式，得到该系统沿运动轨迹的 $\dot{V}(\boldsymbol{x})$ 为

$$\dot{V}(\boldsymbol{x})=-2(x_1^2+x_2^2)^2<0\text{，负定}$$

即所选 $\boldsymbol{V}(\boldsymbol{x})=x_1^2+x_2^2$ 是满足判据条件的一个李雅普诺夫函数。而且，当 $\|\boldsymbol{x}\|\to\infty$，有 $V(\boldsymbol{x})\to\infty$，所以，系统在坐标原点处为大范围渐近稳定。

上述结论的正确性可由图 4-6 得到几何验证。

因为 $V(\boldsymbol{x})=x_1^2+x_2^2=C$ 的几何图形是在 x_1，x_2 平面上的一簇圆（以原点为中心，以 $\sqrt{C}$ 为半径）。这些圆可以表示系统储能的多少。

圆的半径越大，则储能越多，相应状态向量到原点的距离也越远。

当 $\dot{V}(\boldsymbol{x})$ 为负定时，表明系统状态在沿状态轨线从圆的外侧趋向内侧的运动过程中，能量会随着时间的推移而逐渐衰减，并最终收敛于原点。

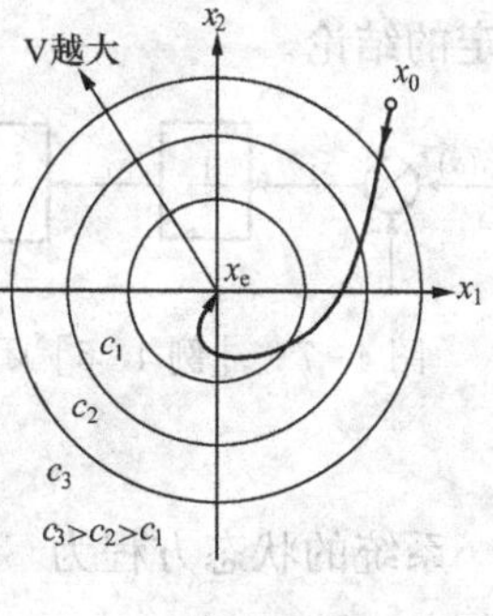

图 4-6　$\dot{V}$（x）负定时状态 x 的收敛

由此可知，如果 $V(\boldsymbol{x})$ 表示状态 $\boldsymbol{x}$ 与坐标原点间的距离，那么 $\dot{V}(\boldsymbol{x})$ 负定就表示状态 $\boldsymbol{x}$ 会随着时间的推移逐渐收敛于原点，$\dot{V}(\boldsymbol{x})$ 负值的大小就表示状态 $\boldsymbol{x}$ 沿轨线趋向坐标原点的速度快慢。也就是状态 $\boldsymbol{x}_0$ 向平衡状态 $\boldsymbol{x}_e$ 趋近的速度快慢。

【例 4-5】　某系统的状态方程为

$$\dot{\boldsymbol{x}}=\begin{bmatrix}0 & 1\\-1 & -1\end{bmatrix}\boldsymbol{x}$$

试分析该系统平衡状态的稳定性。

解　由题意知原点 $\boldsymbol{x}_e=0$ 是系统唯一的平衡状态，选取李雅普诺夫函数

$$V(\boldsymbol{x})=x_1^2+x_2^2>0$$

于是有

$$\dot{V}(\boldsymbol{x})=2x_1\dot{x}_1+2x_2\dot{x}_2=2x_1x_2+2x_2(-x_1-x_2)=-2x_2^2$$

当 $x_1=0$、$x_2=0$ 时，$\dot{V}(\boldsymbol{x})=0$；当 $x_1\neq0$、$x_2=0$ 时，$\dot{V}(\boldsymbol{x})=0$。所以 $\dot{V}(\boldsymbol{x})$ 半负定，此系统的平衡状态在李氏意义下稳定。那么，此系统的平衡状态是否渐近稳定呢？

要回答这个问题，需要进一步分析 $x_1\neq0$、$x_2=0$ 时，$\dot{V}(\boldsymbol{x})$ 是否恒为零。假设 $\dot{V}(\boldsymbol{x})=-2x_2^2$ 恒等于零，则必需 $x_2\equiv0(t>t_0)$；而 $x_2\equiv0(t>t_0)$，又必须 $\dot{x}_2\equiv0(t>t_0)$；但 $\dot{x}_2=-x_1-x_2$ 在 $t>t_0$ 时，若 $x\neq0$，则 $\dot{x}_2$ 不恒为零，$\dot{V}(\boldsymbol{x})$ 也不恒为零。即 $\dot{V}(\boldsymbol{x})=0$ 的情况只出现在状态轨迹与等 V 圆相切的某一时刻上［图 4-5（b）］。所以，此系统的平衡状态是渐近稳定。又 $\|\boldsymbol{x}\|\to\infty$ 时，$V(\boldsymbol{x})\to\infty$，所以，此系统平衡状态（原点）为大范围渐近稳定。

此例如果另选李氏函数　$V(\boldsymbol{x})=\frac{1}{2}[(x_1+x_2)^2+2x_1^2+x_2^2]$

并化成二次型函数 $V(\boldsymbol{x})=\boldsymbol{x}^{\mathrm{T}}\boldsymbol{P}\boldsymbol{x}$ 可得实对称矩阵

$$\boldsymbol{P}=\begin{bmatrix}\frac{3}{2} & \frac{1}{2}\\ \frac{1}{2} & 1\end{bmatrix}，且\ \Delta_1=\frac{3}{2}>0，\Delta_2=\frac{3}{2}-\frac{1}{4}>0$$

根据希尔维斯特判据可知 $V(\boldsymbol{x})$ 正定，并且有

$$\dot{V}(\boldsymbol{x})=(x_1+x_2)(\dot{x}_1+\dot{x}_2)+2x_1\dot{x}_1+x_2\dot{x}_2=-(x_1^2+x_2^2)<0$$

所以 $\dot{V}(\boldsymbol{x})$ 负定。且 $\|\boldsymbol{x}\|\to\infty, V(\boldsymbol{x})\to\infty$，由此得出此系统平衡状态（原点）是大范围渐近稳定的结论。

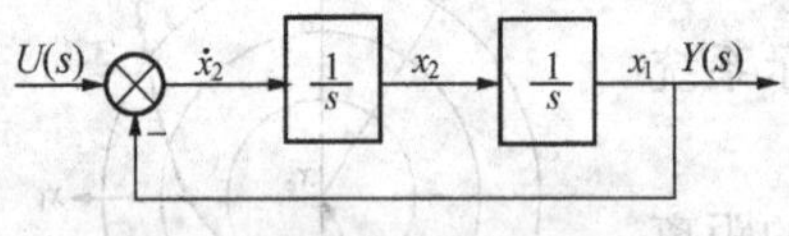

图 4-7　［例 4-6］闭环系统

【例 4-6】　某闭环系统如图 4-7 所示，试分析该系统的稳定性。

解　由图可知，所给系统是一个结构不稳定系统。其自由解是一个等幅正弦振荡。要使系统稳定，必须改变系统结构。

系统的状态方程为　$\dot{x}=\begin{bmatrix}0 & 1\\ -1 & 0\end{bmatrix}x+\begin{bmatrix}0\\ 1\end{bmatrix}u$

齐次方程为　$\begin{cases}\dot{x}_1=x_2\\ \dot{x}_2=-x_1\end{cases}$

易知，原点为系统唯一的平衡状态。

试选李雅普诺夫函数　$V(\boldsymbol{x})=x_1^2+x_2^2>0$

有　$\dot{V}(\boldsymbol{x})=2x_1\dot{x}_1+2x_2\dot{x}_2=2(x_1x_2-x_1x_2)\equiv 0$

即，$\dot{V}(\boldsymbol{x})$ 在任意 $\boldsymbol{x}\neq 0$ 均可保持为零，使 $V(\boldsymbol{x})$ 保持为某常数

$$V(\boldsymbol{x})=x_1^2+x_2^2=C$$

这表明此系统运动的相轨迹是一系列以原点为圆心、$\sqrt{C}$ 为半径的圆。

这时系统为李雅普诺夫意义下的稳定。在经典控制理论中，这种情况属于不稳定。

【例 4-7】　试确定某非线性系统

$$\begin{cases}\dot{x}_1=x_2\\ \dot{x}_2=-(1-|x_1|)x_2-x_1\end{cases}$$

在平衡状态的稳定性。

解　由题意可知，原点是此系统唯一的平衡状态。选 $V(\boldsymbol{x})=x_1^2+x_2^2>0$，有 $\dot{V}(\boldsymbol{x})=-2x_2^2(1-|x_1|)$。

当 $|x_1|=1$（图 4-8 中的单位圆）时，$\dot{V}(\boldsymbol{x})=0$；

而 $|x_1|>1$，$\dot{V}(\boldsymbol{x})>0$，可见该系统在单位圆外是不稳定的；

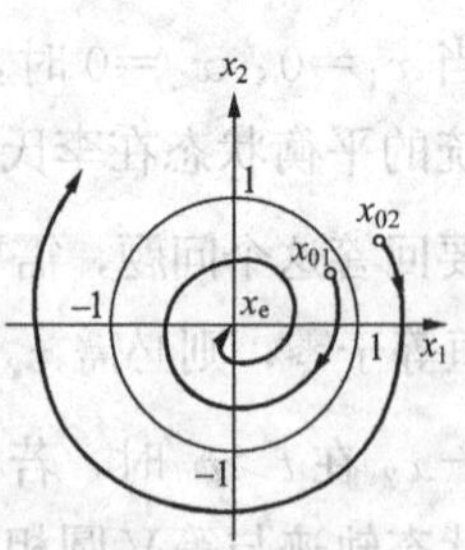

图 4-8　［例 4-7］示意图

但 $|x_1|<1$ 时，$\dot{V}(\boldsymbol{x})$ 是负定的，可见该系统平衡点在单位

圆内是渐近稳定的。这个单位圆称为不稳定的极限环。

【例 4-8】 某系统状态方程为

$$\dot{\boldsymbol{x}}=\begin{bmatrix}1 & 1\\ -1 & 1\end{bmatrix}\boldsymbol{x}$$

试确定平衡点 $\boldsymbol{x}_e=0$ 处的稳定性。

解 由题意选

$$V(\boldsymbol{x})=x_1^2+x_2^2>0$$

有 $\dot{V}(\boldsymbol{x})=2x_1\dot{x}_1+2x_2\dot{x}_2=2(x_1^2+x_2^2)>0$

所以在 $\boldsymbol{x}_e=0$ 处，此系统是不稳定的。另外，系统特征方程为

$$\det[s\boldsymbol{I}-\boldsymbol{A}]=\begin{vmatrix}s-1 & -1\\ 1 & s-1\end{vmatrix}=s^2-2s+2=0$$

由以上分析可知，方程各系数不同号，所以，此系统必然不稳定。

5. 小结

由以上可知，运用李雅普诺夫第二法的关键在于寻找一个满足判据条件的李雅普诺夫函数 $V(\boldsymbol{x})$。

虽然李雅普诺夫第二法原理上简单，但是实际应用起来却不容易。因此，有必要对 $V(\boldsymbol{x})$ 的属性进行总结：

(1) $V(\boldsymbol{x})$ 是满足稳定性判据条件的一个正定的标量函数，应具有连续的一阶偏导数。

(2) 对于给定系统，若 $V(\boldsymbol{x})$ 可找到，则通常不是唯一的，但结论应该一致。

(3) $V(\boldsymbol{x})$ 的最简形式是二次型函数 $V(\boldsymbol{x})=\boldsymbol{x}^{\mathrm{T}}\boldsymbol{P}\boldsymbol{x}$，其中 $\boldsymbol{P}$ 为实对称矩阵，它的元素可以是定常的或时变的，但是 $V(\boldsymbol{x})$ 不一定都是简单的二次型（由 $\boldsymbol{x}$ 的维数 n 定）。

(4) 若 $V(\boldsymbol{x})$ 为二次型，且可表示为

$$V(\boldsymbol{x})=\sum_{i=1}^{n}x_i^2=\boldsymbol{x}^{\mathrm{T}}\boldsymbol{I}\boldsymbol{x} \tag{4-21}$$

则 $V(\boldsymbol{x})=C_k$（C_k 为常值，且 $C_k<C_{k+1}$，$k=1, 2, \cdots$），表示状态空间中以 C_k 为半径，以原点为球心的超球面。$V(\boldsymbol{x})$ 表示状态 $\boldsymbol{x}$ 相对原点的距离，$\dot{V}(\boldsymbol{x})$ 表示状态 $\boldsymbol{x}$ 相对原点运动的速度与趋向。

(5) 若 $\dot{V}(\boldsymbol{x})<0$，则 $\boldsymbol{x}(t)$ 必将收敛于原点（系统平衡点），则原点是渐近稳定的；

若 $\dot{V}(\boldsymbol{x})\leqslant 0$（距离不随时间推移增加），则原点是稳定的；

若 $\dot{V}(\boldsymbol{x})>0$（距离随时间推移增加），$\boldsymbol{x}(t)$ 必将发散，则原点是不稳定的；

(6) $V(\boldsymbol{x})$ 只能表示系统在平衡状态附近（某邻域内）局部运动的稳定情况，不能提供邻域外运动的任何信息。

(7) 应用李雅普诺夫第二法需要一定的经验，主要用于确定那些使用别的方法无效或难以判别其稳定性的问题，例如高阶的非线性系统或者时变系统。

第三节　线性系统李雅普诺夫稳定性分析

本节应用李雅普诺夫第二法对线性系统的稳定性进行分析。线性系统的稳定性具有全局

性质，而且稳定判据的条件是充分必要的。线性系统的稳定性分析包括线性定常连续系统的稳定性分析、线性时变连续系统的稳定性分析以及线性离散系统的稳定性分析。

本节在线性系统李雅普诺夫稳定性分析的基础上，给出相应的稳定判据、证明以及应用。

一、线性定常连续系统的稳定性分析

1. 线性定常连续系统的稳定性分析

设线性定常连续系统可表示为

$$\dot{\boldsymbol{x}}=\boldsymbol{A}\boldsymbol{x} \tag{4-22}$$

其中，$\boldsymbol{A}$ 为非奇异矩阵，故原点是唯一的平衡状态。因线性定常连续系统的稳定性与输入信号无关，故这里仅讨论具有形如式（4-22）的齐次状态方程的稳定性。

取正定的二次型函数

$$V(\boldsymbol{x})=\boldsymbol{x}^{\mathrm{T}}\boldsymbol{P}\boldsymbol{x} \tag{4-23}$$

为李雅普诺夫函数，对 $V(\boldsymbol{x})$ 按时间 t 进行求导，则有

$$\dot{V}(\boldsymbol{x})=\dot{\boldsymbol{x}}^{\mathrm{T}}\boldsymbol{P}\boldsymbol{x}+\boldsymbol{x}^{\mathrm{T}}\boldsymbol{P}\dot{\boldsymbol{x}}=\boldsymbol{x}^{\mathrm{T}}(\boldsymbol{A}^{\mathrm{T}}\boldsymbol{P}+\boldsymbol{P}\boldsymbol{A})\boldsymbol{x}$$

令

$$\boldsymbol{A}^{\mathrm{T}}\boldsymbol{P}+\boldsymbol{P}\boldsymbol{A}=-\boldsymbol{Q} \tag{4-24}$$

式（4-24）所示矩阵代数方程为李雅普诺夫方程。于是有

$$\dot{V}(\boldsymbol{x})=-\boldsymbol{x}^{\mathrm{T}}\boldsymbol{Q}\boldsymbol{x} \tag{4-25}$$

由第二节中的李雅普诺夫渐近稳定判据可知，只要 $\boldsymbol{Q}$ 正定，则 $\dot{V}(\boldsymbol{x})$ 负定，则此线性定常连续系统是大范围渐近稳定的。

2. 线性定常连续系统渐近稳定判据

（1）线性定常连续系统渐近稳定判据。线性定常连续系统 $\dot{\boldsymbol{x}}=\boldsymbol{A}\boldsymbol{x}$ 的唯一平衡状态 $\boldsymbol{x}_e=0$ 为大范围渐近稳定的充要条件是：

对任意给定的正定实对称矩阵 $\boldsymbol{Q}$，必存在满足李雅普诺夫方程 $\boldsymbol{A}^{\mathrm{T}}\boldsymbol{P}+\boldsymbol{P}\boldsymbol{A}=-\boldsymbol{Q}$ 的正定的实对称矩阵 $\boldsymbol{P}$，并且 $V(\boldsymbol{x})=\boldsymbol{x}^{\mathrm{T}}\boldsymbol{P}\boldsymbol{x}$ 是系统的李雅普诺夫函数。

（2）线性定常连续系统渐近稳定判据的证明。

证明：选 $V(\boldsymbol{x})=\boldsymbol{x}^{\mathrm{T}}\boldsymbol{P}\boldsymbol{x}$ 为李雅普诺夫函数，设 $\boldsymbol{P}$ 为 $n\times n$ 维正定实对称阵，则 $V(\boldsymbol{x})$ 正定。

当 $\|\boldsymbol{x}\|\to\infty$ 时，有 $V(\boldsymbol{x})\to\infty$，且

$$\dot{V}(\boldsymbol{x})=\dot{\boldsymbol{x}}^{\mathrm{T}}\boldsymbol{P}\boldsymbol{x}+\boldsymbol{x}^{\mathrm{T}}\boldsymbol{P}\dot{\boldsymbol{x}} \tag{4-26}$$

将式（4-22）代入式（4-26）得

$$\dot{V}(\boldsymbol{x})=(\boldsymbol{A}\boldsymbol{x})^{\mathrm{T}}\boldsymbol{P}\boldsymbol{x}+\boldsymbol{x}^{\mathrm{T}}\boldsymbol{P}\boldsymbol{A}\boldsymbol{x}=\boldsymbol{x}^{\mathrm{T}}(\boldsymbol{A}^{\mathrm{T}}\boldsymbol{P}+\boldsymbol{P}\boldsymbol{A})\boldsymbol{x}$$

令 $\boldsymbol{A}^{\mathrm{T}}\boldsymbol{P}+\boldsymbol{P}\boldsymbol{A}=-\boldsymbol{Q}$，则 $\dot{V}(\boldsymbol{x})=-\boldsymbol{x}^{\mathrm{T}}\boldsymbol{Q}\boldsymbol{x}$，$\boldsymbol{Q}$ 正定时，必有 $\dot{V}(\boldsymbol{x})$ 负定，即线性定常连续系统在原点大范围渐近稳定。

由于 $\boldsymbol{A}^{\mathrm{T}}\boldsymbol{P}+\boldsymbol{P}\boldsymbol{A}=-\boldsymbol{Q}$，对 $\boldsymbol{P}$、$\boldsymbol{Q}$ 的正定要求，与要求 $\boldsymbol{A}$ 的特征值具有负实部等价。所以，判据的条件既是充分的，也是必要的。

（3）线性定常连续系统渐近稳定判据的应用说明。

1）实际应用时，一般先选一个正定矩阵 $\boldsymbol{Q}$，代入式（4-24）李雅普诺夫方程，求出矩

阵 $\boldsymbol{P}$，然后按希尔维斯特判据判定 $\boldsymbol{P}$ 的正定性，进而作出系统是否渐近稳定的结论。

2）为了方便计算，常取 $\boldsymbol{Q}=\boldsymbol{I}$，这时 $\boldsymbol{P}$ 应满足

$$A^{\mathrm{T}}\boldsymbol{P}+\boldsymbol{P}\boldsymbol{A}=-\boldsymbol{Q}=-\boldsymbol{I} \tag{4-27}$$

式中：$\boldsymbol{I}$ 为单位矩阵。

3）若 $\dot{V}(\boldsymbol{x})$ 沿任一轨迹不恒等于零，则 $\boldsymbol{Q}$ 可取为半正定的。

4）上述先给定 $\boldsymbol{Q}$，再判定 $\boldsymbol{P}$ 正定的方法，也是构造线性定常连续系统渐近稳定的李雅普诺夫函数 $V(\boldsymbol{x})$ 的通用方法。

【例 4-9】　设系统的状态方程为

$$\dot{\boldsymbol{x}}=\begin{bmatrix}0 & 1\\-1 & -1\end{bmatrix}\boldsymbol{x}$$

试分析系统平衡点的稳定性。

解　设 $\boldsymbol{P}=\begin{bmatrix}p_{11} & p_{12}\\p_{21} & p_{22}\end{bmatrix}$，$\boldsymbol{Q}=\boldsymbol{I}$，代入式（4-27），得

$$\begin{bmatrix}0 & -1\\1 & -1\end{bmatrix}\begin{bmatrix}p_{11} & p_{12}\\p_{21} & p_{22}\end{bmatrix}+\begin{bmatrix}p_{11} & p_{12}\\p_{21} & p_{22}\end{bmatrix}\begin{bmatrix}0 & 1\\-1 & -1\end{bmatrix}=\begin{bmatrix}-1 & 0\\0 & -1\end{bmatrix}$$

将上式展开，令各对应元素相等，可得 $\boldsymbol{P}=\begin{bmatrix}\frac{3}{2} & \frac{1}{2}\\\frac{1}{2} & 1\end{bmatrix}$，由希尔维斯特判据有

$$\Delta_1=\frac{3}{2}>0,\quad \Delta_2=\begin{vmatrix}\frac{3}{2} & \frac{1}{2}\\\frac{1}{2} & 1\end{vmatrix}>0$$

则 $\boldsymbol{P}$ 正定，因此系统的平衡点是大范围渐近稳定。

或者由

$$V(\boldsymbol{x})=\boldsymbol{x}^{\mathrm{T}}\boldsymbol{P}\boldsymbol{x}=\frac{1}{2}(3x_1^2+2x_1x_2+2x_2^2)>0$$

可见，$V(x)$ 是正定的，又 $\boldsymbol{Q}=I$，所以

$$\dot{V}(\boldsymbol{x})=-\boldsymbol{x}^{\mathrm{T}}\boldsymbol{Q}\boldsymbol{x}=-(x_1^2+x_2^2)<0$$

$\dot{V}(\boldsymbol{x})$ 是负定的，同样得出系统的平衡点是大范围渐近稳定的结论。

【例 4-10】　某系统的状态方程为

$$\dot{\boldsymbol{x}}=\begin{bmatrix}0 & 1 & 0\\0 & -2 & 1\\-K & 0 & -1\end{bmatrix}x+\begin{bmatrix}0\\0\\K\end{bmatrix}u$$

试确定使系统稳定时系统增益 K 的稳定域。

解　由题意有 $\det\boldsymbol{A}\neq 0$，故原点是系统唯一的平衡状态。由状态方程可知，只有在原点，即在平衡状态 $\boldsymbol{x}_{\mathrm{e}}=0$ 处才有 $\dot{V}(\boldsymbol{x})\equiv 0$，而 $\dot{V}(\boldsymbol{x})$ 沿任一轨迹均不会恒等于零。

故此选 $\boldsymbol{Q}$ 为半正定的实对称矩阵

$$Q=\begin{bmatrix}0&0&0\\0&0&0\\0&0&1\end{bmatrix}$$

有
$$\dot{V}(\boldsymbol{x})=-\boldsymbol{x}^{\mathrm{T}}\boldsymbol{Q}\boldsymbol{x}=-x_3^2$$

由式（4-27），有

$$\begin{bmatrix}0&0&-K\\1&-2&0\\0&1&-1\end{bmatrix}\begin{bmatrix}p_{11}&p_{12}&p_{13}\\p_{21}&p_{22}&p_{23}\\p_{31}&p_{32}&p_{33}\end{bmatrix}+\begin{bmatrix}p_{11}&p_{12}&p_{13}\\p_{21}&p_{22}&p_{23}\\p_{31}&p_{32}&p_{33}\end{bmatrix}\begin{bmatrix}0&1&0\\0&-2&1\\-K&0&-1\end{bmatrix}=\begin{bmatrix}0&0&0\\0&0&0\\0&0&-1\end{bmatrix}$$

由上面矩阵代数方程可解出矩阵

$$\boldsymbol{P}=\frac{1}{12-2K}\begin{bmatrix}K^2+12K&6K&0\\6K&3K&K\\0&K&6\end{bmatrix}$$

由 $\boldsymbol{P}$ 易得，当 $12-2K>0$ 且 $K>0$ 时，$\boldsymbol{P}$ 正定。即 $0<K<6$ 时，系统的平衡点（原点）是大范围渐近稳定的。所以 $0<K<6$ 为系统增益 K 的稳定域。

二、线性定常离散时变系统的稳定性分析

1. 线性定常离散时变系统的稳定性分析

设线性定常离散时变系统的状态方程为

$$\boldsymbol{x}(k+1)=\boldsymbol{G}\boldsymbol{x}(k) \tag{4-28}$$

式中：$\boldsymbol{G}$ 为非奇异矩阵，原点是平衡状态。

选择正定二次型函数

$$V[\boldsymbol{x}(k)]=\boldsymbol{x}^{\mathrm{T}}(k)\boldsymbol{P}\boldsymbol{x}(k) \tag{4-29}$$

用 $\Delta V[\boldsymbol{x}(k)]$ 代替 $\dot{V}[\boldsymbol{x}(k)]$ 有

$$\Delta V[\boldsymbol{x}(k)]=V[\boldsymbol{x}(k+1)]-V[\boldsymbol{x}(k)] \tag{4-30}$$

即
$$\Delta V[\boldsymbol{x}(k)]=\boldsymbol{x}^{\mathrm{T}}(k)[\boldsymbol{G}^{\mathrm{T}}\boldsymbol{P}\boldsymbol{G}-\boldsymbol{P}]\boldsymbol{x}(k)$$

令
$$\boldsymbol{G}^{\mathrm{T}}\boldsymbol{P}\boldsymbol{G}-\boldsymbol{P}=-\boldsymbol{Q} \tag{4-31}$$

式（4-31）矩阵代数方程为离散的李雅普诺夫方程。于是有

$$\Delta V[\boldsymbol{x}(k)]=-\boldsymbol{x}^{\mathrm{T}}(k)\boldsymbol{Q}\boldsymbol{x}(k) \tag{4-32}$$

当 $\boldsymbol{Q}$ 为正定的实对称矩阵时，$\Delta V[\boldsymbol{x}(k)]$ 负定，此系统的平衡点是渐近稳定的。

2. 线性定常离散时变系统渐近稳定判据

（1）线性定常离散时变系统渐近稳定判据。若线性定常离散时变系统的状态方程为 $\boldsymbol{x}(k+1)=\boldsymbol{G}\boldsymbol{x}(k)$，则平衡状态 $\boldsymbol{x}_e=0$ 处渐近稳定的充要条件为：

对于任意给定的正定实对称矩阵 $\boldsymbol{Q}$，必存在一个正定实对称矩阵 $\boldsymbol{P}$，满足 $\boldsymbol{G}^{\mathrm{T}}\boldsymbol{P}\boldsymbol{G}-\boldsymbol{P}=-\boldsymbol{Q}$，而系统的李雅普诺夫函数为 $V[\boldsymbol{x}(k)]=\boldsymbol{x}^{\mathrm{T}}(k)\boldsymbol{P}\boldsymbol{x}(k)$。

（2）线性定常离散时变系统渐近稳定判据的证明。

证明： 取正定的李雅普诺夫函数为 $V[\boldsymbol{x}(k)]=\boldsymbol{x}^{\mathrm{T}}(k)\boldsymbol{P}\boldsymbol{x}(k)$，式中 $\boldsymbol{P}$ 为正定实对称矩阵。

由 $\Delta V[\boldsymbol{x}(k)]=V[\boldsymbol{x}(k+1)]-V[\boldsymbol{x}(k)]$ 及系统状态方程 $\boldsymbol{x}(k+1)=\boldsymbol{G}\boldsymbol{x}(k)$ 有

$$\Delta V[\boldsymbol{x}(k)]=V[\boldsymbol{G}\boldsymbol{x}(k)]-\boldsymbol{x}(k)^{\mathrm{T}}\boldsymbol{P}\boldsymbol{x}(k)$$

$$=[Gx(k)]^{T}P[Gx(k)]-x(k)^{T}Px(k)$$
$$=x(k)^{T}[G^{T}PG-P]x(k)$$

令$Q=-[G^{T}PG-P]$，取为正定的实对称矩阵，而$V[x(k)]$已选为正定的，所以$\Delta V[(x(k)]=-x^{T}(k)Qx(k)$为负定。因此，此系统的平衡点（$x_e=0$）是渐近稳定的。

如果$\Delta V[x(k)]=-x^{T}(k)Qx(k)$沿任一解的序列不恒为零，那么$Q$亦可取成半正定矩阵。实际上，$P$、$Q$矩阵满足上述条件与矩阵$G$的特征值的绝对值小于1的条件完全等价，同样是充分、必要的。

在具体应用判据时，一般可选$Q=I$，再由

$$G^{T}PG-P=-I \tag{4-33}$$

确定矩阵P是否正定，从而得出系统稳定与否的结论。

【例4-11】　某线性离散系统的状态方程为

$$x(k+1)=\begin{bmatrix}\lambda_1 & 0\\ 0 & \lambda_2\end{bmatrix}x(k)$$

试确定系统在平衡点处渐近稳定的条件。

解　选$Q=I$，代入矩阵方程

$$G^{T}PG-P=-I$$

即

$$\begin{bmatrix}\lambda_1 & 0\\ 0 & \lambda_2\end{bmatrix}\begin{bmatrix}p_{11} & p_{12}\\ p_{21} & p_{22}\end{bmatrix}\begin{bmatrix}\lambda_1 & 0\\ 0 & \lambda_2\end{bmatrix}-\begin{bmatrix}p_{11} & p_{12}\\ p_{21} & p_{22}\end{bmatrix}=\begin{bmatrix}-1 & 0\\ 0 & -1\end{bmatrix}$$

解上述方程可得

$$P=\begin{bmatrix}\dfrac{1}{1-\lambda_1^2} & 0\\ 0 & \dfrac{1}{1-\lambda_2^2}\end{bmatrix}$$

当$|\lambda_1|<1$和$|\lambda_2|<1$时，P为正定的实时对称矩阵，故系统是稳定的。

即仅当系统的所有极点均位于复平面的单位圆内时，系统在平衡点处才是大范围渐近稳定的。

第四节　非线性系统的李雅普诺夫稳定性分析

用李雅普诺夫第一法对非线性系统的稳定性进行分析，是一种近似方法，已经在第二节中研究过，不再重复。

非线性系统的稳定性一般具有局部性，不是大范围渐近稳定的平衡状态，却可能是局部渐近稳定的；而局部不稳定的平衡状态则不能说明系统是不能稳定的。非线性系统的稳定性不仅与系统的结构有关，而且与系统的初始状态、系统的外作用及其大小有关。

需要指出，用李雅普诺夫第二法对非线性系统的稳定性进行分析，只能够给出判断非线性系统渐近稳定的充分条件，而不是必要条件。

由于非线性系统的复杂性，李雅普诺夫函数的二次型形式已经不再适用。为此，人们做了许多研究，产生了一些构造非线性系统李雅普诺夫函数的有效方法。下面主要介绍克拉索

夫斯基（Krasovski）法与舒茨—基布逊（Shultz - Gibson）变量梯度法。

一、克拉索夫斯基（Krasovski）法

克拉索夫斯基（Krasovski）法，亦称雅可比（Jacobian）矩阵法，是非线性情况下寻找李雅普诺夫函数的方法，可以把克拉索夫斯基法看成是雅可比矩阵法的特殊情况。

1. 克拉索夫斯基（Krasovski）法

若非线性系统的状态方程为

$$\dot{\boldsymbol{x}}=\boldsymbol{f}(\boldsymbol{x}) \tag{4-34}$$

式中：$\boldsymbol{x}$ 为 n 维状态向量；$\boldsymbol{f}(\boldsymbol{x})$ 为 $\boldsymbol{x}$ 的 n 维非线性向量函数。

设原点 $\boldsymbol{x}_e=0$ 是平衡状态，$\boldsymbol{f}(\boldsymbol{x})$ 对 $\boldsymbol{x}$ 的元 $x_i(i=1,2,\cdots,n)$ 可微，则系统的雅可比矩阵为

$$\boldsymbol{J}(x)=\frac{\partial \boldsymbol{f}(\boldsymbol{x})}{\partial \boldsymbol{x}^{\mathrm{T}}}=\begin{bmatrix}\frac{\partial f_1}{\partial x_1} & \frac{\partial f_1}{\partial x_2} & \cdots & \frac{\partial f_1}{\partial x_n}\\ \frac{\partial f_2}{\partial x_1} & \frac{\partial f_2}{\partial x_2} & \cdots & \frac{\partial f_2}{\partial x_n}\\ \vdots & \vdots & \cdots & \vdots\\ \frac{\partial f_n}{\partial x_1} & \frac{\partial f_n}{\partial x_2} & \cdots & \frac{\partial f_n}{\partial x_n}\end{bmatrix} \tag{4-35}$$

若

$$V(\boldsymbol{x})=\dot{\boldsymbol{x}}^{\mathrm{T}}\boldsymbol{P}\dot{\boldsymbol{x}}=\boldsymbol{f}^{\mathrm{T}}(\boldsymbol{x})\boldsymbol{P}\boldsymbol{f}(\boldsymbol{x}) \tag{4-36}$$

是系统的一个李雅普诺夫函数，则系统在原点渐近稳定的充分条件是：对于任意给定的正定实对称矩阵 $\boldsymbol{P}$，能使矩阵 $\boldsymbol{Q}(\boldsymbol{x})$ 为正定的。

其中矩阵

$$\boldsymbol{Q}(\boldsymbol{x})=-[\boldsymbol{J}^{\mathrm{T}}(\boldsymbol{x})\boldsymbol{P}+\boldsymbol{P}\boldsymbol{J}(\boldsymbol{x})] \tag{4-37}$$

若当 $\|\boldsymbol{x}\|\to\infty$ 时，有 $V(\boldsymbol{x})\to\infty$，则系统在 $\boldsymbol{x}_e=0$ 是大范围渐近稳定的。

2. 克拉索夫斯基（Krasovski）法的证明

证明：对非线性系统 $\dot{\boldsymbol{x}}=\boldsymbol{f}(\boldsymbol{x})$ 选取二次型李雅普诺夫函数为

$$V(\boldsymbol{x})=\dot{\boldsymbol{x}}^{\mathrm{T}}\boldsymbol{P}\dot{\boldsymbol{x}}=\boldsymbol{f}^{\mathrm{T}}(\boldsymbol{x})\boldsymbol{P}\boldsymbol{f}(\boldsymbol{x})$$

其中，$\boldsymbol{P}$ 为正定对称矩阵，因而有 $V(\boldsymbol{x})$ 正定。

由于 $\boldsymbol{f}(\boldsymbol{x})$ 只是 $\boldsymbol{x}$ 的显函数，而不是时间 t 的显函数，故有

$$\frac{\mathrm{d}\boldsymbol{f}(\boldsymbol{x})}{\mathrm{d}t}=\dot{\boldsymbol{f}}(\boldsymbol{x})=\frac{\partial \boldsymbol{f}(\boldsymbol{x})}{\partial \boldsymbol{x}^{\mathrm{T}}}\frac{\mathrm{d}\boldsymbol{x}}{\mathrm{d}t}=\frac{\partial \boldsymbol{f}(\boldsymbol{x})}{\partial \boldsymbol{x}^{\mathrm{T}}}\dot{\boldsymbol{x}}=\boldsymbol{J}(\boldsymbol{x})\boldsymbol{f}(\boldsymbol{x})$$

所以 $V(\boldsymbol{x})$ 沿状态轨迹对 t 的全导数为

$$\begin{aligned}\dot{V}(\boldsymbol{x})&=\boldsymbol{f}^{\mathrm{T}}(\boldsymbol{x})\boldsymbol{P}\dot{\boldsymbol{f}}(\boldsymbol{x})+\dot{\boldsymbol{f}}^{\mathrm{T}}(x)\boldsymbol{P}\boldsymbol{f}(\boldsymbol{x})\\ &=\boldsymbol{f}^{\mathrm{T}}(\boldsymbol{x})\boldsymbol{P}\boldsymbol{J}(\boldsymbol{x})\boldsymbol{f}(\boldsymbol{x})+[\boldsymbol{J}(\boldsymbol{x})\boldsymbol{f}(\boldsymbol{x})]^{\mathrm{T}}\boldsymbol{P}\boldsymbol{f}(\boldsymbol{x})\\ &=\boldsymbol{f}^{\mathrm{T}}(\boldsymbol{x})[\boldsymbol{J}^{\mathrm{T}}(\boldsymbol{x})\boldsymbol{P}+\boldsymbol{P}\boldsymbol{J}(\boldsymbol{x})]\boldsymbol{f}(\boldsymbol{x})\end{aligned}$$

令

$$\boldsymbol{Q}(\boldsymbol{x})=-[\boldsymbol{J}^{\mathrm{T}}(\boldsymbol{x})\boldsymbol{P}+\boldsymbol{P}\boldsymbol{J}(\boldsymbol{x})]$$

则

$$\dot{V}(\boldsymbol{x})=-\boldsymbol{f}^{\mathrm{T}}(\boldsymbol{x})\boldsymbol{Q}(\boldsymbol{x})\boldsymbol{f}(\boldsymbol{x}) \tag{4-38}$$

当 $\boldsymbol{J}(\boldsymbol{x})$ 主对角线上的所有元素不恒为零时，必有 $\boldsymbol{Q}(\boldsymbol{x})$ 正定，即 $\dot{V}(\boldsymbol{x})$ 是负定的，此时，系统原点 $\boldsymbol{x}_e=0$（平衡状态）是渐近稳定的。

3. 克拉索夫斯基（Krasovski）法的说明

(1) 在克拉索夫斯基（Krasovski）法的证明中，$\boldsymbol{Q}(\boldsymbol{x})$ 正定的前提条件是 $\boldsymbol{J}(\boldsymbol{x})$ 主对角

线上的所有元素不恒为零。也就是说：如果 $f_i(x)$ 中不包含 x_i，那么 $\boldsymbol{J}(\boldsymbol{x})$ 主对角线上相应的元素 $\dfrac{\partial f_i}{\partial x_i}$ 必恒为零，则 $\boldsymbol{Q}(\boldsymbol{x})$ 不可能正定，因而平衡状态 $\boldsymbol{x}_e=0$ 也就不可能是渐近稳定的。

(2) 如果取 $\boldsymbol{P}=\boldsymbol{I}$，则

$$\boldsymbol{Q}(\boldsymbol{x})=-[\boldsymbol{J}^T(\boldsymbol{x})+\boldsymbol{J}(\boldsymbol{x})] \tag{4-39}$$

式 (4-39) 即克拉索夫斯基表达式，对应有

$$V(\boldsymbol{x})=\boldsymbol{f}^T(\boldsymbol{x})\boldsymbol{f}(\boldsymbol{x}) \tag{4-40}$$

且

$$\dot{V}(\boldsymbol{x})=\boldsymbol{f}^T(\boldsymbol{x})[\boldsymbol{J}^T(\boldsymbol{x})+\boldsymbol{J}(\boldsymbol{x})]\boldsymbol{f}(\boldsymbol{x}) \tag{4-41}$$

可以把克拉索夫斯基法视为雅可比矩阵法的特殊情况。

(3) 由于要求 $\boldsymbol{Q}(\boldsymbol{x})$ 对所有 $\boldsymbol{x}\neq 0$ 均为正定的条件过于苛刻，相当多的非线性系统难以满足这一要求，这使得雅可比矩阵法与克拉索夫斯基法的实际使用有一定的局限性。

(4) 雅可比矩阵法与克拉索夫斯基法只给出了非线性系统平衡状态渐近稳定的充分条件。

4. 克拉索夫斯基 (Krasovski) 法的推论

线性系统可看成非线性系统的特殊情况，因此对于线性系统的稳定性分析，也可以使用雅可比矩阵法与克拉索夫斯基法。

推论： 对于线性定常系统 $\dot{\boldsymbol{x}}=\boldsymbol{A}\boldsymbol{x}$，若矩阵 $\boldsymbol{A}$ 非奇异，且矩阵 $(\boldsymbol{A}^T+\boldsymbol{A})$ 为负定，则系统的平衡状态 $\boldsymbol{x}_e=0$ 是大范围渐近稳定的。

【例 4-12】 试用克拉索夫斯基法对某非线性系统

$$\begin{cases}\dot{x}_1=-3x_1+x_2\\ \dot{x}_2=x_1-x_2-x_2^3\end{cases}$$

分析其平衡状态 $\boldsymbol{x}_e=0$ 处的稳定性。

解 由题 $\boldsymbol{f}(\boldsymbol{x})=\begin{bmatrix}-3x_1+x_2\\ x_1-x_2-x_2^3\end{bmatrix}$，$f(0)=0$

对应雅可比矩阵 $\boldsymbol{J}(\boldsymbol{x})=\dfrac{\partial \boldsymbol{f}(\boldsymbol{x})}{\partial \boldsymbol{x}^T}=\begin{bmatrix}\dfrac{\partial f_1(x)}{\partial x_1} & \dfrac{\partial f_1(x)}{\partial x_2}\\ \dfrac{\partial f_2(x)}{\partial x_1} & \dfrac{\partial f_2(x)}{\partial x_2}\end{bmatrix}=\begin{bmatrix}-3 & 1\\ 1 & -1-3x_2^2\end{bmatrix}$

由克拉索夫斯基法，有

$$-\boldsymbol{Q}(\boldsymbol{x})=\boldsymbol{J}^T(\boldsymbol{x})+\boldsymbol{J}(\boldsymbol{x})=\begin{bmatrix}-3 & 1\\ 1 & -1-3x_2^2\end{bmatrix}+\begin{bmatrix}-3 & 1\\ 1 & -1-3x_2^2\end{bmatrix}$$

$$=\begin{bmatrix}-6 & 2\\ 2 & -2-6x_2^2\end{bmatrix}$$

即

$$\boldsymbol{Q}(\boldsymbol{x})=\begin{bmatrix}6 & -2\\ -2 & 2+6x_2^2\end{bmatrix}$$

由希尔维斯特判据，有

$$\begin{cases}\Delta_1=6>0\\ \Delta_2=\begin{vmatrix}6 & -2\\ -2 & 2+6x_2^2\end{vmatrix}=8+36x_2^2>0\end{cases}$$

所以 $\boldsymbol{Q}(\boldsymbol{x})$ 正定。而且，当 $\|\boldsymbol{x}\|\to\infty$ 时，有

$$V(\boldsymbol{x})=\boldsymbol{f}^{\mathrm{T}}(\boldsymbol{x})\boldsymbol{f}(\boldsymbol{x})=\begin{bmatrix}-3x_1+x_2 & x_1-x_2-x_2^3\end{bmatrix}\begin{bmatrix}-3x_1+x_2\\ x_1-x_2-x_2^3\end{bmatrix}$$

$$=(-3x_1+x_2)^2+(x_1-x_2-x_2^3)^2\to\infty$$

因此，系统的平衡状态 $\boldsymbol{x}_e=0$ 为大范围渐近稳定。

二、变量梯度法

1. 变量梯度法简介

变量梯度法是舒茨（Shultz）和基布逊（Gibson）在 1962 年提出来的。对于非线性系统的稳定性分析，可以比较方便地给出寻求李雅普诺夫函数的方法，较为实用。

变量梯度法基于如下事实：如果存在一个特定的李雅普诺夫函数 $V(\boldsymbol{x})$，能够证明所给系统的平衡状态为渐近稳定的，那么，这个李雅普诺夫函数 $V(\boldsymbol{x})$ 就必定以平衡点为中心形成一个数量场，并且具有单值梯度。

例如，对某非线性系统 $\dot{\boldsymbol{x}}=\boldsymbol{f}(\boldsymbol{x})$，有 $\boldsymbol{x}_e=0$，可设 $V(\boldsymbol{x})$ 为李雅普诺夫函数，则

$$\nabla \boldsymbol{V}=\frac{\partial \boldsymbol{V}}{\partial \boldsymbol{x}}=\begin{bmatrix}\dfrac{\partial V}{\partial x_1}\\ \dfrac{\partial V}{\partial x_2}\\ \vdots\\ \dfrac{\partial V}{\partial x_n}\end{bmatrix}=\begin{bmatrix}\nabla V_1\\ \nabla V_2\\ \vdots\\ \nabla V_n\end{bmatrix}=\mathrm{grad}V(x)$$

必定存在且唯一。

由于 $V(\boldsymbol{x})$ 只是 $\boldsymbol{x}$ 的显函数，而不是时间 t 的显函数，故 $V(\boldsymbol{x})$ 对时间的导数为

$$\dot{V}(\boldsymbol{x})=\frac{\partial \boldsymbol{V}}{\partial x_1}\frac{\mathrm{d}x_1}{\mathrm{d}t}+\frac{\partial \boldsymbol{V}}{\partial x_2}\frac{\mathrm{d}x_2}{\mathrm{d}t}+\cdots+\frac{\partial \boldsymbol{V}}{\partial x_n}\frac{\mathrm{d}x_n}{\mathrm{d}t}$$

其矩阵形式为

$$\dot{V}(\boldsymbol{x})=\begin{bmatrix}\dfrac{\partial V}{\partial x_1} & \dfrac{\partial V}{\partial x_2} & \cdots & \dfrac{V}{x_n}\end{bmatrix}\begin{bmatrix}\dot{x}_1\\ \dot{x}_2\\ \vdots\\ \dot{x}_n\end{bmatrix}=[\mathrm{grad}V]^{\mathrm{T}}\dot{\boldsymbol{x}} \tag{4-42}$$

据此，舒茨和基布逊提出：先假设一个旋度为零的梯度 $\nabla\boldsymbol{V}$，再根据式（4-42）确定 $\dot{V}(\boldsymbol{x})$ 和 $V(\boldsymbol{x})$，如果它们都满足判据条件，那么这个 $V(\boldsymbol{x})$ 就是所要构造的李雅普诺夫函数。

2. 场论基础

（1）标量函数的梯度。若 $V(\boldsymbol{x})$ 为 $\boldsymbol{x}$ 的标量函数，则 $V(\boldsymbol{x})$ 沿向量 $\boldsymbol{x}$ 方向的变化率就是 $V(\boldsymbol{x})$ 的梯度 $\nabla\boldsymbol{V}$

$$\nabla \boldsymbol{V}=\frac{\partial V}{\partial x}=\begin{bmatrix}\dfrac{\partial V}{\partial x_1}\\ \dfrac{\partial V}{\partial x_2}\\ \vdots\\ \dfrac{\partial V}{\partial x_n}\end{bmatrix}$$

其中，梯度$\nabla \boldsymbol{V}$是与向量$\boldsymbol{x}$同维的向量。

若用$V(\boldsymbol{x})$表示三维几何空间$\boldsymbol{x}=[x_1 \quad x_2 \quad x_3]^{\mathrm{T}}$中的温度，则$\nabla \boldsymbol{V}$就表示温度变化的梯度，描述了三维空间中温度场的变化情况。

(2) 向量的曲线积分。任意向量$\boldsymbol{H}$沿给定曲线的积分可用曲线积分$\int_L \boldsymbol{H} \mathrm{d}l$表示，其中$L$表示积分路径。若向量沿曲线的积分，只由积分路径的起点与终点位置决定，则积分结果与积分路径无关。也就是说，对于向量$\boldsymbol{H}$，在状态空间中从坐标原点$\boldsymbol{x}=0$出发，沿任意积分路径到达任意点$\boldsymbol{x}$，其积分$\int_0^x \boldsymbol{H} \mathrm{d}x$的结果都是相同的。

(3) 向量的旋度。若在三维空间中，向量$\boldsymbol{H}$用三个分量表示为$\boldsymbol{H}=H_x i+H_y j+H_z k$，则向量$\boldsymbol{H}$的旋度定义为

$$\mathrm{rot}\boldsymbol{H}=\left(\frac{\partial H_z}{\partial y}-\frac{\partial H_y}{\partial z}\right)i+\left(\frac{\partial H_x}{\partial z}-\frac{\partial H_z}{\partial x}\right)j+\left(\frac{\partial H_y}{\partial x}-\frac{\partial H_x}{\partial y}\right)k$$

若旋度为零，即$\mathrm{rot}\boldsymbol{H}=0$则向量$\boldsymbol{H}$的曲线积分与积分路径无关。对应旋度方程为

$$\frac{\partial H_z}{\partial y}=\frac{\partial H_y}{\partial z}$$

$$\frac{\partial H_x}{\partial z}=\frac{\partial H_z}{\partial x}$$

$$\frac{\partial H_y}{\partial x}=\frac{\partial H_x}{\partial y}$$

3. 变量梯度法

若非线性系统

$$\dot{\boldsymbol{x}}=\boldsymbol{f}(\boldsymbol{x}) \tag{4-43}$$

在平衡状态$\boldsymbol{x}_e=0$是渐近稳定的。

设$V(\boldsymbol{x})$是向量$\boldsymbol{x}$的标量函数，但不是时间t的显函数，则

$$\dot{V}(\boldsymbol{x})=\frac{\partial V}{\partial x_1}\dot{x}_1+\frac{\partial V}{\partial x_2}\dot{x}_2+\cdots+\frac{\partial V}{\partial x_n}\dot{x}_n$$

即

$$\dot{V}(\boldsymbol{x})=\begin{bmatrix}\frac{\partial V}{\partial x_1} & \frac{\partial V}{\partial x_2} & \cdots & \frac{\partial V}{\partial x_n}\end{bmatrix}\begin{bmatrix}\dot{x}_1\\ \dot{x}_2\\ \vdots\\ \dot{x}_n\end{bmatrix}=(\nabla \boldsymbol{V})^{\mathrm{T}}\dot{\boldsymbol{x}} \tag{4-44}$$

式中：$(\nabla \boldsymbol{V})^{\mathrm{T}}$为$\nabla \boldsymbol{V}$的转置矩阵。

首先，舒茨和基布逊根据式（4-44）所确立的$\nabla \boldsymbol{V}$与$\dot{V}(\boldsymbol{x})$的关系，假设$\nabla \boldsymbol{V}$为某个具有待定系数的n维向量

$$\nabla \boldsymbol{V}=\begin{bmatrix}a_{11}x_1+a_{12}x_2+\cdots+a_{1n}x_n\\ a_{21}x_1+a_{22}x_2+\cdots+a_{2n}x_n\\ \vdots\\ a_{n1}x_1+a_{n2}x_2+\cdots+a_{nn}x_n\end{bmatrix} \tag{4-45}$$

再根据$\dot{V}(\boldsymbol{x})$为负定(或半负定)的要求，确定待定系数a_{ij}（i，$j=1$，2，…，n），并由这个$\nabla \boldsymbol{V}$通过下列积分来导出$V(\boldsymbol{x})$，即

$$\boldsymbol{V}(x)=\int_0^x(\nabla\boldsymbol{V})^{\mathrm{T}}\mathrm{d}x \tag{4-46}$$

积分上限取为 $\boldsymbol{x}$，表示在整个状态空间中从平衡状态 $\boldsymbol{x}_e=0$ 出发到任意点 $\boldsymbol{x}=[x_1, x_2, \cdots, x_n]^{\mathrm{T}}$ 的线积分。由于这个线积分可以与积分路径无关，因此采用下面的逐点积分法可以使积分路径最简单，即

$$\begin{aligned}\boldsymbol{V}(\boldsymbol{x})=&\int_0^{x_1(x_2=x_3=\cdots=x_n=0)}\nabla\boldsymbol{V}_1\mathrm{d}x_1+\int_0^{x_2(x_1=x_1,\ x_3=x_4=\cdots=x_n=0)}\nabla\boldsymbol{V}_2\mathrm{d}x_2\\&+\cdots+\int_0^{x_n(x_1=x_1,\ x_2=x_2,\ \cdots x_{n-1}=x_{n-1})}\nabla\boldsymbol{V}_n\mathrm{d}x_n\end{aligned} \tag{4-47}$$

取单位向量为整个状态空间的最简基底

$$\boldsymbol{e}_1=\begin{bmatrix}1\\0\\0\\\vdots\\0\end{bmatrix},\ \boldsymbol{e}_2=\begin{bmatrix}0\\1\\0\\\vdots\\0\end{bmatrix},\ \cdots,\ \boldsymbol{e}_n=\begin{bmatrix}0\\0\\\vdots\\0\\1\end{bmatrix} \tag{4-48}$$

可使式（4-47）中的最简积分路径从坐标原点开始，沿着矢量 $\boldsymbol{e}_1$ 到达 x_1，再由 x_1 沿着向量 $\boldsymbol{e}_2$ 到达 x_2，…，最后沿着向量 $\boldsymbol{e}_n$ 到达 $\boldsymbol{x}(x_1, x_2, \cdots, x_n)$。

上述最简积分路径是建立在式（4-46）的“线积分与积分路径无关”的基础之上的，因此必须保证 $\nabla\boldsymbol{V}$ 的旋度为零（$\mathrm{rot}\nabla\boldsymbol{V}=0$），即要求 $\nabla\boldsymbol{V}$ 满足 n 维广义旋度方程

$$\frac{\partial\nabla V_i}{\partial x_j}=\frac{\partial\nabla V_j}{\partial x_i}(i,\ j=1,\ 2,\ \cdots,\ n) \tag{4-49}$$

也就是说，由 $\frac{\partial\nabla V_i}{\partial x_j}$ 所组成的雅可比矩阵必须是对称的，因此

$$J=\frac{\partial\nabla\boldsymbol{V}}{\partial\boldsymbol{x}^{\mathrm{T}}}=\begin{bmatrix}\frac{\partial\nabla V_1}{\partial x_1}&\frac{\partial\nabla V_1}{\partial x_2}&\cdots&\frac{\partial\nabla V_1}{\partial x_n}\\\frac{\partial\nabla V_2}{\partial x_1}&\frac{\partial\nabla V_2}{\partial x_2}&\cdots&\frac{\partial\nabla V_2}{\partial x_n}\\\vdots&\vdots&\vdots&\vdots\\\frac{\partial\nabla V_n}{\partial x_1}&\frac{\partial\nabla V_n}{\partial x_2}&\cdots&\frac{\partial\nabla V_n}{\partial x_n}\end{bmatrix} \tag{4-50}$$

对于 n 维非线性系统应有 $n(n-1)/2$ 个旋度方程。

当 $n=3$ 时，就应有3个旋度方程

$$\begin{cases}\frac{\partial\nabla V_2}{\partial x_1}=\frac{\partial\nabla V_1}{\partial x_2}\\\frac{\partial\nabla V_3}{\partial x_1}=\frac{\partial\nabla V_1}{\partial x_3}\\\frac{\partial\nabla V_3}{\partial x_2}=\frac{\partial\nabla V_2}{\partial x_3}\end{cases} \tag{4-51}$$

如果由式（4-47）求得的 $V(\boldsymbol{x})$ 是正定的，那么非线性系统的平衡状态就是渐近稳定的。进一步，当 $\|\boldsymbol{x}\|\to\infty$ 时，还有 $V(\boldsymbol{x})\to\infty$，则平衡状态就是大范围渐近稳定的。

4. 变量梯度法的解题步骤

在熟悉变量梯度法的基础上，可以将应用变量梯度法分析非线性系统平衡状态稳定性的步骤归纳成以下五步：

(1) 首先按式 (4-45) 设定$\nabla \boldsymbol{V}$，其中待定系数 a_{ij} 可以是常数或时间 t 的函数或状态变量的函数，不同的系数选择可能求出不同的 $V(\boldsymbol{x})$。一般把 a_{ij} 选为常数或 t 的函数比较方便，有些 a_{ij} 可选为零，可以根据 $\dot{V}(\boldsymbol{x})$ 的约束条件和旋度方程的要求来选定。

(2) 再由$\nabla \boldsymbol{V}$ 按式 (4-44) 确定 $\dot{V}(\boldsymbol{x})$。

(3) 接着根据 $\dot{V}(\boldsymbol{x})$ 负定(至少是半负定) 及满足 $n(n-1)/2$ 个旋度方程的条件，确定 a_{ij}，得到 $\dot{V}(\boldsymbol{x})$，并重新校核 $\dot{V}(\boldsymbol{x})$ 的定号性质。

(4) 由式 (4-47) 确定非线性系统的 $V(\boldsymbol{x})$。

(5) 最后校核当$\|\boldsymbol{x}\|\to\infty$时，是否有 $V(\boldsymbol{x})\to\infty$ 的条件，确定使 $V(\boldsymbol{x})$ 为正定的渐近稳定范围。

必须指出，用上述方法如果求不出合适的 $V(\boldsymbol{x})$，并不意味着非线性系统的平衡状态就是不稳定的。

5. 应用变量梯度法解题

【例 4-13】 试用变量梯度法确定某非线性系统$\begin{cases}\dot{x}_1=-x_1\\ \dot{x}_2=x_1x_2^2-x_2\end{cases}$的 $V(\boldsymbol{x})$，并且分析系统平衡状态 $\boldsymbol{x}_e=0$ 的稳定性。

解 首先假设 $V(\boldsymbol{x})$ 的梯度 $\nabla \boldsymbol{V}=\begin{bmatrix}a_{11}x_1+a_{12}x_2\\ a_{21}x_1+a_{22}x_2\end{bmatrix}=\begin{bmatrix}\nabla V_1\\ \nabla V_2\end{bmatrix}$，再按式(4-45)计算 $V(\boldsymbol{x})$ 的导数

$$\dot{V}(\boldsymbol{x})=(\nabla \boldsymbol{V})^{\mathrm{T}}\dot{x}=[a_{11}x_1+a_{12}x_2 \quad a_{21}x_1+a_{22}x_2]\begin{bmatrix}-x_1\\ -x_2+x_1x_2^2\end{bmatrix}$$

$$=-a_{11}x_1^2-(a_{12}+a_{21})x_1x_2-a_{22}x_2^2+a_{21}x_1^2x_2^2+a_{22}x_1x_2^3$$

接着试选待定系数 $\boldsymbol{a}_{11}=\boldsymbol{a}_{22}=1$，$\boldsymbol{a}_{12}=\boldsymbol{a}_{21}=0$，则

$$\dot{V}(\boldsymbol{x})=-x_1^2-(1-x_1x_2)x_2^2$$

当 $1-x_1x_2>0$，即 $x_1x_2<1$ 时，$\dot{V}(\boldsymbol{x})$ 负定；也就是说，$x_1x_2<1$ 是 x_1 和 x_2 的约束条件。由假设有 $\nabla \boldsymbol{V}=\begin{bmatrix}x_1\\ x_2\end{bmatrix}$，由满足 $n(n-1)/2$ 个旋度方程的条件有$\dfrac{\partial \nabla V_1}{\partial x_2}=\dfrac{\partial \nabla V_2}{\partial x_1}$，即 $\dfrac{\partial x_1}{\partial x_2}=\dfrac{\partial x_2}{\partial x_1}=0$ 成立。

因此，上述参数的选择是允许的。

最后按式 (4-47) 计算 $V(\boldsymbol{x})$，有

$$V(\boldsymbol{x})=\int_0^{x_1(x_2=0)}x_1\mathrm{d}x_1+\int_0^{x_2(x_1=x_1)}x_2\mathrm{d}x_2$$

$$=\frac{1}{2}(x_1^2+x_2^2)>0，\text{正定}$$

即在 $x_1x_2<1$ 范围内，系统平衡状态 $\boldsymbol{x}_e=0$ 是渐近稳定的。

由于“不同的系数选择可能求出不同的 $V(\boldsymbol{x})$”，而“不同的 $V(\boldsymbol{x})$”则可能对应不同的稳定区域范围。为了说明这一点，下面对本例再选一组参数

$$a_{11}=1,\ a_{12}=x_2^2,\ a_{21}=3x_2^2,\ a_{22}=3$$

此时有 $\nabla \boldsymbol{V}=\begin{bmatrix} x_1+x_2^3 \\ 3x_1x_2^2+3x_2 \end{bmatrix}$，则

$$\begin{aligned}\dot{V}(\boldsymbol{x})&=(\nabla \boldsymbol{V})^{\mathrm{T}}\dot{\boldsymbol{x}}=\begin{bmatrix} x_1+x_2^3 & 3x_1x_2^2+3x_2 \end{bmatrix}\begin{bmatrix} -x_1 \\ x_1x_2^2-x_2 \end{bmatrix}\\ &=-x_1^2-x_1x_2^3+3x_1^2x_2^4-3x_1x_2^3+3x_1x_2^3-3x_2^2\\ &=-x_1^2-3x_2^2-x_1x_2(1-3x_1x_2)x_2^2\end{aligned}$$

当 $x_1x_2(1-3x_1x_2)>0$，即 $0<x_1x_2<\dfrac{1}{3}$ 时，$\dot{V}(\boldsymbol{x})$ 负定。

由假设 $\nabla \boldsymbol{V}=\begin{bmatrix} x_1+x_2^3 \\ 3x_1x_2^2+3x_2 \end{bmatrix}$，以及满足 $n(n-1)/2$ 个旋度方程的条件有

$$\frac{\partial \nabla V_1}{\partial x_2}=3x_2^2$$

$$\frac{\partial \nabla V_2}{\partial x_1}=3x_2^2$$

同样满足旋度方程，因此

$$\begin{aligned}V(x)&=\int_0^{x_1(x_2=0)} x_1\mathrm{d}x_1+\int_0^{x_2(x_1=x_1)}(3x_1x_2^2+3x_2)\mathrm{d}x_2\\ &=\frac{1}{2}x_1^2+\frac{3}{2}x_2^2+x_1x_2^3\end{aligned}$$

在约束条件 $0<x_1x_2<\dfrac{1}{3}$ 下，$V(\boldsymbol{x})$ 正定。即在 $0<x_1x_2<\dfrac{1}{3}$ 范围内，系统在 $\boldsymbol{x}_{\mathrm{e}}=0$ 是渐近稳定的。

由此可知：即使是同一非线性系统，当选择不同的待定系数 a_{ij} 时，不仅所得到的李雅普诺夫函数 $V(\boldsymbol{x})$ 不同，而且求得的渐近稳定区域范围也不同。

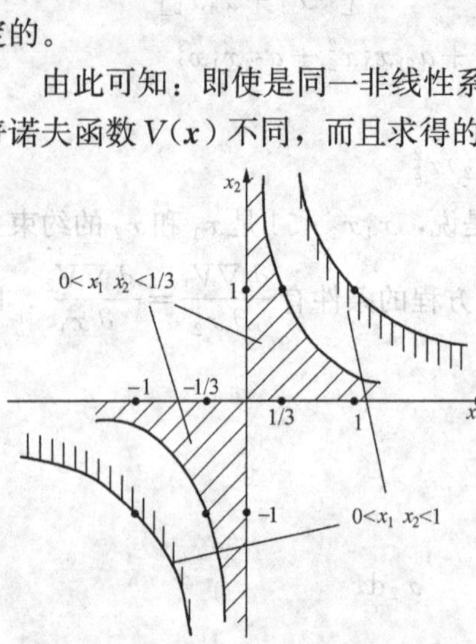

图 4-9　选择不同待定系数对稳定范围的影响

前面选取的 $V(\boldsymbol{x})$ 要比后面选取的 $V(\boldsymbol{x})$ 好。图 4-9 对它们的稳定区域范围进行了比较，其中斜线阴影区表示在 $0<x_1x_2<\dfrac{1}{3}$ 条件下的稳定范围，比前面选取的 $V(\boldsymbol{x})$ 所对应的稳定区域范围（垂线区）要窄很多。

【例 4-14】　某非线性系统的状态方程为

$$\begin{cases}\dot{x}_1=-x_1+2x_1^2x_2\\ \dot{x}_2=-x_2\end{cases}$$

试用变量梯度法确定系统的 $V(\boldsymbol{x})$ 并分析系统平衡点 $\boldsymbol{x}_{\mathrm{e}}=0$ 的稳定性。

解　设 $V(\boldsymbol{x})$ 的梯度为

$$\nabla \boldsymbol{V}=\begin{bmatrix}a_{11}x_1+a_{12}x_2\\a_{21}x_1+a_{22}x_2\end{bmatrix}$$

则

$$\dot V(\boldsymbol{x})=(\nabla \boldsymbol{V})^{\mathrm T}\dot{\boldsymbol{x}}=[a_{11}x_1+a_{12}x_2\quad a_{21}x_1+a_{22}x_2]\begin{bmatrix}-x_1+2x_1^2x_2\\-x_2\end{bmatrix}$$

$$=-a_{11}x_1^2+2a_{11}x_1^3x_2-a_{12}x_1x_2+2a_{12}x_1^2x_2^2-a_{21}x_1x_2-a_{22}x_2^2$$

取 $a_{11}=1$，$a_{12}=a_{21}=0$，$a_{22}=2$，使

$$\nabla V=\begin{bmatrix}a_{11}x_1\\a_{22}x_2\end{bmatrix}=\begin{bmatrix}x_1\\2x_2\end{bmatrix}$$

可满足旋度方程　$\dfrac{\partial\ \nabla V_1}{\partial\ x_2}=0$，$\dfrac{\partial\ \nabla V_2}{\partial\ x_1}=0$

有　$\dot V(\boldsymbol{x})=-x_1^2+2x_1^3x_2-2x_2^2=-x_1^2(1-2x_1x_2)-2x_2^2$

当 $1-2x_1x_2>0$ 时，$\dot V(\boldsymbol{x})$ 负定，$x_1x_2<\dfrac{1}{2}$ 是 x_1、x_2 的约束条件。所以

$$V(\boldsymbol{x})=\int_0^{x_1(x_2=0)}\nabla V_1\mathrm{d}x_1+\int_0^{x_2(x_1=0)}\nabla V_2\mathrm{d}x_2$$

$$=\int_0^{x_1(x_2=0)}x_1\mathrm{d}x_1+\int_0^{x_2(x_1=0)}2x_2\mathrm{d}x_2=\frac{1}{2}x_1^2+x_2^2$$

是正定的。即当 $x_1x_2<\dfrac{1}{2}$，此系统在平衡点 $\boldsymbol{x}_e=0$ 是渐近稳定的。

第五节　基于 MATLAB 的李雅普诺夫稳定性分析

利用李雅普诺夫稳定性分析方法分析线性定常连续系统和线性定常离散系统的稳定性可以借助于 MATLAB 工具箱内部函数进行。常用的函数有 lyap ()、dlyap () 函数。lyap ()、dlyap () 函数分别针对线性定常连续系统和线性定常离散系统进行稳定性分析。

1. lyap () 函数的应用

【例 4 - 15】　设线性定常连续系统的状态矩阵为

$$\boldsymbol{A}=\begin{bmatrix}-2&1&1\\0&-1&0\\1&1&-2\end{bmatrix}$$

试利用李雅普诺夫稳定性分析方法分析系统的稳定性。

解　编制程序如下：

```
A = [- 2  1  1;  0  - 1  0; 1  1  - 2];
B = [1  0  0;  0  1  0;  0  0  1];
P = lyap(A,B)
K = - (A * P + P * A^T)
```

执行该程序后，输出结果为

```
P =  0.5833  0.2500  0.4167
     0.2500  0.5000  0.2500
     0.4167  0.2500  0.5833
K =  1.0000    0     0.0000
       0     1.0000    0
     0.0000    0     1.0000
```

由输出结果可以清楚地看出，系统是稳定的。这是因为对于给定的单位矩阵 $\boldsymbol{E}=\boldsymbol{K}$，找到正定矩阵 $\boldsymbol{P}$，使得连续系统李雅普诺夫方程 $\boldsymbol{A}*\boldsymbol{P}+\boldsymbol{P}*\boldsymbol{A}^{\mathrm{T}}=-\boldsymbol{E}$ 得到满足。

2. dlyap () 函数的应用

【例 4-16】 设线性定常离散系统的状态矩阵为

$$\boldsymbol{G}=\begin{bmatrix}0.8 & 0 & 0\\ 0 & 0.6 & 0\\ 1 & 1 & -0.2\end{bmatrix}$$

试利用李雅普诺夫稳定性分析方法分析系统的稳定性。

解 编制程序如下：

```
G=[0.8  0  0;0  0.6  0;1  1  -0.2];
B=[1  0  0;0  1  0;0  0  1];
P=dlyap(G,B)
K=-(G*P*G^T-P)
```

执行该程序后，输出结果为

```
P =    2.7778   -0.0000   1.9157
      -0.0000    1.5625   0.8371
       1.9157    0.8371   4.4158
K =    1.0000   -0.0000  -0.0000
      -0.0000    1.0000   0.0000
      -0.0000    0.0000   1.0000
```

由输出结果可以清楚地看出，系统是稳定的。这是因为对于给定的单位矩阵 $\boldsymbol{E}=\boldsymbol{K}$，找到正定矩阵 $\boldsymbol{P}$，使得离散系统李雅普诺夫方程 $\boldsymbol{G}*\boldsymbol{P}*\boldsymbol{G}^{\mathrm{T}}-\boldsymbol{P}=-\boldsymbol{E}$ 得到满足。

习题

4-1 判断下列二次型函数的符号性质。

(1) $\boldsymbol{Q}(\boldsymbol{x})=10x_1^2+4x_2^2+x_3^2+2x_1x_2-2x_2x_3-4x_1x_3$

(2) $\boldsymbol{Q}(\boldsymbol{x})=-x_1^2-3x_2^2-11x_3^2+2x_1x_2-x_2x_3-2x_1x_2$

(3) $\boldsymbol{Q}(\boldsymbol{x})=-x_1^2-4x_2^2+x_3^2-2x_1x_2-6x_2x_3-2x_1x_3$

4-2 试由系统的状态方程

$$\dot{\boldsymbol{x}}=\begin{bmatrix}a_{11} & a_{12}\\ a_{21} & a_{22}\end{bmatrix}\boldsymbol{x}$$

确定系统平衡状态大范围渐近稳定的条件。

4-3　试用李雅普诺夫第二法确定下列线性系统原点的稳定性。

(1) $\dot{\boldsymbol{x}}=\begin{bmatrix}-1 & 1\\ 2 & -3\end{bmatrix}\begin{bmatrix}x_1\\ x_2\end{bmatrix}$　　(2) $\dot{\boldsymbol{x}}=\begin{bmatrix}0 & 1\\ -1 & -1\end{bmatrix}\begin{bmatrix}x_1\\ x_2\end{bmatrix}$

(3) $\dot{\boldsymbol{x}}=\begin{bmatrix}-1 & 1\\ -1 & -1\end{bmatrix}\begin{bmatrix}x_1\\ x_2\end{bmatrix}$　　(4) $\dot{\boldsymbol{x}}=\begin{bmatrix}1 & 0\\ 0 & -1\end{bmatrix}\begin{bmatrix}x_1\\ x_2\end{bmatrix}$

4-4　若描述两种生物个数的瓦尔特拉（Volterra）方程为

$$\begin{cases}\dot{x}_1=\alpha x_1+\beta x_1x_2\\ \dot{x}_2=\gamma x_2+\delta x_1x_2\end{cases}$$

其中：x_1，x_2 分别表示两种生物的个数；α、β、γ、δ 为非 0 实数。试完成：

(1) 确定系统的平衡点；

(2) 在平衡点附近进行线性化，讨论平衡点的稳定性。

4-5　试用李雅普诺夫第二法对某线性定常系统

$$\dot{\boldsymbol{x}}=\begin{bmatrix}0 & -2\\ 1 & -3\end{bmatrix}\boldsymbol{x}$$

分析系统平衡点的稳定性。

4-6　某线性定常系统

$$\dot{\boldsymbol{x}}=\begin{bmatrix}0 & 1 & 0 & 0\\ -a & 0 & 1 & 0\\ 0 & -b & 0 & 1\\ 0 & 0 & -c & -d\end{bmatrix}\boldsymbol{x}$$

a、b、c、d 均不为零，试用 a、b、c、d 表示平衡点 $\boldsymbol{x}_e=0$ 渐近稳定的充分必要条件。

4-7　试求某非线性系统

$$\begin{cases}\dot{x}_1=x_2\\ \dot{x}_2=\gamma x_2+\delta x_1x_2\end{cases}$$

的平衡点，并且对平衡点进行线性化，判断平衡点是否稳定。

4-8　试确定某非线性系统

$$\begin{cases}\dot{x}_1=x_2\\ \dot{x}_2=-a(1+x_2)^2x_2-x_1,\ a>0\end{cases}$$

平衡状态的稳定性。

4-9　试对某非线性系统

$$\dot{\boldsymbol{x}}=\begin{bmatrix}0 & 1\\ -x_1^2 & -1\end{bmatrix}\boldsymbol{x}$$

用克拉索夫斯基法确定原点的稳定性。

4-10　试对某非线性系统

$$\dot{\boldsymbol{x}}=\begin{bmatrix}a & 1\\ 1 & -1+bx_2^4\end{bmatrix}\boldsymbol{x}$$

用克拉索夫斯基法确定 a 和 b 使原点为大范围渐近稳定的取值范围。

4-11　试用李雅普诺夫第二法判定非线性系统

$$\begin{cases}\dot{x}_1 = x_1^3 + x_1 x_2^2 - x_1 - x_2 \\ \dot{x}_2 = x_2^3 + x_1^2 x_2 + x_1 - x_2\end{cases}$$

在平衡点的稳定性。

4 - 12 试用变量梯度法构造非线性系统

$$\begin{cases}\dot{x}_1 = -x_1 + 2x_1^2 x_2 \\ \dot{x}_2 = -x_2\end{cases}$$

的李雅普诺夫函数。

第五章　状态反馈和状态观测器

第一节　线性系统的状态反馈和输出反馈

一、输出反馈与状态反馈

1. 输出反馈

如图 5-1 所示是一个没有反馈的开环控制系统，这个系统的传递函数为

$$G(s)=\frac{Y(s)}{U(s)} \tag{5-1}$$

设系统的传递函数$G(2)=\dfrac{1}{s-2}$，可知系统的极点为$s=2$，位于s的左半平面，因此这个系统不稳定。

为了改善系统的动态性能，常常从系统的输出端引出反馈，加入负反馈环节$H(s)$到系统的输入端，这种反馈成为输出反馈，如图 5-2 所示。

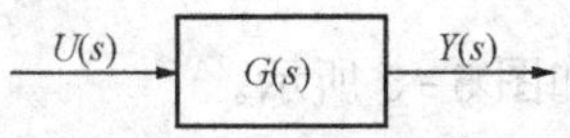

图 5-1　开环控制系统

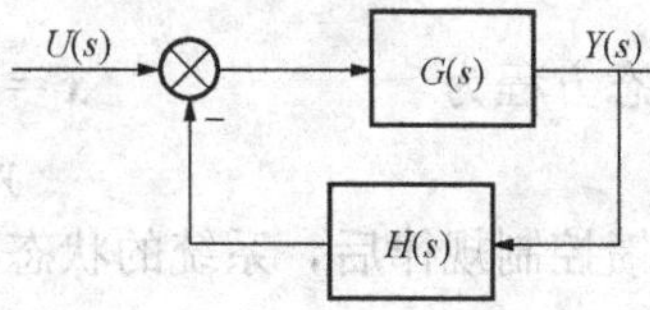

图 5-2　闭环控制系统

系统的传递函数变为

$$\Phi(s)=\frac{G(s)}{1+G(s)H(s)} \tag{5-2}$$

式中，$G(s)$是原系统固有的开环传递函数，它是不能任意改变的，而反馈环节的传递函数$H(s)$是可以人为改变的。只要适当地选取$H(s)$，就可以改变系统的闭环传递函数$\Phi(s)$，从而也就改变了系统的动态性能。

【例 5-1】　已知$G(s)=\dfrac{1}{s-2}$是不稳定的，试采用输出反馈使系统稳定。

解　可选取$H(s)=s+4$，闭环系统的传递函数为

$$\Phi(s)=\frac{G(s)}{1+G(s)H(s)}=\frac{\frac{1}{s-2}}{1+\frac{s+4}{s-2}}=\frac{1}{2s+2}$$

使闭环系统的极点为$s=-1$，因此引入输出反馈后系统由原来不稳定变为稳定。由于采用的是输出反馈，只能说明系统的输出是稳定的，而不能保证系统中的每一个状态是稳定的。可见，输出反馈并不能全面改善系统的性能。

输出反馈系统的结构图如图 5-3 所示。

该系统的状态方程和输出方程为

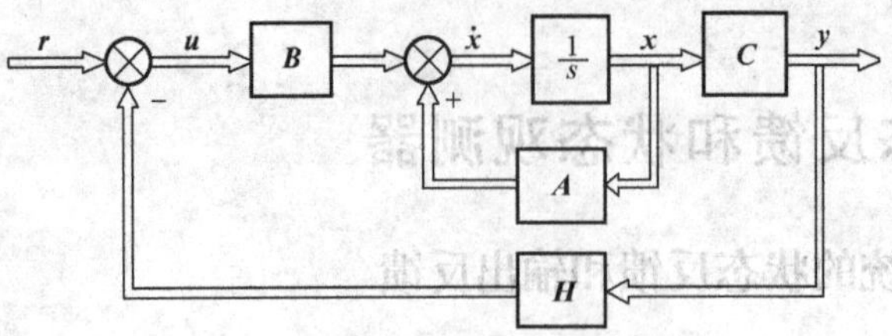

图 5-3 输出反馈系统的结构图

$$\begin{cases}\dot{\boldsymbol{x}}=\boldsymbol{A}\boldsymbol{x}+\boldsymbol{B}u\\ y=\boldsymbol{C}\boldsymbol{x}\end{cases}\tag{5-3}$$

其中 $u=r-\boldsymbol{H}y=r-\boldsymbol{H}\boldsymbol{C}\boldsymbol{x}$

$\boldsymbol{H}$ 为输出反馈矩阵。经化简可得系统的状态方程

$$\dot{\boldsymbol{x}}=(\boldsymbol{A}-\boldsymbol{B}\boldsymbol{H}\boldsymbol{C})\boldsymbol{x}+\boldsymbol{B}r\tag{5-4}$$

2. 状态反馈

为了全面改善系统的动态性能，可以将系统的全部状态变量反馈至输入端，这种反馈称为状态反馈。下面以 n 维单输入/单输出线性定常系统为例讨论。

图 5-4 所示是原开环系统的状态变量框图。

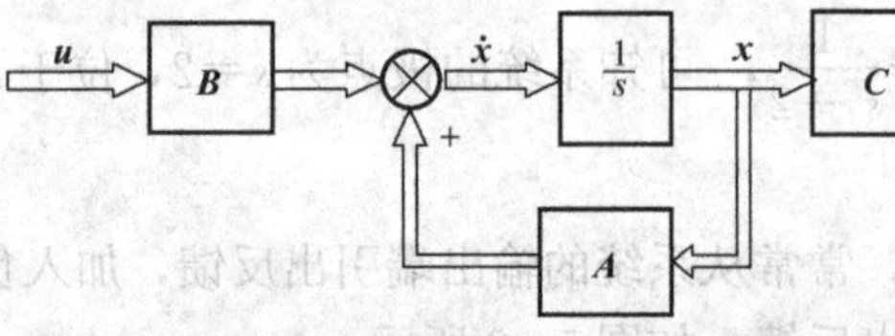

图 5-4 开环系统的状态变量框图

该系统的状态方程为 $\dot{\boldsymbol{x}}=\boldsymbol{A}\boldsymbol{x}+\boldsymbol{B}u$

输出方程为 $y=\boldsymbol{C}\boldsymbol{x}$

加入状态反馈控制规律后，系统的状态变量框图如图 5-5 所示。

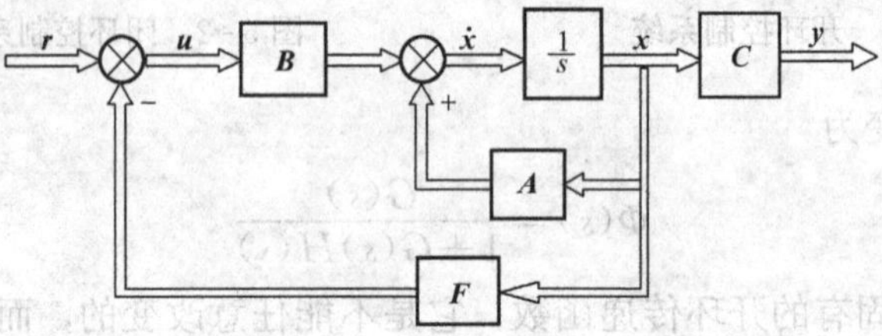

图 5-5 状态反馈系统的状态变量框图

由图 5-5 可知系统的反馈控制规律是

$$u=r-\boldsymbol{F}\boldsymbol{x}\tag{5-5}$$

所以

$$\dot{\boldsymbol{x}}=\boldsymbol{A}\boldsymbol{x}+\boldsymbol{B}u=\boldsymbol{A}\boldsymbol{x}+\boldsymbol{B}(r-\boldsymbol{F}\boldsymbol{x})\tag{5-6}$$

即

$$\dot{\boldsymbol{x}}=(\boldsymbol{A}-\boldsymbol{B}\boldsymbol{F})\boldsymbol{x}+\boldsymbol{B}r\tag{5-7}$$

式中 r 为标量，是参考输入；$\boldsymbol{F}$ 为 $1\times n$ 维行矩阵。

式（5-7）就是加入状态反馈后，闭环系统的状态方程。式中，$\boldsymbol{A}$、$\boldsymbol{B}$ 矩阵都是系统给定的，是不能任意改变的。而状态反馈矩阵 $\boldsymbol{F}$ 却可以人为改变，通过改变 $\boldsymbol{F}$，就可以使 $\boldsymbol{A}-\boldsymbol{B}\boldsymbol{F}$ 发生改变，从而改变系统的动态性能。从反馈信息的性质来看，由于状态可完全地表征系统结构的信息，因而状态反馈是一种完全的系统信息反馈。输出反馈则是系统结构信息的一种不完全反馈。一般而言，为了使反馈系统能获得良好的动态性能，必须采用完全信息反馈即状态反馈。

二、状态反馈和输出反馈对系统能控性、能观测性的影响

1. 状态反馈对系统能控性、能观测性的影响

状态反馈前的能控性矩阵为

$$U_c = [\boldsymbol{B} \quad \boldsymbol{AB} \quad \boldsymbol{A}^2\boldsymbol{B} \quad \cdots \quad \boldsymbol{A}^{n-1}\boldsymbol{B}]$$

采用状态反馈后系统的能控性矩阵为

$$\boldsymbol{U}_{cF} = [\boldsymbol{B} \quad (\boldsymbol{A}-\boldsymbol{BF})\boldsymbol{B} \quad (\boldsymbol{A}-\boldsymbol{BF})^2\boldsymbol{B} \quad \cdots \quad (\boldsymbol{A}-\boldsymbol{BF})^{n-1}\boldsymbol{B}] \tag{5-8}$$

可以看出，[$(\boldsymbol{A}-\boldsymbol{BF})\boldsymbol{B}$] 的列向量可以由 [$\boldsymbol{B} \quad \boldsymbol{AB}$] 的列向量的线性组合来表示。[$(\boldsymbol{A}-\boldsymbol{BF})^2\boldsymbol{B}$] 的列向量可以由 [$\boldsymbol{B} \quad \boldsymbol{AB} \quad \boldsymbol{A}^2\boldsymbol{B}$] 的列向量的线性组合来表示。依此类推可以得出 $\boldsymbol{U}_c$ 与 $\boldsymbol{U}_{cF}$ 的秩是相同的，因此状态反馈的引入不改变系统的能控性。

状态反馈后有可能改变系统的能观测性。

对此只需举一反例说明即可。考察系统

$$\begin{cases} \dot{\boldsymbol{x}} = \begin{bmatrix} 1 & 2 \\ 0 & 3 \end{bmatrix} \boldsymbol{x} + \begin{bmatrix} 0 \\ 1 \end{bmatrix} u \\ \boldsymbol{y} = [1 \quad 1]\, \boldsymbol{x} \end{cases}$$

可知，其能观测性矩阵为

$$U_o = \begin{bmatrix} \boldsymbol{C} \\ \boldsymbol{CA} \end{bmatrix} = \begin{bmatrix} 1 & 1 \\ 1 & 5 \end{bmatrix}$$

满足 $\mathrm{rank}\boldsymbol{U}_o = n = 2$，故系统为能观测的。现引入状态反馈，且取 $\boldsymbol{F} = [0 \quad 4]$，这时引入状态反馈后构成的闭环系统的状态方程为

$$\begin{cases} \dot{\boldsymbol{x}}(\boldsymbol{A}-\boldsymbol{BF})\boldsymbol{x} + \boldsymbol{B}r = \begin{bmatrix} 1 & 2 \\ 0 & -1 \end{bmatrix} \boldsymbol{x} + \begin{bmatrix} 0 \\ 1 \end{bmatrix} r \\ y = [1 \quad 1]\, \boldsymbol{x} \end{cases}$$

此时，该闭环系统的能观测性矩阵为

$$\boldsymbol{U}_{oF} = \begin{bmatrix} \boldsymbol{C} \\ \boldsymbol{C}(\boldsymbol{A}-\boldsymbol{BF}) \end{bmatrix} = \begin{bmatrix} 1 & 1 \\ 1 & 1 \end{bmatrix}$$

显然，闭环系统的 $\mathrm{rank}\boldsymbol{U}_{oF} = 1 < n = 2$，故引入状态反馈后构成的闭环系统为不完全能观测的。如果取 $\boldsymbol{F}[0 \quad 5]$，通过计算可知此时的闭环系统是能观测的。这就表明状态反馈有可能会改变系统的能观测性。

2. 输出反馈对系统能控性、能观测性的影响

由于对任一输出反馈系统都可以找到一个等价的状态反馈系统，而根据前面的分析可知，引入状态反馈不会改变系统的能控性，从而输出反馈的引入同样不会改变系统的能控性。

引入输出反馈后的闭环系统的能观测性矩阵为

$$\boldsymbol{U}_{oH} = \begin{bmatrix} \boldsymbol{C} \\ \boldsymbol{C}(\boldsymbol{A}-\boldsymbol{BHC}) \\ \vdots \\ \boldsymbol{C}(\boldsymbol{A}-\boldsymbol{BHC})^{n-1} \end{bmatrix} \tag{5-9}$$

而

$$\boldsymbol{C}(\boldsymbol{A}-\boldsymbol{BHC}) = \boldsymbol{CA} - \boldsymbol{CBHC} = \boldsymbol{CA} - (\boldsymbol{CBH})\boldsymbol{C}$$

所以 $C(A-BHC)$ 的行向量可由 $\begin{bmatrix} C \\ CA \end{bmatrix}$ 的行向量的线性组合表示。同理，$C(A-BHC)^2$ 的行向量可由 $\begin{bmatrix} C \\ CA \\ CA^2 \end{bmatrix}$ 的行向量的线性组合表示。依此类推可知

$$U_{oH}=\begin{bmatrix} C \\ C(A-BHC) \\ \vdots \\ C(A-BHC)^{n-1} \end{bmatrix}$$

的行向量可由

$$U_o=\begin{bmatrix} C \\ CA \\ \vdots \\ CA^{n-1} \end{bmatrix}$$

的线性组合表示，所以有

$$\text{rank}U_{oH}=\text{rank}U_o$$

因此输出反馈的引入不会改变系统的能控性和能观测性。

第二节 闭环系统的极点配置

在经典控制理论中，系统的动态性能很大程度上都是由极点在 s 平面上的位置所决定的。而在现代控制理论中，系统的极点就是状态方程中矩阵 A 所对应的特征根，对于结构已知的系统，矩阵 A 是不变的。

当系统中引入状态反馈后，矩阵 A 变成了 $A-BF$。A、B 虽不能改变，但 F 是可以任意改变的。因此 $A-BF$ 所对应的特征根也是能任意改变的，这种利用改变反馈阵 F 的方法来改变极点的方法，称为极点配置。

一、极点的任意配置

由前面的知识可知，状态反馈不能改变系统中的不可控分量，因此系统通过状态反馈可以任意配置闭环极点的充要条件是系统的状态完全能控。极点配置的关键问题是根据希望的闭环极点求出状态反馈矩阵 F。

由给定的希望闭环极点可以写出希望的闭环特征多项式

$$\begin{aligned} f^*(s)&=(s-s_1^*)(s-s_2^*)\cdots(s-s_n^*) \\ &=s^n+a_1^*s^{n-1}+\cdots+a_{n-1}^*s+a_n^* \end{aligned} \tag{5-10}$$

引入状态反馈后

$$u=r-Fx$$

设反馈矩阵

$$F=[f_1\quad f_2\cdots\quad f_n] \tag{5-11}$$

式中：f_1，f_2，…，f_n 是待求的 n 个未知数。

引入反馈后闭环系统的状态方程为

$$\dot{x}=(A-BF)x+Br \tag{5-12}$$

由此可得闭环特征多项式

$$f(s)=|sI-(A-BF)|$$
$$=s^n-a_1s^{n-1}+\cdots+a_{n-1}s+a_n \tag{5-13}$$

欲将闭环极点配置在希望的极点处，应令 $f(s)=f^*(s)$。利用这两个多项式对应的系数相等，可以得到 n 个联立的代数方程。解这个联立方程组可以求出未知数 f_1，f_2，…，f_n。

【例 5-2】　已知系统的状态空间表达式为

$$\begin{cases}\dot{x}=\begin{bmatrix}2 & 1\\ -1 & 1\end{bmatrix}x+\begin{bmatrix}1\\ 2\end{bmatrix}u\\ y=\begin{bmatrix}1 & 0\end{bmatrix}x\end{cases}$$

试求状态反馈阵 F，使闭环系统的极点为 -1，-2。

解　系统的能控矩阵

$$\text{rank}\,[B\quad AB]=\text{rank}\begin{bmatrix}1 & 4\\ 2 & 1\end{bmatrix}=2=n$$

系统的状态是完全能控的。令状态反馈阵 $F=[f_1\quad f_2]$，其特征方程为

$$\begin{aligned}f(s)&=|sI-(A-BF)|\\&=\begin{vmatrix}s-2+f_1 & -1+f_2\\ 1+2f_1 & s-1+2f_2\end{vmatrix}\\&=s^2+(-3+f_1+2f_2)s+(-2+f_1)(-1+2f_2)-(1+2f_1)(-1+f_2)\\&=s^2+(-3+f_1+2f_2)s+(3+f_1-5f_2)\end{aligned}$$

希望的闭环系统特征方程为

$$f^*(s)=(s+1)(s+2)=s^2+3s+2$$

令 $f(s)=f^*(s)$，得

$$\begin{cases}-3+f_1+2f_2=3\\ 3+f_1-5f_2=2\end{cases}$$

$$f_1=4,\ f_2=1$$

该系统的状态变量框图如图 5-6 所示。

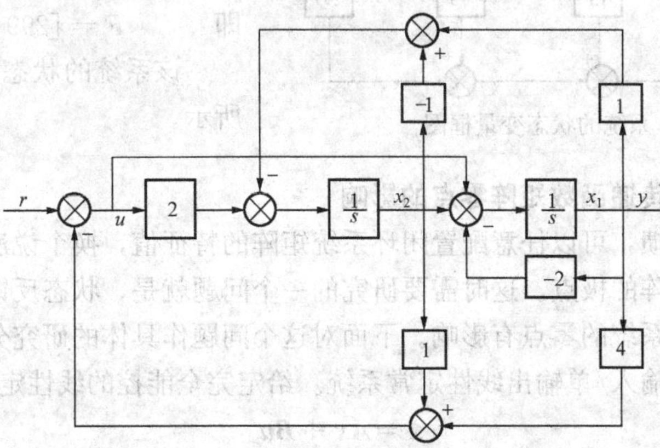

图 5-6　系统的状态变量框图

【例 5-3】 已知控制系统

$$\dot{x}=Ax+Bu$$

式中

$$A=\begin{bmatrix}0&1&0\\0&0&1\\-1&-5&-6\end{bmatrix},\ B=\begin{bmatrix}0\\0\\1\end{bmatrix}$$

利用状态反馈控制规律 $u=r-Fx$，希望系统的闭环极点为 -15，$-2\pm j4$。试确定状态反馈矩阵 F。

解 首先要检验系统的能控性。该系统是能控标准型，所以状态完全能控，可以任意配置极点。

设状态反馈矩阵为

$$F=[f_1\quad f_2\quad f_3]$$

$$|sI-A+BF|=\left|\begin{bmatrix}s&0&0\\0&s&0\\0&0&s\end{bmatrix}-\begin{bmatrix}0&1&0\\0&0&1\\-1&-5&-6\end{bmatrix}+\begin{bmatrix}0\\0\\1\end{bmatrix}[f_1\quad f_2\quad f_3]\right|$$

$$=\begin{vmatrix}s&-1&0\\0&s&-1\\1+f_1&5+f_2&s+6+f_3\end{vmatrix}$$

即闭环系统的特征多项式为

$$f(s)=s^3+(6+f_3)s^2+(5+f_2)s+1+f_1$$

而所希望的特征多项式为

$$f^*(s)=(s+2+j4)(s+2-j4)(s+15)=s^3+19s^2+80s+300$$

因此

$$\begin{cases}6+f_3=19\\5+f_2=80\\1+f_1=300\end{cases}$$

所以有 $f_1=299$，$f_2=75$，$f_3=13$

即 $F=[299\quad 75\quad 13]$

该系统的状态变量框图如图 5-7 所示。

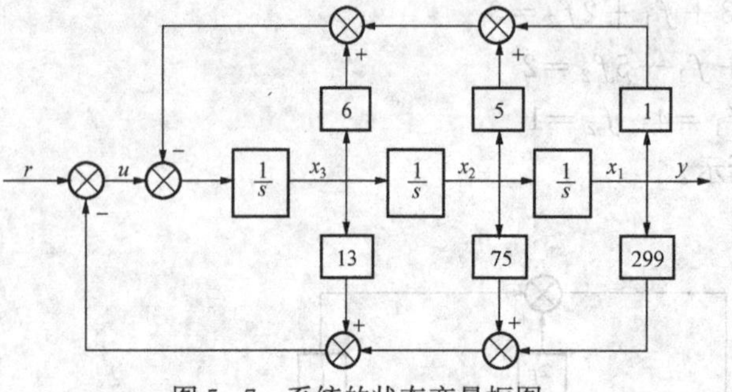

图 5-7 系统的状态变量框图

二、状态反馈对传递函数矩阵零点的影响

通过引入状态反馈，可以任意配置闭环系统矩阵的特征值，换个说法就是可以任意配置闭环系统传递函数矩阵的极点。这时需要研究的一个问题就是，状态反馈在改变受控系统极点的同时，是否会对系统的零点有影响。下面对这个问题作具体的研究分析。

这里主要讨论单输入/单输出线性定常系统。给定完全能控的线性定常系统

$$\begin{cases}\dot{x}=Ax+Bu\\y=Cx\end{cases}\tag{5-14}$$

通过引入适当的线性非奇异变换，可将系统化为能控标准型，即

$$\tilde{A}=\begin{bmatrix}0 & 1 & 0 & \cdots & 0\\ 0 & 0 & 1 & \cdots & 0\\ \vdots & \vdots & \vdots & \ddots & \vdots\\ 0 & 0 & 0 & \cdots & 1\\ -a_n & -a_{n-1} & -a_{n-2} & \cdots & -a_1\end{bmatrix},\ \tilde{b}=\begin{bmatrix}0\\0\\ \vdots\\0\\1\end{bmatrix}$$

$$\tilde{c}=[b_n\quad b_{n-1}\quad \cdots\quad b_1]$$

由于引入线性非奇异变换不会改变系统的传递函数的性质，该系统的传递函数为

$$G(s)=\boldsymbol{c}(s\boldsymbol{I}-\boldsymbol{A})^{-1}\boldsymbol{b}=\tilde{\boldsymbol{c}}(s\boldsymbol{I}-\tilde{\boldsymbol{A}})^{-1}\tilde{\boldsymbol{b}}$$
$$=\frac{b_1s^{n-1}+\cdots+b_{n-1}s+b_n}{s^n+a_1s^{n-1}+\cdots+a_{n-1}s+a_n} \tag{5-15}$$

再由给定的一组希望闭环极点 $\{s_1^*,\cdots,s_n^*\}$，可写出相应的特征多项式为

$$f^*(s)=\prod_{i=1}^{n}(s-s_i^*)=s^n+a_1^*s^{n-1}+\cdots+a_{n-1}^*s+a_n^* \tag{5-16}$$

由极点配置的算法可知，实现极点配置的状态反馈矩阵 $\tilde{\boldsymbol{F}}=\boldsymbol{F}\boldsymbol{P}^{-1}$，其中 $\boldsymbol{P}$ 为使系统化为能控标准型的变换矩阵，而 $\tilde{\boldsymbol{F}}=\{a_n^*-a_n,\cdots,a_1^*-a_1\}$ 。于是，状态反馈系统的动态方程为

$$\begin{cases}\dot{\boldsymbol{x}}=(\boldsymbol{A}-\boldsymbol{b}\boldsymbol{F})\boldsymbol{x}+\boldsymbol{b}r\\ y=\boldsymbol{C}\boldsymbol{x}\end{cases} \tag{5-17}$$

其能控标准型的动态方程为

$$\begin{cases}\dot{\tilde{\boldsymbol{x}}}=(\tilde{\boldsymbol{A}}-\tilde{\boldsymbol{b}}\tilde{\boldsymbol{F}})\tilde{\boldsymbol{x}}+\tilde{\boldsymbol{b}}r\\ y=\tilde{\boldsymbol{c}}\tilde{\boldsymbol{x}}\end{cases} \tag{5-18}$$

其中

$$\tilde{\boldsymbol{A}}-\tilde{\boldsymbol{b}}\tilde{\boldsymbol{F}}=\begin{bmatrix}0 & 1 & \cdots & 0\\ \vdots & \vdots & \ddots & \vdots\\ 0 & 0 & \cdots & 1\\ -a_n^* & -a_{n-1}^* & \cdots & -a_1^*\end{bmatrix},\ \tilde{\boldsymbol{b}}=\begin{bmatrix}0\\0\\ \vdots\\0\\1\end{bmatrix}$$

$$\tilde{\boldsymbol{c}}=[b_n\quad b_{n-1}\quad \cdots\quad b_1]$$

所以，状态反馈系统的传递函数 $\boldsymbol{G}_F(s)$ 为

$$G_F(s)=C(s\boldsymbol{I}-\boldsymbol{A}+\boldsymbol{b}\boldsymbol{F})^{-1}\boldsymbol{b}=\tilde{\boldsymbol{c}}(sI-\tilde{\boldsymbol{A}}+\tilde{\boldsymbol{b}}\tilde{\boldsymbol{F}})^{-1}\tilde{\boldsymbol{b}} \tag{5-19}$$
$$=\frac{b_1s^{n-1}+\cdots+b_{n-1}s+b_n}{s^n+a_1^*s^{n-1}+\cdots+a_{n-1}^*s+a_n^*}$$

通过以上分析可以得出结论：引入状态反馈虽能使传递函数的极点发生改变，但却不会改变传递函数的零点，对传递函数的零点没有影响。当然，也存在这样一种情况，设某些极点在引入状态反馈后被移动到与传递函数 $G(s)$ 的零点相重合而构成对消，此时状态反馈的引入影响了系统传递函数 $G(s)$ 的零点，并且使被对消了的那些极点成为不可观测的，这也说明状态反馈的引入有可能会改变系统的能观测性。

三、输入变换矩阵 $\boldsymbol{R}$

对于单输入/单输出受控系统 $\sum(\boldsymbol{A},\boldsymbol{b},\boldsymbol{c})$，其传递函数是 $G(s)=\boldsymbol{c}(\boldsymbol{SI}-\boldsymbol{A})^{-1}\boldsymbol{b}$，如果

系统的输入为单位阶跃函数，即 $u(t)=1(t)$ 时，系统的稳态误差为

$$e_{ss}=\lim_{t\to\infty}[1(t)-y(t)]=\lim_{s\to 0}s\left[\frac{1}{s}-G(s)\frac{1}{s}\right]=1-G(0) \tag{5-20}$$

而 $G(0)=\boldsymbol{c}(-\boldsymbol{A})^{-1}\boldsymbol{b}$。

当受控系统采用状态反馈控制规律 $u=v-\boldsymbol{F}\boldsymbol{x}$ 时，闭环反馈控制系统对单位阶跃输入的跟踪误差为

$$e_{ss}=1-\boldsymbol{c}(-\boldsymbol{A}+\boldsymbol{b}\boldsymbol{F})^{-1}\boldsymbol{b} \tag{5-21}$$

式中：状态反馈矩阵 $\boldsymbol{F}$ 是 n 维的行向量。

当受控系统采用输入变换和状态反馈控制规律 $\boldsymbol{u}=\boldsymbol{R}v-\boldsymbol{F}\boldsymbol{x}$ 时，构成的闭环反馈控制系统为

$$\begin{cases}\dot{\boldsymbol{x}}=(\boldsymbol{A}-\boldsymbol{b}\boldsymbol{F})\boldsymbol{x}+\boldsymbol{b}\boldsymbol{R}v\\ y=\boldsymbol{c}\boldsymbol{x}\end{cases} \tag{5-22}$$

其传递函数为 $G_{FR}(s)=\boldsymbol{c}(s\boldsymbol{I}-\boldsymbol{A}+\boldsymbol{b}\boldsymbol{F})^{-1}\boldsymbol{b}\boldsymbol{R}$。

对单位阶跃输入的跟踪误差为

$$e_{ss}=1-\boldsymbol{c}(-\boldsymbol{A}+\boldsymbol{b}\boldsymbol{F})^{-1}\boldsymbol{b}\boldsymbol{R} \tag{5-23}$$

因此反馈控制系统的传递函数可写为

$$G_{FR}(s)=R\,\frac{\beta_{n-1}s^{n-1}+\cdots+\beta_1 s+\beta_0}{s^n+\alpha_1^* s^{n-1}+\cdots+\alpha_{n-1}^* s+\alpha_n^*} \tag{5-24}$$

所以对单位阶跃的跟踪误差又可表示为

$$e_{ss}=1-\frac{\beta_0}{\alpha_n^*}R \tag{5-25}$$

【例 5-4】 已知受控系统的状态空间表达式为

$$\begin{cases}\dot{\boldsymbol{x}}=\boldsymbol{A}\boldsymbol{x}+\boldsymbol{b}u\\ y=\boldsymbol{c}\boldsymbol{x}\end{cases}$$

其中系数矩阵 $\boldsymbol{A}=\begin{bmatrix}-2 & -3\\ 4 & -9\end{bmatrix}$，$\boldsymbol{b}=\begin{bmatrix}3\\ 1\end{bmatrix}$，$\boldsymbol{c}=[1\quad 1]$

试设计输入变换 R 和状态反馈矩阵 $\boldsymbol{F}$，使闭环极点配置在 $-1\pm \mathrm{j}2$，并使闭环反馈控制系统对单位阶跃输入的跟踪误差 $|e_{ss}|\leqslant 0.1$。

解 系统的能控性矩阵

$$\boldsymbol{U}_c=[\boldsymbol{b}\quad \boldsymbol{A}\boldsymbol{b}]=\begin{bmatrix}3 & -9\\ 1 & 3\end{bmatrix}$$

$$\mathrm{rank}\boldsymbol{U}_c=2$$

因此该系统是状态完全能控的，可以由状态反馈任意配置系统的极点。

系统的希望特征多项式为

$$f^*(s)=(s+1+\mathrm{j}2)(s+1-\mathrm{j}2)=s^2+2s+5$$

令状态反馈矩阵 $F=[f_1\quad f_2]$，则反馈控制系统的特征多项式为

$$f(s)=|s\boldsymbol{I}-\boldsymbol{A}+\boldsymbol{b}\boldsymbol{F}|=s^2+(11+3f_1+f_2)s+(30+24f_1+14f_2)$$

根据 $f(s)=f^*(s)$，解得

$$f_1=-5.6,\quad f_2=7.8$$

即状态反馈矩阵 $F=[-5.6\quad 7.8]$

由状态反馈不改变传递函数的性质可知，$G(s)=\boldsymbol{c}(s\boldsymbol{I}-\boldsymbol{A})^{-1}\boldsymbol{b}$ 中分子多项式的常数项就是反馈系统传递函数分子多项式的常数项，经计算得 $\beta_0=38$。由希望特征多项式的常数项可知 $\alpha_n^*=5$。

因此，跟踪误差 $|e_{ss}|=\left|1-\dfrac{\beta_0}{\alpha_n^*}R\right|=\left|1-\dfrac{38}{5}R\right|\leqslant 0.1$，可以解得输入变换系数 R 为

$$0.118\leqslant R\leqslant 0.145$$

这里取 $R=0.12$。

第三节 镇 定 问 题

为了使系统正常工作，通常最基本的要求是希望系统的极点或特征值都具有负实部，即均为稳定的极点或稳定的特征值。如果能采用某种方法将系统中不稳定的特征值变为稳定的特征值，则认为系统是可镇定的。

已知状态反馈对系统能控性的影响，状态反馈不改变系统的能控性，即状态反馈不能改变系统的不能控分量。如果不能控分量中包含有不稳定特征值，则无法用状态反馈将其变为稳定的特征值，因此系统将无法镇定。对于稳定的特征值，无论其是否能控，都不会影响系统的可镇定性。这样，状态反馈可镇定的条件是系统的不能控部分的极点具有负的实部。

不完全能控的系统具有能控结构分解

$$\boldsymbol{A}=\begin{bmatrix}\boldsymbol{A}_{11} & \boldsymbol{A}_{12}\\ 0 & \boldsymbol{A}_{22}\end{bmatrix},\ \boldsymbol{B}=\begin{bmatrix}\boldsymbol{B}_1\\ 0\end{bmatrix} \tag{5-26}$$

其中（$\boldsymbol{A}_{11}$，$\boldsymbol{B}_1$）是系统的能控部分，（$\boldsymbol{A}_{22}$，0）是系统的不能控部分。

将系统的状态反馈矩阵写成相应的分块形式 $\boldsymbol{F}=[\boldsymbol{F}_1\quad \boldsymbol{F}_2]$，则引入反馈后闭环系统的系数矩阵

$$\boldsymbol{A}-\boldsymbol{BF}=\begin{bmatrix}\boldsymbol{A}_{11}-\boldsymbol{B}_1\boldsymbol{F}_1 & \boldsymbol{A}_{12}-\boldsymbol{B}_1\boldsymbol{F}_2\\ 0 & \boldsymbol{A}_{22}\end{bmatrix} \tag{5-27}$$

这是一个上三角分块矩阵，其特征多项式为

$$f(s)=\det(s\boldsymbol{I}-\boldsymbol{A}+\boldsymbol{BF})=\det(s\boldsymbol{I}_1-\boldsymbol{A}_{11}+\boldsymbol{B}_1\boldsymbol{F}_1)\det(s\boldsymbol{I}_2-\boldsymbol{A}_{22}) \tag{5-28}$$

其中 $\det(s\boldsymbol{I}_1-\boldsymbol{A}_{11}+\boldsymbol{B}_1\boldsymbol{F}_1)$ 可以通过闭环极点配置的方法使闭环极点具有负的实部，而 $\det(s\boldsymbol{I}_2-\boldsymbol{A}_{22})$ 是状态反馈不能改变的。因而，有结论如下：

定理 线性定常系统 $\sum(\boldsymbol{A},\boldsymbol{B})$ 状态反馈可镇定的充分必要条件是：$\sum(\boldsymbol{A},\boldsymbol{B})$ 的不能控部分具有负的实部。

完全能控的系统一定是可镇定的，而可镇定的系统不一定完全能控。

【例 5-5】 设受控系统的状态方程为

$$\dot{\boldsymbol{x}}=\boldsymbol{Ax}+\boldsymbol{b}u$$

其系数矩阵为

$$\boldsymbol{A}=\begin{bmatrix}1 & 0 & 0\\ 0 & 2 & 0\\ 0 & 0 & -5\end{bmatrix},\ \boldsymbol{b}=\begin{bmatrix}1\\ 1\\ 0\end{bmatrix}$$

试完成：

(1) 受控系统是否可镇定，为什么？

(2) 能否使反馈系统的特征值为-5，$-2\pm j2$？

解 受控系统的状态方程为对角型，且特征值两两相异，矩阵 $\boldsymbol{b}$ 中最后一行的元素为 0，所以由能控性判据可知系统是不完全能控的。

受控系统中的二维能控子系统的状态方程为

$$\dot{\boldsymbol{x}}_c=\boldsymbol{A}_c\boldsymbol{x}_c+\boldsymbol{b}_c u=\begin{bmatrix}1&0\\0&2\end{bmatrix}\boldsymbol{x}_c+\begin{bmatrix}1\\1\end{bmatrix}u$$

子系统的特征值为 1，2；它们是不稳定的，但是能控的。而不能控子系统的特征值-5是稳定的。因此受控系统是可镇定的，通过状态反馈可将二维能控系统的不稳定的特征值配置为希望的特征值。

二维子系统的希望特征多项式为

$$f_c^*(s)=(s+2+j2)(s+2-j2)=s^2+4s+8$$

设状态反馈矩阵 $\boldsymbol{F}_c$ 为

$$\boldsymbol{F}_c=[f_1\ \ f_2]$$

二维子系统加入状态反馈后构成的闭环系统的特征多项式为

$$f_c(s)=|\,s\boldsymbol{I}-\boldsymbol{A}_c+\boldsymbol{b}_c\boldsymbol{F}_c\,|=\left|\begin{bmatrix}s&0\\0&s\end{bmatrix}-\begin{bmatrix}1&0\\0&2\end{bmatrix}+\begin{bmatrix}1\\1\end{bmatrix}[f_1\ \ f_2]\right|$$

$$=\begin{vmatrix}s-1+f_1&f_2\\f_1&s-2+f_2\end{vmatrix}$$

$$=s^2+(-3+f_1+f_2)s+(2-f_2-2f_1)$$

令

$$f_c^*(s)=f_c(s)$$

比较系数得

$$f_1=-13,\ f_2=20$$

所以系统的状态反馈矩阵为

$$\boldsymbol{F}_c[-13\ \ 20]$$

【例 5-6】 已知系统的状态方程为

$$\dot{\boldsymbol{x}}=\begin{bmatrix}1&0&-1\\0&-2&0\\-1&0&2\end{bmatrix}\boldsymbol{x}+\begin{bmatrix}0\\0\\1\end{bmatrix}u$$

试判别其是否为可镇定的。若是可镇定的，试求一状态反馈 $u=-\boldsymbol{F}x$ 使闭环系统为渐近稳定。

解 (1) 判别系统的能控性

$$\boldsymbol{Q}_c=[\boldsymbol{b}\ \ \boldsymbol{Ab}\ \ \boldsymbol{A}^2\boldsymbol{b}]=\begin{bmatrix}0&-1&-3\\0&0&0\\1&2&5\end{bmatrix}$$

$$\mathrm{rank}\boldsymbol{Q}_c=2<3$$

因此系统是不完全能控的。

(2) 将系统按能控性进行结构分解。变换矩阵 $\boldsymbol{T}$ 为

$$T=\begin{bmatrix}0&-1&0\\0&0&1\\1&2&0\end{bmatrix},\ T^{-1}=\begin{bmatrix}2&0&1\\-1&0&0\\0&1&0\end{bmatrix}$$

则系统的状态方程变为

$$\tilde{x}=T^{-1}AT\tilde{x}+T^{-1}bu=\begin{bmatrix}0&-1&0\\1&3&0\\0&0&-2\end{bmatrix}\tilde{x}+\begin{bmatrix}1\\0\\0\end{bmatrix}u$$

显然不能控子系统为

$$\dot{\tilde{x}}_c=-2\tilde{x}_3$$

可知，该子系统是稳定的，所以原系统是可镇定的。

(3) 对能控子系统作状态反馈，使系统成为稳定的。设状态反馈矩阵为

$$\tilde{F}=[\tilde{f}_1\quad \tilde{f}_2]$$

则能控子系统的闭环特征多项式为

$$f(s)=\left|sI-\begin{bmatrix}0&-1\\1&3\end{bmatrix}+\begin{bmatrix}1\\0\end{bmatrix}[\tilde{f}_1\quad \tilde{f}_2]\right|=s^2+(\tilde{f}_1-3)s+(1-3\tilde{f}_1+\tilde{f}_2)$$

要使系统为稳定的，根据劳斯稳定判据，应有

$$\tilde{f}_1>3$$
$$\tilde{f}_2\geq 8$$

(4) 对于原系统的状态反馈应为

$$F=\tilde{F}T^{-1}=[\tilde{f}_1\quad \tilde{f}_2\quad 0]\begin{bmatrix}2&0&1\\-1&0&0\\0&1&0\end{bmatrix}=[2\tilde{f}_1-\tilde{f}_2\quad 0\quad \tilde{f}_1]$$

第四节 线性系统的解耦

解耦是多输入/多输出线性定常系统综合理论中的一个重要组成部分。一般多输入/多输出系统存在耦合性，系统的每一个输入分量与各个输出分量都互相关联，即一个输入分量可以控制多个输出分量；反之，一个输出分量受多个输入分量控制。希望引入某种装置解除上述的耦合关系，寻找合适的控制规律使闭环系统实现一个输出分量仅仅受一个输入分量的控制，而且不同的输出分量受不同的输入分量的控制，实现这种目的称之为对系统实现解耦。

一、基本概念

对于多输入/多输出线性定常系统，输出与输入的关系是由传递函数矩阵所决定的。在这里可以设输入与输出的个数相等，且均为 m 个，则

$$U(s)=\begin{bmatrix}U_1(s)\\U_2(s)\\\vdots\\U_{m-1}(s)\\U_m(s)\end{bmatrix},\ Y(s)=\begin{bmatrix}Y_1(s)\\Y_2(s)\\\vdots\\Y_{m-1}(s)\\Y_m(s)\end{bmatrix}\qquad(5-29)$$

$$G(s)=\begin{bmatrix} G_{11}(s) & \cdots & G_{1m}(s) \\ \vdots & \vdots & \vdots \\ G_{m1}(s) & \cdots & G_{mm}(s) \end{bmatrix} \tag{5-30}$$

将$\boldsymbol{Y}(s)=\boldsymbol{G}(s)\boldsymbol{U}(s)$展开得

$$\begin{cases} Y_1(s)=G_{11}(s)U_1(s)+G_{12}(s)U_2(s)+\cdots+G_{1m}(s)U_m(s) \\ \qquad\vdots \\ Y_m(s)=G_{m1}(s)U_1(s)+G_{m2}(s)U_2(s)+\cdots+G_{mm}(s)U_m(s) \end{cases} \tag{5-31}$$

使系统实现解耦的基本思路是想办法使传递函数矩阵$G(s)$对角化，即

$$G(s)=\begin{bmatrix} G_{11}(s) & 0 & \cdots & 0 \\ 0 & G_{22}(s) & \cdots & 0 \\ \vdots & \vdots & & \vdots \\ 0 & 0 & \cdots & G_{mm}(s) \end{bmatrix} \tag{5-32}$$

得

$$\begin{cases} Y_1(s)=G_{11}(s)U_1(s) \\ \qquad\vdots \\ Y_m(s)=G_{mm}(s)U_m(s) \end{cases} \tag{5-33}$$

由于在对角形矩阵内，主对角线上的各个元素都是线性无关的，因此，系统中只有相同序号的输入、输出间才存在着传递关系，而非相同序号的输入、输出间是不存在传递关系的。这样就可以做到一个输入只对一个输出产生影响，从而实现系统的解耦。

显然，这样的系统结构无疑是十分简单、十分理想的。现在关键的问题是如何使$\boldsymbol{G}(s)$实现对角化。实现系统解耦常用的方法有串联解耦和状态反馈解耦两种。

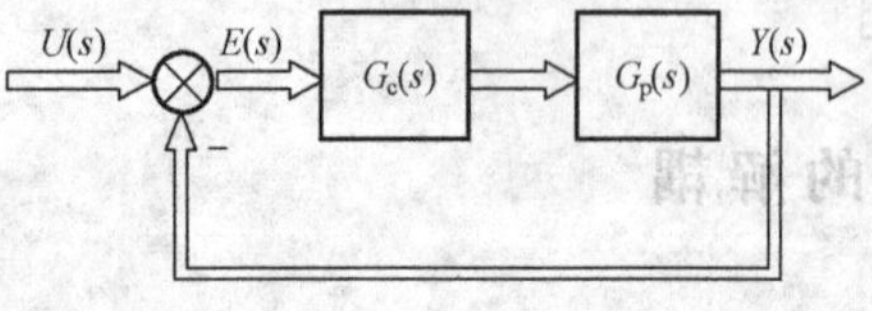

图 5-8 串联补偿器解耦结构图

二、解耦的实现

1. 串联补偿器解耦

采用串联补偿器解耦的系统结构图如图 5-8 所示。图中，$G_p(s)$为被控对象的传递函数，$G_c(s)$为待设计的串联解耦补偿器的传递函数。要求解耦后的系统m个输入和m个输出是互相独立的。

设一具有串联解耦器的双输入/双输出单位反馈系统，其结构图如图 5-9 所示。由图可知被控对象的传递函数矩阵为

$$\boldsymbol{G}_p(s)=\begin{bmatrix} \boldsymbol{G}_{p11}(s) & \boldsymbol{G}_{p12}(s) \\ \boldsymbol{G}_{p21}(s) & \boldsymbol{G}_{p22}(s) \end{bmatrix}$$

解耦器的传递函数矩阵为

$$\boldsymbol{G}_c(s)=\begin{bmatrix} \boldsymbol{G}_{c11}(s) & \boldsymbol{G}_{c12}(s) \\ \boldsymbol{G}_{c21}(s) & \boldsymbol{G}_{c22}(s) \end{bmatrix}$$

根据图 5-8 可得原单位反馈时闭环传递函数矩阵为

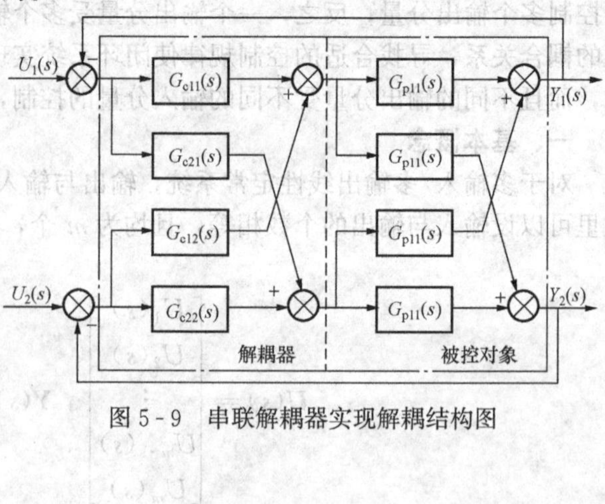

图 5-9 串联解耦器实现解耦结构图

$$G(s)=[I+G_p(s)]^{-1}G_p(s) \tag{5-34}$$

实现串联解耦后的闭环传递函数矩阵为

$$G^*(s)=[I+G_p(s)G_c(s)]^{-1}G_p(s)G_c(s) \tag{5-35}$$

将式（5-35）两边同乘以$[I+G_p(s)G_c(s)]$得

$$\begin{aligned}G_p(s)G_c(s)&=[I+G_p(s)G_c(s)]G^*(s)\\&=G^*(s)+G_p(s)G_c(s)G^*(s)\end{aligned}$$

整理得

$$G_p(s)G_c(s)=G^*(s)[I-G^*(s)]^{-1} \tag{5-36}$$

可求得解耦器的传递函数矩阵

$$G_c(s)=G_p^{-1}(s)G^*(s)[I-G^*(s)]^{-1} \tag{5-37}$$

根据要求的闭环传递函数矩阵 $G^*(s)$ 和被控对象 $G_p(s)$ 即可求出串联解耦补偿器的传递函数矩阵 $G_c(s)$。

【例 5-7】 有一双输入/双输出系统，对象的传递函数矩阵和要求的传递函数矩阵为

$$G_p(s)=\begin{bmatrix}\dfrac{1}{2s+1} & 0\\ 1 & \dfrac{1}{s+1}\end{bmatrix},\ G^*(s)=\begin{bmatrix}\dfrac{1}{s+1} & 0\\ 0 & \dfrac{1}{5s+1}\end{bmatrix}$$

试求使其消除输入/输出耦合关系的解耦器的传递函数矩阵 $G_c(s)$。

解 根据式（5-37）可得

$$\begin{aligned}G_c(s)&=G_p^{-1}(s)G^*(s)[I-G^*(s)]^{-1}\\
&=\begin{bmatrix}\dfrac{1}{2s+1} & 0\\ 1 & \dfrac{1}{s+1}\end{bmatrix}^{-1}\begin{bmatrix}\dfrac{1}{s+1} & 0\\ 0 & \dfrac{1}{5s+1}\end{bmatrix}\begin{bmatrix}1-\dfrac{1}{s+1} & 0\\ 0 & 1-\dfrac{1}{5s+1}\end{bmatrix}^{-1}\\
&=\begin{bmatrix}2s+1 & 0\\ -(2s+1)(s+1) & s+1\end{bmatrix}\begin{bmatrix}\dfrac{1}{s+1} & 0\\ 0 & \dfrac{1}{5s+1}\end{bmatrix}\begin{bmatrix}\dfrac{s+1}{s} & 0\\ 0 & \dfrac{5s+1}{5s}\end{bmatrix}\\
&=\begin{bmatrix}\dfrac{2s+1}{s} & 0\\ \dfrac{-(2s+1)(s+1)}{s} & \dfrac{s+1}{5s}\end{bmatrix}\end{aligned}$$

即

$$G_{c11}=\frac{2s+1}{s},\ G_{c12}=0$$

$$G_{c21}=\frac{-(2s+1)(s+1)}{s},\ G_{c22}=\frac{s+1}{5s}$$

系统的状态变量图如图 5-10 所示。

2. 前馈补偿器解耦

采用前馈补偿器解耦的系统结构图如图 5-11 所示。图中，$G_p(s)$ 为被控对象的传递函数矩阵，$G_d(s)$ 为待设计的前馈解耦补偿器的传递函数矩阵。

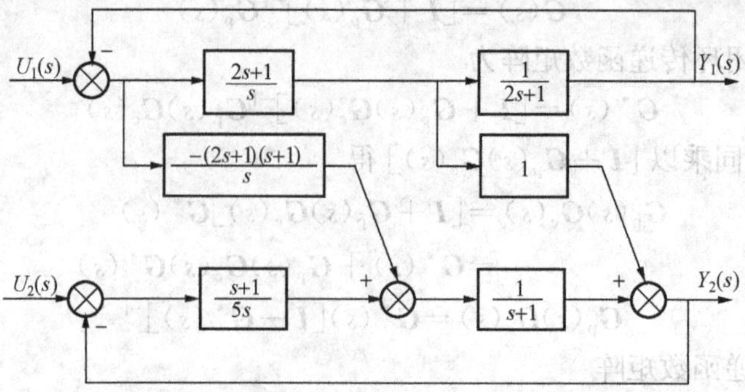

图 5 - 10 系统状态变量图

由图 5 - 11 可知，原系统的闭环传递函数矩阵为

$$G(s)=[I+G_p(s)]^{-1}G_p(s) \quad (5-38)$$

实现前馈解耦后的闭环传递函数矩阵为

$$G^*(s)=[I+G_p(s)]^{-1}G_p(s)G_d(s) \quad (5-39)$$

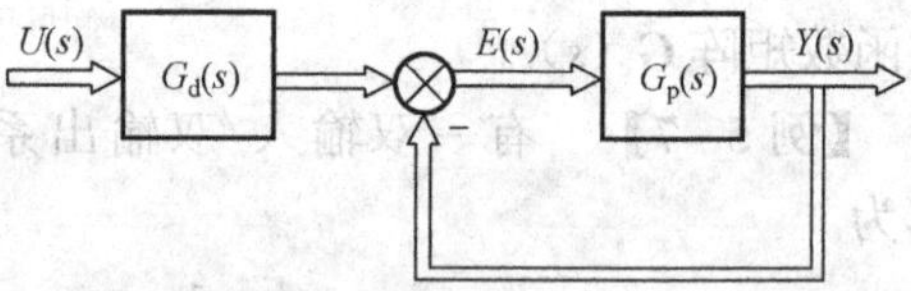

图 5 - 11 前馈补偿器解耦结构图

整理得前馈补偿解耦器的传递函数矩阵

$$G_d(s)=G_p^{-1}(s)[I+G_p(s)]G^*(s) \quad (5-40)$$

【例 5 - 8】 已知一双输入/双输出系统的结构图（见图 5 - 12）和要求的闭环传递函数矩阵 $G^*(s)$

$$G^*(s)=\begin{bmatrix}\frac{1}{s+1} & 0\\ 0 & \frac{1}{5s+1}\end{bmatrix}$$

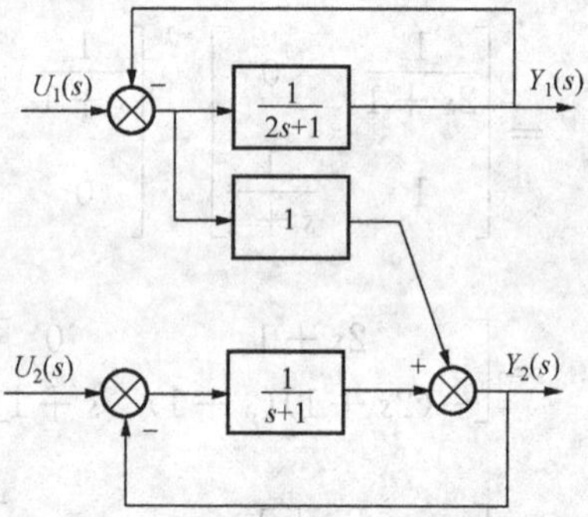

图 5 - 12 ［例 5 - 8］系统状态变量图

试求使系统解耦的前馈补偿器的传递函数矩阵 $G_d(s)$。

解 原系统的开环传递函数矩阵为

$$G_p(s)=\begin{bmatrix}\frac{1}{2s+1} & 0\\ 1 & \frac{1}{s+1}\end{bmatrix}$$

根据式（5 - 40）有

$$G_d(s)=G_p^{-1}(s)[I+G_p(s)]G^*(s)$$

$$
=\begin{bmatrix} \dfrac{1}{2s+1} & 0 \\ 1 & \dfrac{1}{s+1} \end{bmatrix}^{-1} \begin{bmatrix} 1+\dfrac{1}{2s+1} & 0 \\ 1 & 1+\dfrac{1}{s+1} \end{bmatrix} \begin{bmatrix} \dfrac{1}{s+1} & 0 \\ 0 & \dfrac{1}{5s+1} \end{bmatrix}
$$

$$
=\begin{bmatrix} 2s+1 & 0 \\ -(2s+1)(s+1) & s+1 \end{bmatrix} \begin{bmatrix} \dfrac{2(s+1)}{2s+1} & 0 \\ 1 & \dfrac{s+2}{s+1} \end{bmatrix} \begin{bmatrix} \dfrac{1}{s+1} & 0 \\ 0 & \dfrac{1}{5s+1} \end{bmatrix}
$$

$$
=\begin{bmatrix} 2s+2 & 0 \\ -(2s+1)(s+1) & s+2 \end{bmatrix} \begin{bmatrix} \dfrac{1}{s+1} & 0 \\ 0 & \dfrac{1}{5s+1} \end{bmatrix}
$$

$$
=\begin{bmatrix} 2 & 0 \\ -(2s+1) & \dfrac{s+2}{5s+1} \end{bmatrix} = \begin{bmatrix} G_{d11} & G_{d12} \\ G_{d21} & G_{d22} \end{bmatrix}
$$

前馈补偿器实现解耦后系统的结构图如图 5-13 所示。

3. 状态反馈解耦

采用状态反馈解耦，就是设法寻找一种适当的反馈控制规律，使多输入/多输出系统的每一个输出仅仅由一个输入控制。

状态反馈解耦系统的结构图如图 5-14 所示。

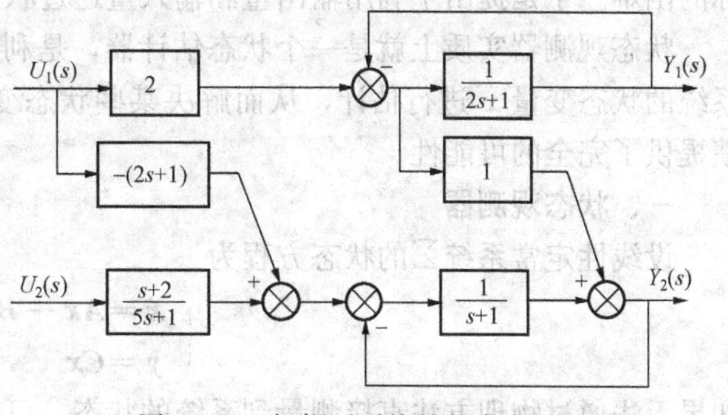

图 5-13　解耦后系统的状态变量图

图中，$\boldsymbol{R}$ 是一个非奇异变换矩阵。现在要解决的问题是如何设计反馈矩阵 $\boldsymbol{F}$ 和变换矩阵 $\boldsymbol{R}$ 使系统从输入到输出的传递函数矩阵是解耦的。

由图 5-14 可知

$$
\begin{cases} \dot{\boldsymbol{x}} = \boldsymbol{A}\boldsymbol{x} + \boldsymbol{B}\boldsymbol{u} \\ \boldsymbol{y} = \boldsymbol{C}\boldsymbol{x} \end{cases} \tag{5-41}
$$

$$
u = r\boldsymbol{R} - \boldsymbol{F}\boldsymbol{x} \tag{5-42}
$$

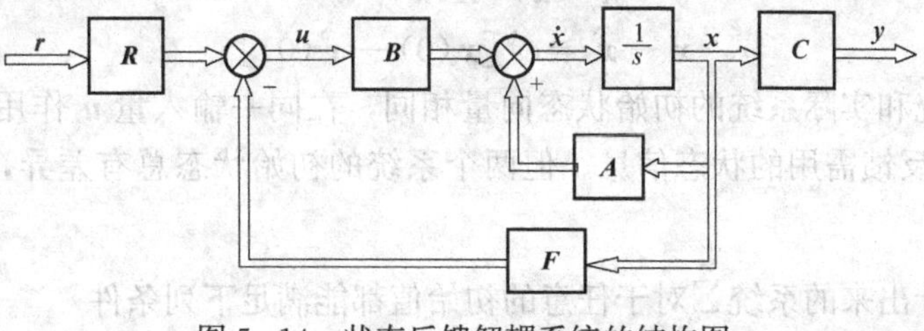

图 5-14　状态反馈解耦系统的结构图

将式（5-42）代入式（5-41）得

$$
\begin{cases} \dot{\boldsymbol{x}} = (\boldsymbol{A} - \boldsymbol{B}\boldsymbol{F})\boldsymbol{x} + \boldsymbol{B}\boldsymbol{R}r \\ \boldsymbol{y} = \boldsymbol{C}\boldsymbol{x} \end{cases}
$$

系统的闭环传递函数矩阵为

$$\boldsymbol{G}_{\mathrm{FR}}(s)=\boldsymbol{C}(s\boldsymbol{I}-\boldsymbol{A}+\boldsymbol{BF})^{-1}\boldsymbol{BR}$$

如果 $\boldsymbol{F}$ 和 $\boldsymbol{R}$ 矩阵能使 $\boldsymbol{G}_{\mathrm{FR}}(s)$ 为对角线矩阵

$$\boldsymbol{G}_{\mathrm{FR}}(s)=\begin{bmatrix}\boldsymbol{G}_{11}(s) & 0 & \cdots & 0\\ 0 & \boldsymbol{G}_{22}(s) & \cdots & 0\\ \vdots & \vdots & \vdots & \vdots\\ 0 & 0 & \cdots & \boldsymbol{G}_{mm}(s)\end{bmatrix}$$

则原系统被解耦。

由于证明比较复杂，这里不作具体证明。

第五节 状态观测器

当受控对象是完全能控时，利用状态反馈可以更好地改善系统地动态性能指标。而在实际的控制系统中，并不是所有的状态变量都能够轻易地进行测量，这就给工程实现带来了实际的困难。于是提出了利用输出量和输入量通过状态观测器来重构状态的问题。

状态观测器实质上就是一个状态估计器，是利用控制对象的输入变量 u 与输出变量 y 对系统的状态变量 $\boldsymbol{x}$ 进行估计，从而解决某些状态变量不能直接测量的难题，为实现状态反馈提供了完全的可能性。

一、状态观测器

设线性定常系统 Σ 的状态方程为

$$\begin{cases}\dot{\boldsymbol{x}}=\boldsymbol{Ax}+\boldsymbol{B}u\\ \boldsymbol{y}=\boldsymbol{Cx}\end{cases} \tag{5-43}$$

如果无法通过物理方法直接测量到系统的状态，可以人为地构造出一个与实际系统 Σ 状态方程相同的模拟系统 $\hat{\Sigma}$

$$\begin{cases}\dot{\hat{\boldsymbol{x}}}=\boldsymbol{A}\hat{\boldsymbol{x}}+\boldsymbol{B}u\\ \hat{\boldsymbol{y}}=\boldsymbol{C}\hat{\boldsymbol{x}}\end{cases} \tag{5-44}$$

式中，符号“∧”表示估计值。比较系统 Σ 和系统 $\hat{\Sigma}$ 可得

$$\dot{\boldsymbol{x}}-\dot{\hat{\boldsymbol{x}}}=\boldsymbol{A}(\boldsymbol{x}-\hat{\boldsymbol{x}}) \tag{5-45}$$

其解为

$$\boldsymbol{x}-\hat{\boldsymbol{x}}=\mathrm{e}^{At}[\boldsymbol{x}(0)-\hat{\boldsymbol{x}}(0)] \tag{5-46}$$

只要模拟系统和实际系统的初始状态向量相同，在同一输入量 $\boldsymbol{u}$ 作用下，就有 $\boldsymbol{x}=\hat{\boldsymbol{x}}$，可用 $\hat{\boldsymbol{x}}$ 作为状态反馈需用的状态信息。但两个系统的初始状态总有差异，所以难以实现所需的状态反馈。

如果能使设计出来的系统 $\hat{\Sigma}$ 对于任意的初始值都能满足下列条件

$$\lim_{t\to\infty}(\boldsymbol{x}-\hat{\boldsymbol{x}})=0 \tag{5-47}$$

即经过一段时间后，设计出来系统的状态估计值可以渐近地逼近被估计系统的状态，则称设计出来的模拟系统为被估计系统的状态观测器。状态观测器的结构图如图 5-15 所示。

由图中可知，如果将被估计系统的输出 y 与观测器的输出 $\hat{y}$ 比较后，可得到误差向

量为

$$\bar{y}=y-\hat{y}=\boldsymbol{Cx}-\boldsymbol{C}\hat{\boldsymbol{x}} \quad (5-48)$$

如果估计值与真实值之间存在差异，则可利用反馈的概念将 $\bar{y}$ 反馈至观测器的输入端，通过设计状态观测器反馈矩阵 $\boldsymbol{G}$，就可使状态向量的估计值 $\hat{\boldsymbol{x}}$ 与状态向量的真实值 $\boldsymbol{x}$ 逐步逼近。根据以上原理构成的状态观测器及其实现状态反馈的结构图如图 5 - 15 所示。

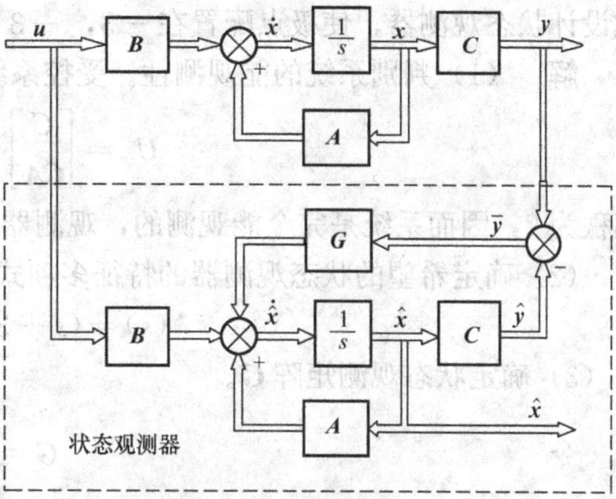

图 5 - 15 状态观测器结构图

二、全维状态观测器的设计

当状态观测器的维数和被控系统的维数相同时称为全维状态观测器。在被估计系统满足一定的条件下，通过选取适当的观测矩阵 $\boldsymbol{G}$，可使这个重构系统成为给定系统的一个全维状态观测器。下面介绍一种比较实用的确定观测矩阵 $\boldsymbol{G}$ 的方法。

从图 5 - 15 中可得到全维状态观测器的动态方程为

$$\dot{\hat{\boldsymbol{x}}}=\boldsymbol{A}\hat{\boldsymbol{x}}+\boldsymbol{B}u+\boldsymbol{G}\bar{y} \quad (5-49)$$

将 $\bar{y}=\boldsymbol{Cx}-\boldsymbol{C}\hat{\boldsymbol{x}}$ 代入式（5 - 49）可得

$$\begin{aligned}\dot{\hat{\boldsymbol{x}}}&=\boldsymbol{A}\hat{\boldsymbol{x}}+\boldsymbol{B}u+\boldsymbol{GC}(\boldsymbol{x}-\hat{\boldsymbol{x}})\\&=(\boldsymbol{A}-\boldsymbol{GC})\hat{\boldsymbol{x}}+\boldsymbol{B}u+\boldsymbol{G}y\end{aligned} \quad (5-50)$$

式中：$\boldsymbol{A}-\boldsymbol{GC}$ 为观测器系统矩阵。

满足式（5 - 47）时，状态反馈系统才能正常工作，式（5 - 50）所示的系统才能作为实际的状态观测器，因此式（5 - 47）有观测器存在条件之称。

由式（5 - 43）和式（5 - 50）之差可得

$$\dot{\boldsymbol{x}}-\dot{\hat{\boldsymbol{x}}}=(\boldsymbol{A}-\boldsymbol{GC})(\boldsymbol{x}-\hat{\boldsymbol{x}}) \quad (5-51)$$

其解为

$$\boldsymbol{x}-\hat{\boldsymbol{x}}=\mathrm{e}^{(A-GC)t}[\boldsymbol{x}(0)-\hat{\boldsymbol{x}}(0)] \quad (5-52)$$

显然只有当 $\boldsymbol{x}(0)\neq\hat{\boldsymbol{x}}(0)$ 时，有 $\boldsymbol{x}(t)\neq\hat{\boldsymbol{x}}(t)$，输出反馈便起作用了，这时只要 $\boldsymbol{A}-\boldsymbol{GC}$ 的特征值具有负的实部，误差总会按指数衰减规律满足式（5 - 47），其衰减速率取决于 $\boldsymbol{A}-\boldsymbol{GC}$ 的极点配置。根据前面的状态反馈原理已经证明，若受控对象是能观测的，则状态反馈系统的极点可以任意配置，因而保证了状态观测器的存在性。

状态观测器的特征多项式为

$$f(s)=|s\boldsymbol{I}-(\boldsymbol{A}-\boldsymbol{GC})| \quad (5-53)$$

期望的特征多项式为

$$f^*(s)=(s-s_1^*)(s-s_2^*)\cdots(s-s_n^*) \quad (5-54)$$

比较两特征多项式的系数，即可求出观测矩阵 $\boldsymbol{G}$。

【例 5 - 9】 已知受控系统的状态空间表达式为

$$\begin{cases}\dot{\boldsymbol{x}}=\begin{bmatrix}-2 & 1\\0 & -1\end{bmatrix}\boldsymbol{x}+\begin{bmatrix}0\\1\end{bmatrix}u\\y=[1\quad 0]\boldsymbol{x}\end{cases}$$

试设计状态观测器，使极点配置在－3，－3处。

解　(1) 判别系统的能观测性。受控系统的能观测矩阵

$$U_o=\begin{bmatrix}C\\CA\end{bmatrix}=\begin{bmatrix}1&0\\-2&1\end{bmatrix}$$

其秩为2，因而系统是完全能观测的，观测器的极点可以任意配置。

(2) 确定希望的状态观测器的特征多项式

$$f^*(s)=(s+3)^2=s^2+6s+9$$

(3) 确定状态观测矩阵 G。

令
$$G=\begin{bmatrix}g_1\\g_2\end{bmatrix}$$

有系数矩阵

$$A-GC=\begin{bmatrix}-2-g_1&1\\-g_2&-1\end{bmatrix}$$

得状态观测器的特征多项式

$$f(s)=|sI-A+GC|=s^2+(3+g_1)s+(2+g_1+g_2)$$

令 $f(s)=f^*(s)$，可得　$g_1=3$，$g_2=4$

故有
$$G=\begin{bmatrix}3\\4\end{bmatrix}$$

状态观测器的状态方程为

$$\dot{\hat{x}}=(A-GC)\hat{x}+Bu+Gy$$
$$=\begin{bmatrix}-5&1\\-4&-1\end{bmatrix}\hat{x}+\begin{bmatrix}0\\1\end{bmatrix}u+\begin{bmatrix}3\\4\end{bmatrix}y$$

图5-16为系统的状态变量图。

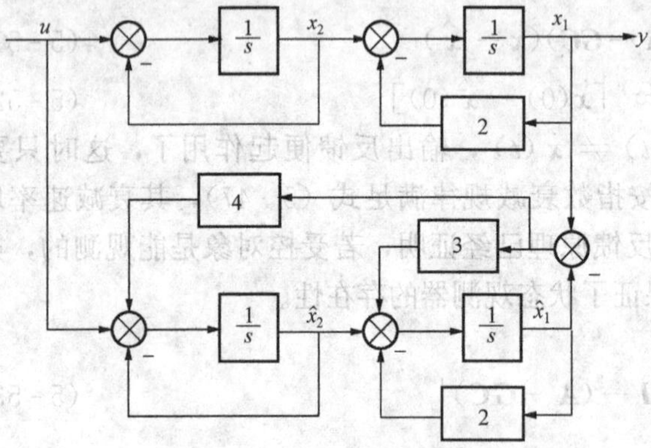

图5-16　系统的状态变量图

三、降维观测器的设计

当观测器估计状态向量的维数小于被控对象状态向量的维数时，称为降维状态观测器。对于 q 维输出系统，有 q 个输出变量可直接由传感器测得。若选取该 q 个输出变量作为状态变量，它们便无需由观测器作出估计，观测器只需估计 $n-q$ 个状态变量，称为 $n-q$ 维观测器。它是 $n-q$ 维子系统，其结构相对简单，工程实现比较方便。

设线性定常系统的状态

$$\begin{cases}\dot{x}=Ax+Bu\\y=Cx\end{cases}$$

是完全能观测的。

系统的降维观测器设计通过两大步骤实现。首先通过状态变换将 q 个可直接测量到的状

态变量分离出来

$$x = T\tilde{x} = T\begin{bmatrix}\tilde{x}_1\\ \tilde{x}_2\end{bmatrix}$$

其中 $\tilde{x}_2$ 有 $n-q$ 个状态需要通过输出估计，$\tilde{x}_1$ 有 q 个状态是可直接测量到的。线性变换后的状态空间表达式为

$$\dot{\tilde{x}} = \begin{bmatrix}\tilde{A}_{11} & \tilde{A}_{12}\\ \tilde{A}_{21} & \tilde{A}_{22}\end{bmatrix}\tilde{x} + \begin{bmatrix}\tilde{B}_1\\ \tilde{B}_2\end{bmatrix}u$$

$$y = [I_q \quad 0]\,\tilde{x} \tag{5-55}$$

其中 $\tilde{A} = T^{-1}AT$，$\tilde{B} = T^{-1}B$，$\tilde{C} = CT = [I_q \quad 0]$

变换矩阵 T 可通过 C 矩阵求得。将 C 矩阵的列重新排列使之分成两部分，即

$$C = [C_1 \quad C_2]$$

C_1 为 $q\times q$ 非奇异矩阵，变换矩阵 T 由下式给出

$$T^{-1} = \begin{bmatrix}C_1 & C_2\\ 0 & I_{n-q}\end{bmatrix} \tag{5-56}$$

然后对不能观测的状态 $\tilde{x}_2$ 构造 $n-q$ 维观测器。其设计步骤如下：

将式（5-55）展开为

$$\begin{cases}\dot{\tilde{x}}_1 = \tilde{A}_{11}\tilde{x}_1 + \tilde{A}_{12}\tilde{x}_2 + \tilde{B}_1 u\\ \dot{\tilde{x}}_2 = \tilde{A}_{21}\tilde{x}_1 + \tilde{A}_{22}\tilde{x}_2 + \tilde{B}_2 u\\ y = \tilde{x}_1\end{cases} \tag{5-57}$$

得

$$\begin{aligned}\dot{y} &= \tilde{A}_{11}y + \tilde{A}_{12}\tilde{x}_2 + \tilde{B}_1 u\\ \dot{\tilde{x}}_2 &= \tilde{A}_{21}y + \tilde{A}_{22}\tilde{x}_2 + \tilde{B}_2 u\end{aligned} \tag{5-58}$$

则有

$$\begin{aligned}\dot{\tilde{x}}_2 &= \tilde{A}_{22}\tilde{x}_2 + \tilde{A}_{21}y + \tilde{B}_2 u\\ w &= \tilde{A}_{12}\tilde{x}_2 = \dot{y} - \tilde{A}_{11}y - \tilde{B}_1 u\end{aligned} \tag{5-59}$$

可将 $\tilde{x}_2$ 看成是由 $n-q$ 个状态所组成的一个子系统，式（5-59）中的第一式是子系统的状态方程，其输入为 $\tilde{A}_{21}y + \tilde{B}_2 u$ 。式（5-59）中的第二式是子系统的输出方程，它表达了子系统的输出 w 与状态 $\tilde{x}_2$ 的关系。构造以 $\tilde{x}_2$ 为状态的子系统观测器就是构造式（5-55）所示系统的降维观测器。模仿全维状态观测器的状态方程，则子系统的状态观测器的状态方程为

$$\dot{\hat{\tilde{x}}}_2 = (\tilde{A}_{22} - \tilde{G}\tilde{A}_{12})\hat{\tilde{x}}_2 + \tilde{A}_{21}y + \tilde{B}_2 u + \tilde{G}w \tag{5-60}$$

式中：$\tilde{G}$ 为子系统状态观测器的反馈矩阵。

将式（5-51）代入式（5-60）得

$$\dot{\hat{\tilde{x}}}_2 = (\tilde{A}_{22} - \tilde{G}\tilde{A}_{12})\hat{\tilde{x}}_2 + \tilde{A}_{21}y + \tilde{B}_2 u + \tilde{G}\dot{y} - \tilde{G}(\tilde{A}_{11}y + \tilde{B}_1 u) \tag{5-61}$$

设降维观测器状态向量　$z = \hat{\tilde{x}}_2 - \tilde{G}y$

则式（5-61）可写成

$$\dot{z} = (\tilde{A}_{22} - \tilde{G}\tilde{A}_{12})(z + \tilde{G}y) + (\tilde{A}_{21} - \tilde{G}\tilde{A}_{11})y + (\tilde{B}_2 - \tilde{G}\tilde{B}_1)u \tag{5-62}$$

整个系统的状态观测器的状态方程可由下式求得

$$\hat{\hat{\boldsymbol{x}}}=\begin{bmatrix}\hat{\hat{x}}_1\\ \hat{\hat{x}}_2\end{bmatrix}=\begin{bmatrix}y\\ \boldsymbol{z}+\tilde{\boldsymbol{G}}y\end{bmatrix} \tag{5-63}$$

【例 5-10】　已知系统的状态空间表达式为

$$\begin{cases}\dot{\boldsymbol{x}}=\begin{bmatrix}0 & 1 & 0\\ 0 & 0 & 1\\ -6 & -11 & -6\end{bmatrix}\boldsymbol{x}+\begin{bmatrix}0\\0\\1\end{bmatrix}\boldsymbol{u}\\ \boldsymbol{y}=\begin{bmatrix}1 & 0 & 0\\ 0 & 1 & 0\end{bmatrix}\boldsymbol{x}\end{cases}$$

试设计一降维状态观测器，使其极点配置在 -5 处。

解　系统是完全能观测的，且 $n=3$，$q=2$，所以只要设计一个一维观测器即可。

(1) 先将输出矩阵分解成两部分

$$\boldsymbol{C}_1=\begin{bmatrix}1 & 0\\ 0 & 1\end{bmatrix},\ \boldsymbol{C}_2=\begin{bmatrix}0\\0\end{bmatrix}$$

(2) 求变换矩阵 $\boldsymbol{T}$、$\tilde{\boldsymbol{A}}$ 和 $\tilde{\boldsymbol{B}}$

$$\boldsymbol{T}^{-1}=\begin{bmatrix}\boldsymbol{C}_1 & \boldsymbol{C}_2\\ 0 & \boldsymbol{I}_{n-q}\end{bmatrix}=\begin{bmatrix}1 & 0 & 0\\ 0 & 1 & 0\\ 0 & 0 & 1\end{bmatrix},\ \boldsymbol{T}=\begin{bmatrix}1 & 0 & 0\\ 0 & 1 & 0\\ 0 & 0 & 1\end{bmatrix}$$

$$\tilde{\boldsymbol{A}}=\boldsymbol{T}^{-1}\boldsymbol{A}\boldsymbol{T}=\begin{bmatrix}0 & 1 & 0\\ 0 & 0 & 1\\ -6 & -11 & -6\end{bmatrix},\ \tilde{\boldsymbol{B}}=\boldsymbol{T}^{-1}\boldsymbol{B}=\begin{bmatrix}0\\0\\1\end{bmatrix}$$

所以有　　$\tilde{\boldsymbol{A}}_{11}=\begin{bmatrix}0 & 1\\ 0 & 0\end{bmatrix}$，$\tilde{\boldsymbol{A}}_{12}=\begin{bmatrix}0\\1\end{bmatrix}$，$\tilde{\boldsymbol{A}}_{21}=[-6\quad -11]$

$$\tilde{\boldsymbol{A}}_{22}=[-6],\ \tilde{\boldsymbol{B}}_1=\begin{bmatrix}0\\0\end{bmatrix},\ \tilde{\boldsymbol{B}}_2=[1]$$

(3) 求降维观测器反馈矩阵为 $\tilde{\boldsymbol{G}}$。降维观测器的特征多项式为

$$\begin{aligned}f(s)&=|s\boldsymbol{I}-\tilde{\boldsymbol{A}}_{22}+\tilde{\boldsymbol{G}}\tilde{\boldsymbol{A}}_{12}|=\left|s-\left(-6-[\tilde{g}_1\quad \tilde{g}_2]\begin{bmatrix}0\\1\end{bmatrix}\right)\right|\\&=s+6+\tilde{g}_2\end{aligned}$$

期望的特征多项式为

$$f^*(s)=s+5$$

令 $f(s)=f^*(s)$，可得 $\tilde{g}_2=-1$。而 $\tilde{g}_1$ 可以任选，取 $\tilde{g}_1=0$ 则

$$\tilde{\boldsymbol{G}}=[\tilde{g}_1\quad \tilde{g}_2]=[0\quad -1]$$

(4) 求降维观测器的状态方程

$$\begin{aligned}\dot{\boldsymbol{z}}&=(\tilde{\boldsymbol{A}}_{22}-\tilde{\boldsymbol{G}}\tilde{\boldsymbol{A}}_{12})(\boldsymbol{z}+\tilde{\boldsymbol{G}}\boldsymbol{y})+(\tilde{\boldsymbol{A}}_{21}-\tilde{\boldsymbol{G}}\tilde{\boldsymbol{A}}_{11})\boldsymbol{y}+(\tilde{\boldsymbol{B}}_2-\tilde{\boldsymbol{G}}\tilde{\boldsymbol{B}}_1)\boldsymbol{u}\\&=(-6+1)\left(\boldsymbol{z}+[0\quad -1]\begin{bmatrix}\boldsymbol{y}_1\\ \boldsymbol{y}_2\end{bmatrix}\right)+([-6\quad -11]-[0\quad 0])\begin{bmatrix}\boldsymbol{y}_1\\ \boldsymbol{y}_2\end{bmatrix}+(1-0)\boldsymbol{u}\\&=-5\boldsymbol{z}-6\boldsymbol{y}_1-6\boldsymbol{y}_2+\boldsymbol{u}\end{aligned}$$

变换后系统状态变量的估计值为

$$\hat{\tilde{x}}=\begin{bmatrix}\hat{\tilde{x}}_1\\ \hat{\tilde{x}}_2\end{bmatrix}=\begin{bmatrix}y\\ z+\tilde{G}y\end{bmatrix}=\begin{bmatrix}y\\ z-y_2\end{bmatrix}=\begin{bmatrix}y_1\\ y_2\\ z-y_2\end{bmatrix}$$

系统的状态变量图如图 5-17 所示。

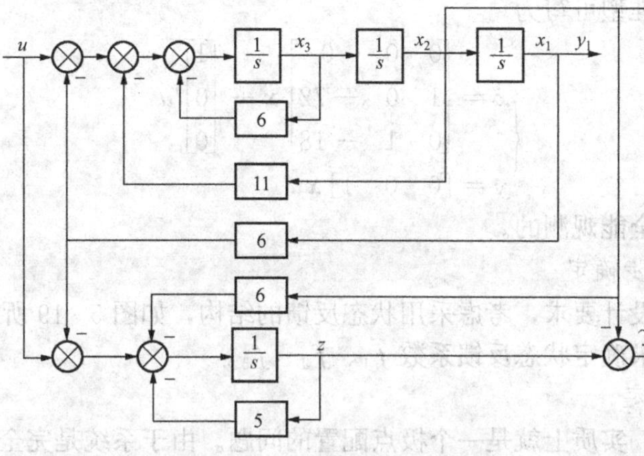

图 5-17　系统的状态变量图

第六节　状态反馈和状态观测器的应用

一、状态反馈在线性系统设计中的应用

利用状态反馈可以全面改善控制系统的性能指标。通过一个实例来说明解决这种问题的基本方法。

设受控系统的结构如图 5-18 所示，要求利用线性控制理论进行设计，使系统满足性能指标：超调量 $\sigma\leqslant 5\%$，超调时间 $t_\sigma\leqslant 0.5$。

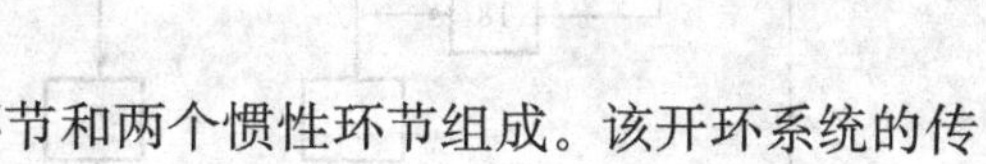

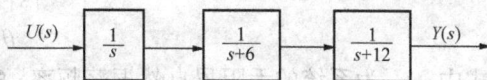

图 5-18　受控系统结构图

这类问题的分析设计，一般是首先建立系统的数学模型，然后分析系统的稳定性、能控性、能观测性等，最后根据分析的结果进行具体的设计。

1. 建立系统的数学模型

由系统的结构图可知，该系统是由一个积分环节和两个惯性环节组成。该开环系统的传递函数为

$$G(s)=\frac{Y(s)}{U(s)}=\frac{1}{s(s+6)(s+12)}=\frac{1}{s^3+18s^2+72s}$$

由所求的传递函数可以看出，这是一个典型的三阶系统。根据前面所学的状态空间分析法的知识，可以进行数学模型的转化，即将传递函数转化为对角标准型、能控标准型和能观测标准型的状态空间表达式。

对应的能控标准型可写为

$$\begin{cases}\dot{\boldsymbol{x}}=\begin{bmatrix}0 & 1 & 0\\ 0 & 0 & 1\\ 0 & -72 & -18\end{bmatrix}\boldsymbol{x}+\begin{bmatrix}0\\ 0\\ 1\end{bmatrix}u\\ y=\begin{bmatrix}1 & 0 & 0\end{bmatrix}\boldsymbol{x}\end{cases}$$

所以该系统是完全能控的。

对应的能观测标准型可写为

$$\begin{cases}\dot{\boldsymbol{x}}=\begin{bmatrix}0 & 0 & 0\\ 1 & 0 & -72\\ 0 & 1 & -18\end{bmatrix}\boldsymbol{x}+\begin{bmatrix}1\\ 0\\ 0\end{bmatrix}u\\ y=\begin{bmatrix}0 & 0 & 1\end{bmatrix}\boldsymbol{x}\end{cases}$$

因此，该系统也是完全能观测的。

2. 系统结构的初步确定

为了满足系统的设计要求，考虑采用状态反馈的结构，如图 5-19 所示。

根据性能指标要求确定状态反馈系数 f_1、f_2、f_3。

3. 反馈系数的确定

求状态反馈矩阵，实质上就是一个极点配置的问题。由于系统是完全能控的，因此可以对极点进行任意的配置。而系统的状态方程已化为能控标准型，所以设计将非常简单。

由于系统的数学模型是一个三阶系统，所以应该具有三个极点。对于三极点控制系统的设计，一般的方法是先选定一对主导极点 s_1 和 s_2，然后再选一个远离主导极点（设计中通常取 10 倍以上）的极点 s_3。这样，系统的设计就可以按照二阶系统来处理，从而可以进一步简化系统的设计过程。

如图 5-20 所示，主导极点 s_1 和 s_2 对系统的动态性能起主导作用，远离主导极点的极点 s_3 则作用极小。由主导极点 s_1 和 s_2 构成一个二阶系统，由经典控制理论可知

$$|s_1|=|s_2|=\omega_n$$

$$\theta=\arccos\xi$$

式中：ω_n 为系统的无阻尼自然振荡频率；ξ 为系统的阻尼系数。

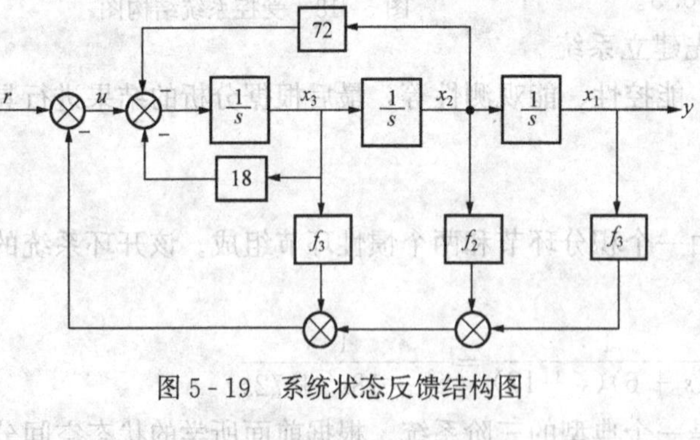

图 5-19 系统状态反馈结构图

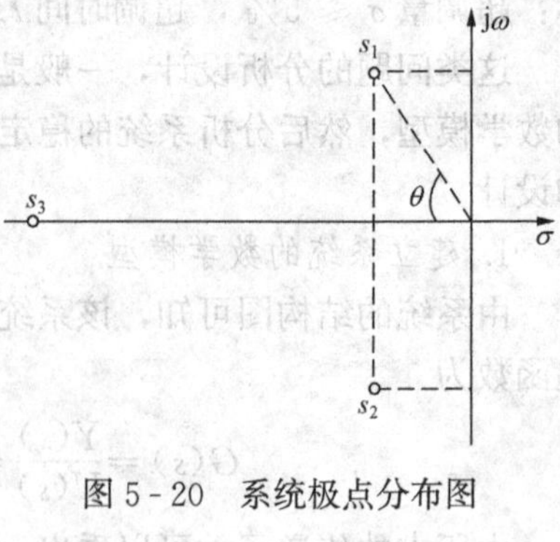

图 5-20 系统极点分布图

根据二阶系统性能指标有

$$\sigma=\mathrm{e}^{-\frac{\xi\pi}{\sqrt{1-\xi^2}}}$$

$$t_\sigma=\frac{\pi}{\omega_n\sqrt{1-\xi^2}}$$

$$\omega_b=\omega_n(1-2\xi^2+\sqrt{2-4\xi^2+4\xi^4})^{\frac{1}{2}}$$

由给定指标 $\sigma\leqslant5\%$，得 $\xi\geqslant0.707$；$t_\sigma\leqslant0.5$，可求出 $\omega_n\geqslant9$；这里可取 $\omega_n=10$。所以选定的一对主导极点为

$$s_{1,2}=-\xi\omega_n\pm j\omega_n\sqrt{1-\xi^2}=-7.07\pm j7.07$$

而对于远离一对主导极点的极点 s_3，一般取距离 s_1 和 s_2 的 10 倍远左右，可得到

$$s_3=-100$$

上述三个极点均具有负的实部，这就是所希望的极点。系统所希望的极点确定后，可以采用极点配置法求状态反馈矩阵。

由系统的状态方程为能控标准型，可以得到

$$|s\boldsymbol{I}-\boldsymbol{A}+\boldsymbol{BF}|=\left|\begin{bmatrix}s&0&0\\0&s&0\\0&0&s\end{bmatrix}-\begin{bmatrix}0&1&0\\0&0&1\\0&-72&-18\end{bmatrix}+\begin{bmatrix}0\\0\\1\end{bmatrix}[f_1\quad f_2\quad f_3]\right|$$

$$=\begin{vmatrix}s&-1&0\\0&s&-1\\f_1&72+f_2&s+18+f_3\end{vmatrix}$$

即系统的特征多项式为

$$f(s)=s^3+(18+f_3)s^2+(72+f_2)s+f_1$$

系统希望的特征多项式为

$$f^*(s)=(s+s_1)(s+s_2)(s+s_3)$$

即

$$f^*(s)=(s+7.07+j7.07)(s+7.07-j7.07)(s+100)$$
$$=s^3+114s^2+1510s+10000$$

可得反馈系数

$$\begin{cases}f_1=10000\\f_2=1438\\f_3=96\end{cases}$$

即　$\boldsymbol{F}=[10000\quad1438\quad96]$

根据给定的动态性能指标可知，系统满足要求，其状态变量图如图 5-21 所示。

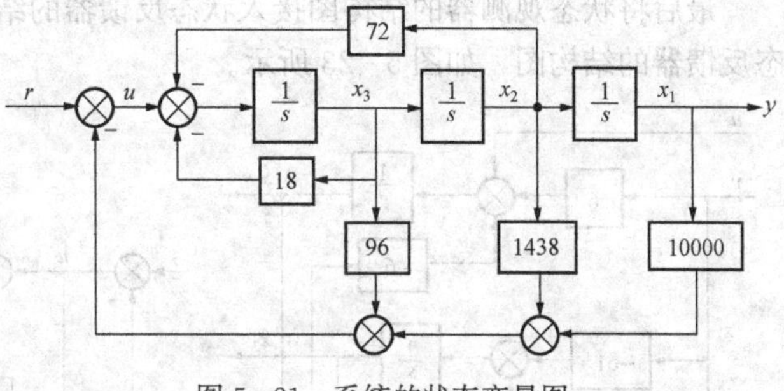

图 5-21　系统的状态变量图

二、状态观测器在系统设计中的应用

利用状态反馈改善系统性能指标的前提是系统中所有的状态变量都能够测量到。如果系统中的某些状态变量不能或不便于直接测量到，则可以设计一个状态观测器，通过对输出变量和输入变量的不断测量，可以估计出那些不可测量的状态变量，然后去利用这些状态变量的估计值去进行全状态反馈。

下面仍以上面例子进行分析，该系统是状态完全能观测的，因此可以设计一个状态观测器，这里主要讨论全维状态观测器的设计。

全维状态观测器的状态方程为

$$\dot{\hat{\boldsymbol{x}}}=(\boldsymbol{A}-\boldsymbol{GC})\hat{\boldsymbol{x}}+\boldsymbol{Bu}+\boldsymbol{Gy}$$

状态观测器的特征多项式为

$$f(s)=|sI-A+GC|=\begin{vmatrix}s & 0 & g_1\\ -1 & s & 72+g_2\\ 0 & -1 & s+18+g_3\end{vmatrix}$$

$$=s^3+(18+g_3)s^2+(72+g_2)s+g_1$$

由于控制系统是状态完全能观测的，所以状态观测器的极点可以任意配置。这里可以假设−1、−2、−3 是状态观测器所希望配置的极点，则系统所希望的特征多项式为

$$f^*(s)=(s+1)(s+2)(s+3)=s^3+6s^2+11s+6$$

令

$$f(s)=f^*(s)$$

则有

$$\begin{cases}18+g_3=6\\72+g_2=11\\g_1=6\end{cases}$$

即

$$g_1=6,\ g_2=-61,\ g_3=-12$$

状态观测矩阵 $\boldsymbol{G}=[6\quad -61\quad -12]^{\mathrm{T}}$，可得状态观测器的状态方程为

$$\dot{\hat{\boldsymbol{x}}}=\left(\begin{bmatrix}0 & 0 & 0\\1 & 0 & -72\\0 & 1 & -18\end{bmatrix}-\begin{bmatrix}6\\-61\\-12\end{bmatrix}[0\quad 0\quad 1]\right)\hat{\boldsymbol{x}}+\begin{bmatrix}1\\0\\0\end{bmatrix}u+\begin{bmatrix}6\\-61\\-12\end{bmatrix}y$$

即

$$\dot{\hat{\boldsymbol{x}}}=\begin{bmatrix}0 & 0 & -6\\1 & 0 & 11\\0 & 1 & -6\end{bmatrix}\hat{\boldsymbol{x}}+\begin{bmatrix}1\\0\\0\end{bmatrix}u+\begin{bmatrix}6\\-61\\-12\end{bmatrix}y$$

由上面的式子可以画出状态观测器的状态变量图，如图 5-22 所示。

最后将状态观测器的结构图接入状态反馈器的结构图中，即可得到带有状态观测器的状态反馈器的结构图，如图 5-23 所示。

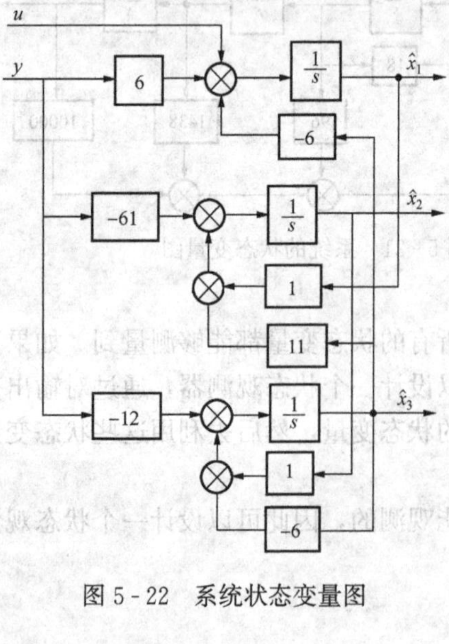

图 5-22 系统状态变量图

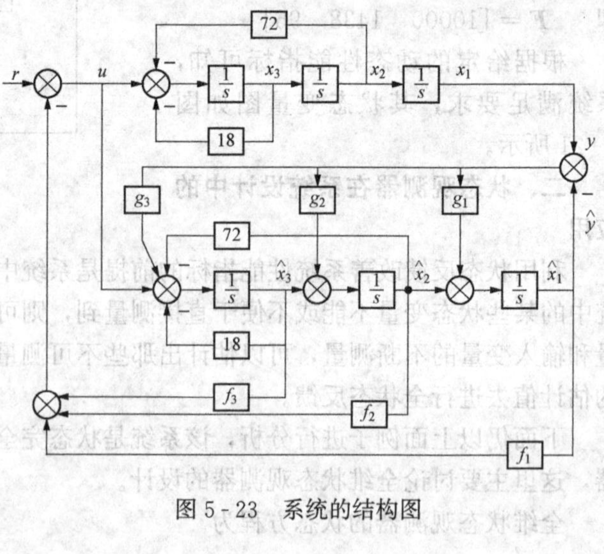

图 5-23 系统的结构图

第七节 MATLAB 用于极点配置和状态观测器

一、极点配置

（1）**acker**（）函数一般用于单输入/单输出系统配置极点。

调用格式：$\boldsymbol{K}$=acker（$\boldsymbol{A}$，$\boldsymbol{B}$，$\boldsymbol{P}$）

其中：$\boldsymbol{A}$、$\boldsymbol{B}$ 为系统矩阵；$\boldsymbol{P}$ 为期望极点向量；$\boldsymbol{K}$ 为反馈增益向量。

【例 5-11】 已知控制系统的系数矩阵为

$$\boldsymbol{A}=\begin{bmatrix}-2.0 & -2.5 & -0.5\\ 1 & 0 & 0\\ 0 & 1 & 0\end{bmatrix},\ \boldsymbol{B}=\begin{bmatrix}1\\0\\0\end{bmatrix}$$

闭环系统的极点为 $s=-1，-2，-3$，对其进行极点配置。

解 程序如下：

```
A= [-2, -2.5, -0.5; 1, 0, 0; 0, 1, 0];
B= [1, 0, 0] ';
P= [-1, -2, -3];
%极点配置
K=acker (A, B, P)
%闭环系统矩阵
Ac=A-B*K
```

程序运行结果：

```
K=

    4.0000      8.5000      5.5000

Ac=

    -6   -11   -6
     1     0    0
     0     1    0
```

（2）place（）函数一般用于单输入或多输入系统配置极点。

【例 5-12】 已知控制系统的系数矩阵为

$$\boldsymbol{A}=\begin{bmatrix}-0.1 & 5 & 0.1\\ -5 & -0.1 & 5\\ 0 & 0 & -10\end{bmatrix},\ \boldsymbol{B}=\begin{bmatrix}0\\0\\10\end{bmatrix}$$

闭环系统的极点为 $s=-1+5i，-1-5i，-10$，对其进行极点配置。

解 程序如下：

```
A= [-0.1, 5, 0.1; -5, -0.1, 5; 0, 0, -10];
B= [0, 0, 10] ';
P= [-1-5i, -1+5i, -10];
%极点配置
K=acker (A, B, P)
```

程序运行结果：

```
K =
     -0.1404        0.3754        0.1800
```

二、状态观测器设计

【例 5-13】 设系统的状态空间表达式为

$$\begin{cases}\dot{\boldsymbol{x}}=\begin{bmatrix}0&0&2\\1&0&9\\0&1&0\end{bmatrix}\boldsymbol{x}+\begin{bmatrix}3\\2\\1\end{bmatrix}u\\ y=\begin{bmatrix}0&0&1\end{bmatrix}\boldsymbol{x}\end{cases}$$

试设计一个状态观测器，使极点为−3、−4、−5。

解 程序如下：

```
%判断能观测性
A= [0, 0, 2; 1, 0, 9; 0, 1, 0];
B= [3; 2; 1];
C= [0, 0, 1];
Ob=obsv (A, C);
Roam=rank (ob);
If roam= =n
  Disp (‘系统可观’)
Else if roam~ =n
  Disp (‘系统不可观’)
End
```

程序运行结果：

系统可观

```
%设计状态观测器
A= [0, 0, 2; 1, 0, 9; 0, 1, 0];
B= [3; 2; 1];
C= [0, 0, 1];
P= [-3, -4, -5];
A=A’;
B1=C’;
K=acker (A1, B1, P);
H=K’
Ahc=A-H*C
```

程序运行结果

```
H =
    58
    56
    12
```

```
ahc =
     0     0   -60
     1     0   -47
     0     1   -12
```

习　题

5-1　设系统的状态方程为

$$\dot{\boldsymbol{x}}=\begin{bmatrix}1 & 1\\0 & 1\end{bmatrix}\boldsymbol{x}+\begin{bmatrix}1\\1\end{bmatrix}u$$

求状态反馈矩阵 $\boldsymbol{F}$，使闭环系统的希望极点配置在 -2、-4 处，并画出反馈系统的结构图。

5-2　设系统状态方程为

$$\begin{bmatrix}\dot{x}_1\\\dot{x}_2\\\dot{x}_3\end{bmatrix}=\begin{bmatrix}0 & 1 & 0\\0 & -1 & 1\\0 & -1 & 10\end{bmatrix}\begin{bmatrix}x_1\\x_2\\x_3\end{bmatrix}+\begin{bmatrix}0\\0\\10\end{bmatrix}u$$

试完成：

(1) 能否通过状态反馈规律 $\boldsymbol{u}=-\boldsymbol{F}\boldsymbol{x}$ 使闭环极点任意配置？

(2) 若可以，求出使闭环希望极点配置在 -20，$-1\pm \mathrm{j}\sqrt{3}$ 处的状态反馈矩阵 $\boldsymbol{F}$，并画出反馈系统的结构图。

5-3　已知控制系统的开环传递函数为

$$G(s)=\frac{20}{s(s+1)(s+3)}$$

试完成：

(1) 系统的状态空间表达式。

(2) 通过状态反馈系统的极点能否可以任意配置？

(3) 求状态反馈矩阵 $\boldsymbol{F}$，使系统的闭环极点配置在 -15、$-2\pm \mathrm{j}2$ 处。

5-4　给定受控系统的传递函数为

$$G(s)=\frac{1}{s(s+4)(s+8)}$$

试确定一个状态反馈矩阵 $\boldsymbol{F}$，使系统的闭环极点配置在 -2、-4、-7 处。

5-5　判断下列系统

(1) $\dot{\boldsymbol{x}}=\begin{bmatrix}1 & 3\\2 & 1\end{bmatrix}\boldsymbol{x}+\begin{bmatrix}0\\1\end{bmatrix}u$

(2) $\dot{\boldsymbol{x}}=\begin{bmatrix}4 & 2\\0 & -2\end{bmatrix}\boldsymbol{x}+\begin{bmatrix}1\\0\end{bmatrix}u$

能否用状态反馈实现镇定。

5-6　已知控制系统的状态方程为

$$\dot{\boldsymbol{x}}=\boldsymbol{A}\boldsymbol{x}+\boldsymbol{B}u$$

其中系数矩阵 $$A=\begin{bmatrix}1&0&-1\\0&-2&0\\-1&0&2\end{bmatrix},\ B=\begin{bmatrix}0\\0\\1\end{bmatrix}$$

试完成：

（1）判断系统状态反馈的可镇定性。

（2）若系统可镇定，求状态反馈矩阵 F 使系统镇定。

5-7 已知控制系统的状态方程为

$$\dot{x}=Ax+Bu$$

其中系数矩阵 $$A=\begin{bmatrix}1&0\\0&0\end{bmatrix},\ B=\begin{bmatrix}1\\1\end{bmatrix},\ C=[2\quad -1]$$

试完成：

（1）能否对系统的状态进行状态重构？

（2）若可以，设计全维状态观测器，使系统的极点为－1、－1。

5-8 给定线性定常系统为

$$\dot{x}=\begin{bmatrix}0&1\\0&0\end{bmatrix}x+\begin{bmatrix}0\\1\end{bmatrix}u$$

$$y=[1\quad 0]\,x$$

试确定全维状态观测器，使系统的状态估计值在－2、－4处，并画出状态观测器的结构图。

5-9 已知控制系统的状态方程为

$$\dot{x}=\begin{bmatrix}-1&-2&-2\\0&-1&1\\1&0&-1\end{bmatrix}x+\begin{bmatrix}2\\0\\1\end{bmatrix}u$$

$$y=[1\quad 1\quad 0]\,x$$

试完成：

（1）能否设计一个全维状态观测器。

（2）若可以，使全维状态观测器的极点配置在－3、－3、－4处。

5-10 给定线性定常系统为

$$\begin{cases}\dot{x}=\begin{bmatrix}1&3\\2&1\end{bmatrix}x+\begin{bmatrix}1\\2\end{bmatrix}u\\ y=[0\quad 1]\,x\end{cases}$$

试确定降维状态观测器，使系统的状态估计值在－3处。

5-11 已知控制系统的状态方程为

$$\begin{cases}\dot{x}=\begin{bmatrix}2&1&1\\1&-1&1\\0&0&0\end{bmatrix}x+\begin{bmatrix}1\\0\\0\end{bmatrix}u\\ y=[1\quad 0\quad 0]\,x\end{cases}$$

试完成：

（1）能否设计一个降维状态观测器。

（2）若可以，使降维状态观测器的极点配置在－1、－2处。

5-12　给定单输入/单输出线性定常控制系统的传递函数为

$$G(s)=\frac{1}{s(s+1)(s+2)}$$

试完成：

(1) 确定一个状态反馈矩阵 $\boldsymbol{F}$，使闭环反馈系统的极点配置在 -3，$-\frac{1}{2}\pm \mathrm{j}\frac{\sqrt{3}}{2}$ 处。

(2) 确定一个降维观测器，使极点均配置在 -5 处。

(3) 确定整个闭环系统的传递函数。

5-13　已知系统的状态空间表达式为

$$\begin{cases}\dot{\boldsymbol{x}}=\begin{bmatrix}-5 & -1\\ 6 & 0\end{bmatrix}\boldsymbol{x}+\begin{bmatrix}0\\ 2\end{bmatrix}u\\ y=\begin{bmatrix}0 & 1\end{bmatrix}\boldsymbol{x}\end{cases}$$

试完成：

(1) 画出系统结构图；

(2) 求系统的传递函数；

(3) 判定系统的能控性和能观测性；

(4) 求系统的状态转移矩阵；

(5) 当 $\boldsymbol{x}(0)=\begin{bmatrix}0\\ 3\end{bmatrix}$，$u(t)=0$ 时，系统的输出 $y(t)$；

(6) 设计全维状态观测器，将观测器极点配置在 $-10\pm \mathrm{j}10$ 处；

(7) 在 (6) 的基础上，设计状态反馈矩阵 $\boldsymbol{F}$，使系统的闭环极点配置在 $-5\pm \mathrm{j}5$ 处；

(8) 画出系统的总体结构图。

附录1 矩阵的基础知识

一、矩阵的概念

由 $n\times m$ 个数按一定次序排列成的 n 行 m 列数表称之为矩阵。

$$\boldsymbol{A}=\begin{bmatrix} a_{11} & a_{12} & \cdots & a_{1m} \\ a_{21} & a_{22} & \cdots & a_{2m} \\ \vdots & \vdots & \vdots & \vdots \\ a_{n1} & a_{n2} & \cdots & a_{nm} \end{bmatrix}$$

特别：只有一行或一列的矩阵称之为行矩阵（行向量）或列矩阵（列向量）。

$n=m$ 的矩阵称之为方阵。

对角矩阵和单位矩阵

$$\boldsymbol{A}=\begin{bmatrix} a_{11} & 0 & \cdots & 0 \\ 0 & a_{22} & \cdots & 0 \\ \vdots & \vdots & \vdots & \vdots \\ 0 & \cdots & 0 & a_{nn} \end{bmatrix},\ \boldsymbol{I}=\begin{bmatrix} 1 & 0 & \cdots & 0 \\ 0 & 1 & \cdots & 0 \\ \vdots & \vdots & \vdots & \vdots \\ 0 & \cdots & 0 & 1 \end{bmatrix}$$

奇异矩阵与非奇异矩阵：

奇异矩阵 $|\boldsymbol{A}|=0$；非奇异矩阵 $|\boldsymbol{A}|\neq 0$

转置矩阵

$$\boldsymbol{A}=\begin{bmatrix} a_{11} & a_{12} & \cdots & a_{1m} \\ a_{21} & a_{22} & \cdots & a_{2m} \\ \vdots & \vdots & \vdots & \vdots \\ a_{n1} & a_{n2} & \cdots & a_{nm} \end{bmatrix},\ \boldsymbol{A}^{\mathrm{T}}=\begin{bmatrix} a_{11} & a_{21} & \cdots & a_{n1} \\ a_{12} & a_{22} & \cdots & a_{n2} \\ \vdots & \vdots & \vdots & \vdots \\ a_{1m} & a_{2m} & \cdots & a_{nm} \end{bmatrix}$$

显然

$$[\boldsymbol{A}^{\mathrm{T}}]^{\mathrm{T}}=\boldsymbol{A}$$

二、矩阵的运算

1. 矩阵的加减法

两个具有相同行数和列数的矩阵相加减，对应元素相加减。设

$$\boldsymbol{A}=\begin{bmatrix} a_{11} & a_{12} & \cdots & a_{1m} \\ a_{21} & a_{22} & \cdots & a_{2m} \\ \vdots & \vdots & \vdots & \vdots \\ a_{n1} & a_{n2} & \cdots & a_{nm} \end{bmatrix},\ \boldsymbol{B}=\begin{bmatrix} b_{11} & b_{12} & \cdots & b_{1m} \\ b_{21} & b_{22} & \cdots & b_{2m} \\ \vdots & \vdots & \vdots & \vdots \\ b_{n1} & b_{n2} & \cdots & b_{nm} \end{bmatrix}$$

得

$$\boldsymbol{A}\pm\boldsymbol{B}=[a_{ij}\pm b_{ij}]$$

2. 数乘矩阵

数和矩阵的所有元素相乘，即

$$d\boldsymbol{A}=\begin{bmatrix} da_{11} & da_{12} & \cdots & da_{1m} \\ da_{21} & da_{22} & \cdots & da_{2m} \\ \vdots & \vdots & \vdots & \vdots \\ da_{n1} & da_{n2} & \cdots & da_{nm} \end{bmatrix}$$

3. 矩阵的乘法

$n\times s$ 矩阵$\boldsymbol{A}$ 与$s\times m$ 矩阵$\boldsymbol{B}$ 相乘所得矩阵为$\boldsymbol{C}$，$\boldsymbol{C}$ 矩阵的行数由矩阵$\boldsymbol{A}$ 确定，列数由矩阵$\boldsymbol{B}$ 确定。

设

$$\boldsymbol{A}=\begin{bmatrix} a_{11} & a_{12} & \cdots & a_{1m} \\ a_{21} & a_{22} & \cdots & a_{2m} \\ \vdots & \vdots & \vdots & \vdots \\ a_{n1} & a_{n2} & \cdots & a_{nm} \end{bmatrix},\ \boldsymbol{B}=\begin{bmatrix} b_{11} & b_{12} & \cdots & b_{1n} \\ b_{21} & b_{22} & \cdots & b_{2n} \\ \vdots & \vdots & \vdots & \vdots \\ b_{m1} & b_{m2} & \cdots & b_{mn} \end{bmatrix}$$

得

$$\boldsymbol{A}\times\boldsymbol{B}=\boldsymbol{C}=\left[C_{ij}=\sum_{k=1}^{m}a_{ik}b_{kj}\right]$$

只有矩阵$\boldsymbol{A}$ 的列数等于矩阵$\boldsymbol{B}$ 的行数两矩阵才能相乘，并且$\boldsymbol{A}\times\boldsymbol{B}\neq\boldsymbol{B}\times\boldsymbol{A}$。

【附例 1-1】 已知矩阵

$$\boldsymbol{A}=\begin{bmatrix} 1 & 2 \\ 3 & 4 \\ 2 & 0 \end{bmatrix},\ \boldsymbol{B}=\begin{bmatrix} 2 & -1 \\ 1 & 3 \end{bmatrix}$$

求$\boldsymbol{A}\times\boldsymbol{B}$。

解

$$\boldsymbol{A}\times\boldsymbol{B}=\begin{bmatrix} 1\times2+2\times1 & 1\times(-1)+2\times3 \\ 3\times2+4\times1 & 3\times(-1)+4\times3 \\ 2\times2+0\times1 & 2\times(-1)+0\times3 \end{bmatrix}=\begin{bmatrix} 4 & 5 \\ 10 & 9 \\ 4 & -2 \end{bmatrix}$$

4. 方阵的逆矩阵

设

$$\boldsymbol{A}=\begin{bmatrix} a_{11} & a_{12} & \cdots & a_{1m} \\ a_{21} & a_{22} & \cdots & a_{2m} \\ \vdots & \vdots & \vdots & \vdots \\ a_{n1} & a_{n2} & \cdots & a_{nm} \end{bmatrix}$$

逆矩阵为

$$\boldsymbol{A}^{-1}=\frac{\mathrm{adj}\boldsymbol{A}}{|\boldsymbol{A}|}$$

其中 adj$\boldsymbol{A}$ 是矩阵$\boldsymbol{A}$ 的伴随矩阵，即以$|\boldsymbol{A}|$的每一个元素的代数余子式为元素按$\boldsymbol{A}$ 的次序排成新的矩阵再转置。

【附例 1-2】 求矩阵$\boldsymbol{A}=\begin{bmatrix} -2 & 1 & 3 \\ 1 & -1 & 2 \\ 2 & 0 & 1 \end{bmatrix}$的逆矩阵。

解

$$\mathrm{adj}\boldsymbol{A}=\begin{bmatrix} -1 & 3 & 2 \\ -1 & -8 & 2 \\ 5 & 7 & 1 \end{bmatrix}^{\mathrm{T}}=\begin{bmatrix} -1 & -1 & 5 \\ 3 & -8 & 7 \\ 2 & 2 & 1 \end{bmatrix}$$

$$|\boldsymbol{A}|=\begin{vmatrix} -2 & 1 & 3 \\ 1 & -1 & 2 \\ 2 & 0 & 1 \end{vmatrix}=11,\ \boldsymbol{A}^{-1}=\frac{\mathrm{adj}\boldsymbol{A}}{|\boldsymbol{A}|}=\begin{bmatrix} -1/11 & -1/11 & 5/11 \\ 3/11 & -8/11 & 7/11 \\ 2/11 & 2/11 & 1/11 \end{bmatrix}$$

5. 矩阵的秩

$n\times m$ 矩阵中最大的不等于零的行列式的阶数。

记作 $\mathrm{rank}\boldsymbol{A}=k$

例如
$$\boldsymbol{A}=\begin{bmatrix}2 & 1 & 0\\ 3 & 2 & -1\\ 0 & 2 & -1\end{bmatrix},\ |\boldsymbol{A}|=3\neq 0,\ \mathrm{rank}\boldsymbol{A}=3$$

6. 矩阵的特征值和特征向量

考虑一齐次方程组

$$\begin{aligned} a_{11}x_1+a_{12}x_2+\cdots+a_{1n}x_n&=\lambda x_1\\ a_{21}x_1+a_{22}x_2+\cdots+a_{2n}x_n&=\lambda x_2\\ &\vdots\\ a_{n1}x_1+a_{n2}x_2+\cdots+a_{nn}x_n&=\lambda x_n \end{aligned}$$

可用矩阵表示为

$$\begin{bmatrix}a_{11} & a_{12} & \cdots & a_{1n}\\ a_{21} & a_{22} & \cdots & a_{2n}\\ \vdots & \vdots & \vdots & \vdots\\ a_{n1} & a_{n2} & \cdots & a_{nn}\end{bmatrix}\begin{bmatrix}x_1\\ x_2\\ \vdots\\ x_n\end{bmatrix}=\lambda\begin{bmatrix}1 & 0 & \cdots & 0\\ 0 & 1 & \cdots & 0\\ \vdots & \vdots & \vdots & \vdots\\ 0 & \cdots & 0 & 1\end{bmatrix}\begin{bmatrix}x_1\\ x_2\\ \vdots\\ x_n\end{bmatrix}$$

简写成
$$\boldsymbol{A}x=\lambda\boldsymbol{I}x \quad 或 \quad (\boldsymbol{A}-\lambda\boldsymbol{I})\ x=0$$

齐次方程组有非零解的条件为特征矩阵（$\boldsymbol{A}-\lambda\boldsymbol{I}$）的行列式值为零，即
$$|\boldsymbol{A}-\lambda\boldsymbol{I}|=0$$

将行列式展开可得
$$f(\lambda)=(-\lambda)^n+a_{n-1}(-\lambda)^{n-1}+\cdots+a_1(-\lambda)+a_0=0$$

称为特征方程，解该方程即得 n 个特征值 λ_1，λ_2，…，λ_n。

将 λ_1 代入原方程（$\boldsymbol{A}-\lambda_1\boldsymbol{I}$）$x=0$ 得到 x 的一组解 x_{11}，x_{21}，…x_{n1}，可记作

$$\boldsymbol{x}_1=\begin{bmatrix}x_{11}\\ x_{21}\\ \vdots\\ x_{n1}\end{bmatrix}$$

即为矩阵 $\boldsymbol{A}$ 所对应的特征向量。

n 个特征值代入原方程可得 n 个特征向量 x_1，x_2，…，x_n，构成了特征向量矩阵

$$\boldsymbol{T}=\begin{bmatrix}x_{11} & x_{12} & \cdots & x_{1n}\\ x_{21} & x_{22} & \cdots & x_{2n}\\ \vdots & \vdots & \vdots & \vdots\\ x_{n1} & x_{n2} & \cdots & x_{nn}\end{bmatrix}$$

【附例 1-3】 求矩阵 $\boldsymbol{A}=\begin{bmatrix}-4 & -5\\ 2 & 3\end{bmatrix}$ 的特征值和特征向量。

解
$$(\boldsymbol{A}-\lambda\boldsymbol{I})=\begin{bmatrix}-4 & -5\\ 2 & 3\end{bmatrix}-\begin{bmatrix}\lambda & 0\\ 0 & \lambda\end{bmatrix}=\begin{bmatrix}-4-\lambda & -5\\ 2 & 3-\lambda\end{bmatrix}$$

$$|\boldsymbol{A}-\lambda\boldsymbol{I}|=\begin{vmatrix}-4-\lambda & -5\\ 2 & 3-\lambda\end{vmatrix}=(-4-\lambda)(3-\lambda)+10=0$$

解得特征值 $\lambda_1=-2\quad\lambda_2=1$

将 $\lambda_1=-2$ 代入 $(\boldsymbol{A}-\lambda\boldsymbol{I})x=0$ 得

$$\begin{bmatrix}-2 & -5\\ 2 & 5\end{bmatrix}\begin{bmatrix}x_{11}\\ x_{21}\end{bmatrix}=0$$

即

$$\begin{cases}-2x_{11}-5x_{21}=0\\ 2x_{11}+5x_{21}=0\end{cases}$$

无穷多个解，取 $x_{11}=1$，得 $x_{21}=-0.4$。

同样将 $\lambda_2=1$ 代入（$\boldsymbol{A}-\lambda\boldsymbol{I}$）$x=0$ 得

$$\begin{bmatrix}-5 & -5\\ 2 & 2\end{bmatrix}\begin{bmatrix}x_{12}\\ x_{22}\end{bmatrix}=0,\quad\begin{cases}-5x_{12}-5x_{22}=0\\ 2x_{12}+2x_{22}=0\end{cases}$$

无穷多个解，取 $x_{12}=1$，得 $x_{22}=-1$。

特征向量矩阵 $$\boldsymbol{T}=\begin{bmatrix}x_{11} & x_{12}\\ x_{21} & x_{22}\end{bmatrix}=\begin{bmatrix}1 & 1\\ -0.4 & -1\end{bmatrix}$$

【附例 1-4】 求矩阵 $\boldsymbol{A}=\begin{bmatrix}0 & 1 & 0\\ 0 & 0 & 1\\ -24 & -26 & -9\end{bmatrix}$ 的特征值和特征向量。

解 $$(\boldsymbol{A}-\lambda\boldsymbol{I})=\begin{bmatrix}-\lambda & 1 & 0\\ 0 & -\lambda & 1\\ -24 & -26 & -9-\lambda\end{bmatrix}$$

$$|\boldsymbol{A}-\lambda\boldsymbol{I}|=\lambda^3+9\lambda^2+26\lambda+24=0$$

解得特征值 $\lambda_1=-2,\ \lambda_2=-3,\ \lambda_3=-4$

将 $\lambda_1=-2$ 代入（$\boldsymbol{A}-\lambda\boldsymbol{I}$）$x=0$ 得

$$\begin{bmatrix}2 & 1 & 0\\ 0 & 2 & 1\\ -24 & -26 & -7\end{bmatrix}\begin{bmatrix}x_{11}\\ x_{21}\\ x_{31}\end{bmatrix}=0$$

即

$$\begin{cases}2x_{11}+x_{21}=0\\ 2x_{21}+x_{31}=0\\ -24x_{11}-26x_{21}-7x_{31}=0\end{cases}$$

无穷多个解，取 $x_{11}=1$，得 $x_{21}=-2$，$x_{31}=4$。

将 $\lambda_2=-3$ 代入（$\boldsymbol{A}-\lambda\boldsymbol{I}$）$x=0$ 得

$$\begin{bmatrix}3 & 1 & 0\\ 0 & 3 & 1\\ -24 & -26 & -6\end{bmatrix}\begin{bmatrix}x_{12}\\ x_{22}\\ x_{32}\end{bmatrix}=0$$

即

$$\begin{cases}3x_{12}+x_{22}=0\\ 3x_{22}+x_{32}=0\\ -24x_{12}-26x_{22}-6x_{32}=0\end{cases}$$

无穷多个解，取 $x_{12}=1$，得 $x_{22}=-3$，$x_{32}=9$。

将 $\lambda_3=-4$ 代入 $(\boldsymbol{A}-\lambda\boldsymbol{I})\ x=0$ 得

$$\begin{bmatrix} 4 & 1 & 0 \\ 0 & 4 & 1 \\ -24 & -26 & -5 \end{bmatrix}\begin{bmatrix} x_{13} \\ x_{23} \\ x_{33} \end{bmatrix}=0$$

$$\begin{cases} 4x_{13}+x_{23}=0 \\ 4x_{23}+x_{33}=0 \\ -24x_{13}-26x_{23}-5x_{33}=0 \end{cases}$$

无穷多个解，取 $x_{13}=1$，得 $x_{23}=-4$，$x_{33}=16$。

特征向量矩阵 $$\boldsymbol{T}=\begin{bmatrix} 1 & 1 & 1 \\ -2 & -3 & -4 \\ 4 & 9 & 16 \end{bmatrix}$$

附录2 MATLAB 应 用 简 介

一、引言

本附录主要介绍 MATLAB 在求解控制系统问题时所涉及的一些基础知识。MATLAB 是 MATrix LABoratory 的缩写，是一种基于矩阵的数学与工程计算系统，可以用作动态系统的建模与仿真。在 MATLAB 中处理的所有变量都是矩阵。MATLAB 是一个开放的环境，在这个环境下，开发出了许多具有特殊功能的工具箱软件，如控制系统、信号处理、模糊控制、小波分析工具箱等。

1. MATLAB 的函数

MATLAB 命令和矩阵函数是分析和设计控制系统时经常采用的。MATLAB 具有许多预先定义的函数，供用户在求解各种类型的控制问题时调用。

在附表 2-1 中列举了这样一些命令和矩阵函数，供大家参考。

附表 2-1　　MATLAB 命令和矩阵函数

常用命令和矩阵函数名称	关于命令和矩阵函数的功能说明
Abs	绝对值函数
angle	求复数的相角，返回值为弧度
ans	返回最新结果
axis	手工定义坐标轴范围
ss ()	建立控制系统的状态空间模型
ss2tf ()	将系统状态空间模型转换为传递函数模型
ss2zp ()	将系统状态空间模型转换为零、极点增益模型
tf2ss ()	将系统传递函数模型转换为状态空间模型
ss2ss ()	相似变换
jordan (A)	求化对角阵 **A** 的变换矩阵 ***P***
lsim ()	完成状态响应和输出响应
c2d ()	实现方程的离散化
dlsim ()	完成离散状态响应和输出响应
rank ()	求矩阵的秩
lyap ()	线性定常连续系统稳定性分析
dlyap ()	线性定常离散系统稳定性分析
acker ()	单入/单出系统配置极点
place ()	单入或多入系统配置极点
obsv ()	求能观测性矩阵
C2d	连续系统离散化
cd	改变当前的工作目录
clc	清除命令窗口显示
clear	从工作空间中清除变量和函数
clg	清除屏幕图像
conj	求复数的共轭
conv	求卷积，多项式相乘
corrcoef	求相关系数
cos	余弦函数
D2c	离散系统连续化
dbode	求离散系统的伯德图

续表

常用命令和矩阵函数名称	关于命令和矩阵函数的功能说明
deconv	反卷积，多项式除法
det	行列式求解
diag	对角阵
dimpulse	离散系统的单位脉冲响应
dlsim	离散系统的任意输入响应
dnyquist	离散系统的奈奎斯特图
dstep	离散系统的单位阶跃响应
eig	求矩阵的特征值与特征矢量
exit	终止程序
exp	求以 e 为底的指数
eye	产生单位矩阵
filter	直接滤波器实现
fix	对零方向取整
floor	对$-\infty$方向取整
format long	15 位数字定标定点格式
format longe	15 位数字浮点格式
format short	5 位数字定标定点
grid	给图形加网格线
gtext	在鼠标指定的位置加文字说明
hold	保持屏幕上的当前图形
imag	求复数的虚部
inf	无穷大（∞）
inv	矩阵求逆
length	求向量长度
linspace	构造线性间隔的向量
log	求自然对数
logspace	构造等对数间隔的向量
log10	求常用对数
max	求向量中最大值
mean	求向量中各元素均值
median	求向量中各元素中间值
min	求向量中最小值
minreal	实现零、极点抵消（传递函数化简）
NaN	非数值（不定式）
ones	产生元素全部为 1 的矩阵
pi	常数 π（圆周率）
plot	线性坐标图形绘制
polar	极坐标图形绘制
poly	求矩阵的特征多项式
polyfit	多项式曲线拟合
polyval	多项式方程
prod	各元素的乘积
quit	退出程序
rand	产生均匀分布随机矩阵
randn	产生正态分布的随机矩阵
rank	计算矩阵的秩
real	求复数的实部

续表

常用命令和矩阵函数名称	关于命令和矩阵函数的功能说明
rem residue roots	求余数或模 部分分式展开 求多项式的根
semilogx semilogy sign sin size	X 轴半对数坐标图形绘制 Y 轴半对数坐标图形绘制 符号函数 正弦函数 求矩阵行和列的维数
spline sqrt step subplot sum	三次样条插值函数，可以进行给定值的插值 求平方根 画单位阶跃响应 将图形窗口分成若干个分区 求各元素的和
tan text tf tfdata title	正切函数 在图形上加文字说明 传递函数形式 求给定传递函数的分子、分母系数 给图形加标题
who	列出当前存储器中所有变量
xlabel	给图形加 x 轴说明
ylabel	给图形加 y 轴说明
zeros	产生零矩阵

2. MATLAB 的运行环境

在大多数系统中，一旦安装了 MATLAB，则可进入 MATLAB 运行窗口环境。MATLAB 提供了两种运行方式，即命令行方式和 M 文件方式。

(1) 命令行方式。可以通过直接在命令窗口中输入命令来实现计算或作图功能。一般 MATLAB 命令格式如下：

[输出参数 1，输出参数 2，…]＝命令名(输入参数 1，输入参数 2，…)

输出参数使用方括号，而输入参数使用圆括号。如果输出量仅一个，可不使用括号。

(2) M 文件方式。在 MATLAB 窗口中单击 File 菜单，然后依次选择 New→M-File，打开 M 文件输入运行窗口。可以在该窗口中编辑程序文件，进行调试和运行。与命令行方式相比，M 文件方式的优点是便于调试，可重复应用。

3. MATLAB 的帮助系统

MATLAB 具有完善的帮助功能，包括命令行帮助、联机帮助和演示帮助等。充分利用其帮助系统，可以更快、更准确地掌握 MATLAB 的使用方法。

(1) 命令行帮助。利用 help 命令可以获得命令行帮助。例如，在命令窗口输入命令

```
help
```

将显示系统的帮助信息，其中列出了所有函数类别和工具箱的名称和功能。

如果在 help 命令后面添加工具箱名或命令名，则可显示对应的功能信息。例如，在命令行中键入

```
help plot
```

将获得 plot 命令的功能和参数说明。

（2）联机帮助。在 MATLAB 界面中单击工具条上的问号按钮或单击 Help 菜单中的 MATLAB Help 选项，可以打开联机帮助界面，在界面左边的目录栏中单击项目名称或图标，将在右侧的窗口中显示相应的帮助信息。

（3）演示帮助。在 MATLAB 的命令窗口中键入“demo”，或者单击 Help 菜单中的“Demos”选项，可以打开演示窗口。该演示窗口包含了各种 MATLAB 的应用范例，具有很好的学习指导性。

二、MATLAB 的运算与简单编程

MATLAB 以复数矩阵作为基本的运算单元，不仅包含实数和复数向量与常数，也间接地包含了多项式与传递函数。向量和标量都作为特殊的矩阵来处理。向量看作只有一行或一列的矩阵；标量看作只有一个元素的矩阵。多项式只是用它的系数构成的行向量来表示。MATLAB 能够对矩阵进行各种运算，这在其他语言中是难以做到的。MATLAB 还对各种特殊字符赋予特殊的含义，在使用中必须按照规定引用。

在附表 2-2 中，列举了一些运算符号和特殊字符。

附表 2-2　　MATLAB 中的运算符号和特殊字符

运算符号或特殊字符	功能描述	运算符号或特殊字符	功能描述
＋	加	…	续行标志
－	减	,	分行符（运行结果不显示）
*	矩阵乘	;	分行符（运行结果显示）
.*	向量乘	%	注释标志
^	矩阵乘方	!	操作系统命令提示符
.^	向量乘方	'	矩阵转置
\	矩阵左除　例 $A\backslash B=A^{-1}B$	.'	向量转置
/	矩阵右除　例 $A/B=AB^{-1}$	=	赋值运算符
.\	向量左除	==	判相等关系运算符
./	向量右除	~=	判不等关系运算符
:	向量生成或子阵提取	<	小于
()	下标运算或参数定义	<=	小于等于
[]	矩阵生成	>	大于
.	结构字段获取符	>=	大于等于
.	点乘运算，常与其他运算符号联合使用（如.\）	&	逻辑与运算
xor	逻辑异或运算	|	逻辑或运算
		~	逻辑非运算

1. 向量与矩阵

在 MATLAB 环境下，输入一行向量很简单，只需使用方括号，并且每个元素之间用空格或逗号隔开即可。列向量的输入只需在行向量的输入格式基础上再加一个转置符号。

【附例 2-1】　输入

```
x= [1, 2, 3], y= [1+j  2+pi*i  -sqrt (-1) ];
```

显示结果为

```
x=
   1   2   3
y=
1.0000+1.0000i   2.0000+3.1416i   0-1.0000i
```

矩阵的输入需要逐行输入，每个行向量之间要用分号隔开或者用回车。

【附例 2-2】 输入

```
a= [1 2 3; 4 5 6; 1 3 6]
```

结果为

```
a=
   1   2   3
   4   5   6
   1   3   6
```

2. 基本编程

MATLAB不仅是一个功能强大的工具软件，更是一种有效的编程语言。M文件就是用MATLAB语言编写的程序代码文件。MATLAB语言的编程结构与其他语言（如C语言）的编程结构相似，由一些基本结构组成，如循环、条件分支结构等。MATLAB支持的循环语句、条件转移语句等控制语句格式和C语言中的控制语句格式很相似。

为了将设计或计算结果清晰地展示给读者，利用MATLAB丰富的获取图形输出的程序集来绘制各种响应曲线，显示数据变化产生的影响。下面详细介绍绘制响应曲线的一些命令和函数。

(1) x-y 图。如果 x 和 y 是同一长度的向量，则命令

plot (x, y)

将画出 y 值相对于 x 值的关系图。大多数响应曲线都可用这条命令绘制。

为了表示某个量的变化将对另一个量产生何种影响，需要在一幅图上画出多条曲线，就可以采用具有多个自变量的 plot 命令

plot (x1, y1, x2, y2, …, xn, yn)

其中，变量 x1、y1、x2、y2 等是一些向量对。每一个 x-y 对都可以图解表示出来，因而在一幅图上形成多条曲线。多重变量的优点是它允许不同长度的向量在同一幅图上显示出来。每一对向量采用不同的线型或颜色加以区分。

在一幅图上画一条以上的曲线时，也可以利用命令 hold。hold 命令可以保持当前的图形，并且防止删除和修改比例尺。因此，随后的一条曲线将会重叠地画在原曲线图上。再次输入命令 hold，会使当前的图形复原。

(2) 加进网格线、图形标题、x 轴标记和 y 轴标记。一旦在屏幕上出现图形，就可以画出网格线，定出图形标题，并且标定 x 轴标记和 y 轴标记。MATLAB 中关于网格线、标题、x 轴标记和 y 轴标记的命令如下：

grid

title（‘图形标题’）

xlabel（‘*x* 轴标记’）

ylabel（‘*y* 轴标记’）

（3）在图形屏幕上书写文本。为了在图形屏幕的点（x，y）上书写文本，可采用命令

text（x，y，’text’）

（4）图形类型和颜色。在使用 plot 命令绘图时，可以加上表示线型、点的类型或者颜色地标记，来区分多条曲线。MATLAB 能够提供的线和点的类型见附表 2-3。

附表 2-3　　MATLAB 提供的线和点的类型

线的类型		点的类型	
实线	—	圆点	.
短划线	--	加号	+
虚线	:	星号	*
点划线	---	圆圈	o
		×号	×

MATLAB 提供的颜色类型见附表 2-4。

附表 2-4　　MATLAB 提供的颜色类型

红色	绿色	蓝色	白色	无色
r	g	b	w	i

【附例 2-3】　语句

plot（x1，y1，’:’，x2，y2，’+’）

将用虚线画出第一条曲线，用符号“+”画出的两条曲线。

语句

plot（x，y，’r’）

plot（x，y，’+g’）

表明，第一幅图用红线画出，第二幅图采用绿色“+”画出。

（5）自动绘图算法。在 MATLAB 中，图形是自动定标的。在另一幅图形画出之前，这幅图形作为现行图形保持不变，但是在另一幅图形画出后，原图形将被删除，坐标轴自动地重新定标。关于动态响应曲线、根轨迹、伯德图、奈奎斯特图等的自动绘图算法已经设计出来，它们对于各类系统具有广泛的适用性，但是并非总是理想的。因此，在某些情况下，可能需要放弃绘图命令中的自动坐标轴定标特性，改用手工选择绘图范围。

（6）手工坐标轴定标。如果需要在下列语句指定的范围内绘制曲线

v=［x—min　x—max　y—min　y—max］

则应输入命令 axis（v），式中 v 是一个四元向量。axis（v）将坐标轴定标建立在规定的范围内。对于对数坐标图，v 的元素应为最小值和最大值的常用对数。

执行 axis（v）会将当前的坐标轴定标保持到后面的图中，再次键入 axis 恢复自动定标。

axis（‘square’）将图形的范围设定在方形范围内。对于方形长宽比，斜率为 1 的直线恰好位于 45°上，它不会因屏幕的不规则形状而改变。axis（‘normal’）将使长度比恢复到正常状态。

部分习题参考答案

1-1　状态空间表达式为

$$\begin{bmatrix}\dot{x}_1\\ \dot{x}_2\\ \dot{x}_3\end{bmatrix}=\begin{bmatrix}-\dfrac{R_1}{L_1} & 0 & -\dfrac{1}{L_1}\\ 0 & -\dfrac{R_2}{L_2} & \dfrac{1}{L_2}\\ \dfrac{1}{C} & -\dfrac{1}{C} & 0\end{bmatrix}\begin{bmatrix}x_1\\ x_2\\ x_3\end{bmatrix}+\begin{bmatrix}\dfrac{1}{L_1}\\ 0\\ 0\end{bmatrix}u$$

$$y=\begin{bmatrix}0 & R_2 & 0\end{bmatrix}\begin{bmatrix}x_1\\ x_2\\ x_3\end{bmatrix}$$

1-2　状态空间表达式为

$$\dot{\boldsymbol{x}}=\begin{bmatrix}0 & 0 & 1 & 0\\ 0 & 0 & 0 & 1\\ -\dfrac{k_1}{m_1} & \dfrac{k_1}{m_1} & -\dfrac{f_1}{m_1} & \dfrac{f_1}{m_1}\\ \dfrac{k_1}{m_2} & -\dfrac{k_1+k_2}{m_2} & \dfrac{f_1}{m_2} & -\dfrac{f_1+f_2}{m_2}\end{bmatrix}\boldsymbol{x}+\begin{bmatrix}0\\ 0\\ \dfrac{1}{m_1}\\ 0\end{bmatrix}F$$

$$\boldsymbol{y}=\begin{bmatrix}1 & 0 & 0 & 0\\ 0 & 1 & 0 & 0\end{bmatrix}\boldsymbol{x}$$

1-3　串联系统的状态空间表达式为

$$\dot{\boldsymbol{x}}=\begin{bmatrix}0 & 1 & 0 & 0 & 0\\ 1 & -2 & 0 & 0 & 0\\ 1 & 1 & 0 & 1 & 1\\ 0 & 0 & 1 & 0 & 1\\ 2 & 2 & 1 & 2 & 1\end{bmatrix}\boldsymbol{x}+\begin{bmatrix}1\\ 1\\ 0\\ 0\\ 0\end{bmatrix}u$$

$$y=\begin{bmatrix}0 & 0 & 1 & 0 & 1\end{bmatrix}\boldsymbol{x}$$

并联系统的状态空间表达式为

$$\dot{\boldsymbol{x}}=\begin{bmatrix}0 & 1 & 0 & 0 & 0\\ 1 & -2 & 0 & 0 & 0\\ 0 & 0 & 0 & 1 & 1\\ 0 & 0 & 1 & 0 & 1\\ 0 & 0 & 1 & 2 & 1\end{bmatrix}\boldsymbol{x}+\begin{bmatrix}1\\ 1\\ 1\\ 0\\ 2\end{bmatrix}u$$

$$y=\begin{bmatrix}1 & 1 & 1 & 0 & 1\end{bmatrix}\boldsymbol{x}$$

1-4　(1)

$$\dot{x}=\begin{bmatrix}0 & 1\\ -a_2 & -a_1\end{bmatrix}x+\begin{bmatrix}0\\ b\end{bmatrix}u$$

$$y=[1\quad 0]\,x$$

$$\dot{x}=\begin{bmatrix}0 & 1\\ -0.5 & -2\end{bmatrix}x+\begin{bmatrix}0\\ 0.5\end{bmatrix}u$$

$$y=[1\quad 0]\,x$$

状态变量图如下

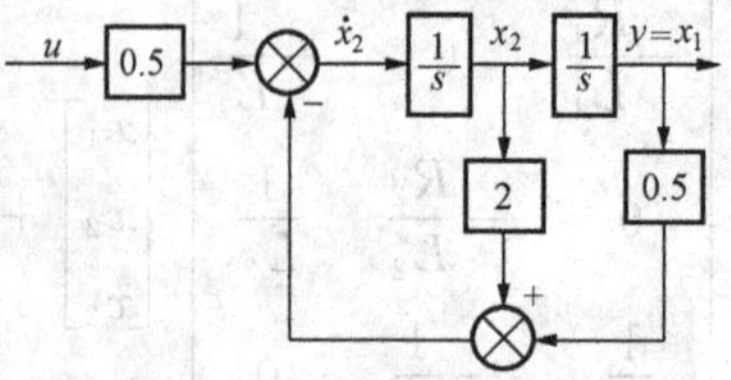

（2）
$$\dot{x}=\begin{bmatrix}0 & 1 & 0\\ 0 & 0 & 1\\ -3 & 0 & -5\end{bmatrix}x+\begin{bmatrix}0\\ 1\\ -2\end{bmatrix}u$$

$$y=[1\quad 0\quad 0]\,x$$

状态变量图为

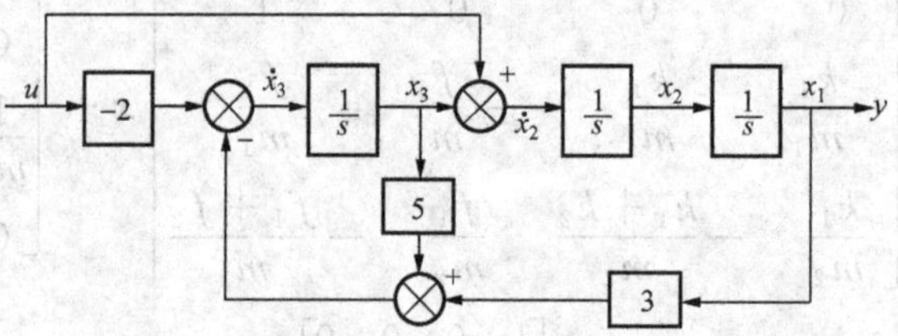

（3）
$$\dot{x}=\begin{bmatrix}0 & 1 & 0\\ 0 & 0 & 1\\ -3 & -2 & 0\end{bmatrix}x+\begin{bmatrix}0\\ 0\\ 1\end{bmatrix}u$$

$$y=[1\quad -2\quad 0]x$$

（4）
$$\dot{x}=\begin{bmatrix}0 & 1\\ -4 & -3\end{bmatrix}x+\begin{bmatrix}0\\ 1\end{bmatrix}u$$

$$y=[2\quad 1]x$$

1-5　（1）状态空间表达式为

$$\begin{bmatrix}\dot{x}_1\\ \dot{x}_2\\ \dot{x}_3\end{bmatrix}=\begin{bmatrix}0 & 1 & 0\\ 0 & 0 & 1\\ -1 & 0 & 0\end{bmatrix}\begin{bmatrix}x_1\\ x_2\\ x_3\end{bmatrix}+\begin{bmatrix}0\\ 0\\ 1\end{bmatrix}u$$

$$y=[3\quad 2\quad 1]\begin{bmatrix}x_1\\ x_2\\ x_3\end{bmatrix}$$

（2）状态空间表达式为

$$\begin{bmatrix}\dot{x}_1\\ \dot{x}_2\\ \dot{x}_3\end{bmatrix}=\begin{bmatrix}0&1&0\\0&0&1\\-10&-4&-5\end{bmatrix}\begin{bmatrix}x_1\\x_2\\x_3\end{bmatrix}+\begin{bmatrix}0\\0\\1\end{bmatrix}u$$

$$y=\begin{bmatrix}10&0&0\end{bmatrix}\begin{bmatrix}x_1\\x_2\\x_3\end{bmatrix}$$

(3) 状态空间表达式为

$$\dot{x}=\begin{bmatrix}-2&1&0&0\\0&-2&0&0\\0&0&0&0\\0&0&0&-3\end{bmatrix}x+\begin{bmatrix}0\\1\\1\\1\end{bmatrix}u\quad y=\begin{bmatrix}\frac{1}{2}&-\frac{3}{4}&\frac{1}{12}&\frac{2}{3}\end{bmatrix}$$

1-6

(1) $$\boldsymbol{G}(s)=\begin{bmatrix}\frac{1}{(s-3)}&\frac{3}{(s-3)}\end{bmatrix}$$

(2) $$\boldsymbol{G}(s)=\boldsymbol{c}(s\boldsymbol{I}-\boldsymbol{A})^{-1}\boldsymbol{B}=\begin{bmatrix}\frac{s^2+s+1}{s(s^2+3s+1)}&\frac{s}{s^2+3s+1}\\ \frac{-2}{s(s^2+3s+1)}&\frac{1}{s^2+3s+1}\end{bmatrix}$$

1-7

串联 $$\boldsymbol{G}(s)=\begin{bmatrix}\frac{1}{(s+2)(s+1)}+\frac{1}{s(s+3)}&\frac{1}{(s+1)^2}\\ \frac{1}{s(s+2)}&0\end{bmatrix}$$

并联 $$\boldsymbol{G}(s)=\begin{bmatrix}\frac{2s+3}{(s+2)(s+1)}&\frac{2s+4}{(s+3)(s+1)}\\ \frac{1}{s}&\frac{1}{s+2}\end{bmatrix}$$

1-8 线性变换后的状态空间表达式

$$\dot{\tilde{\boldsymbol{x}}}=\begin{bmatrix}-4&-1\\7&2\end{bmatrix}\tilde{\boldsymbol{x}}+\begin{bmatrix}1\\-1\end{bmatrix}\boldsymbol{u}$$

$$\boldsymbol{y}=\begin{bmatrix}2&1\end{bmatrix}\tilde{\boldsymbol{x}}$$

1-9 (1) $\boldsymbol{P}=\begin{bmatrix}1&1\\1&-1\end{bmatrix}$；$\boldsymbol{P}^{-1}=\begin{bmatrix}\frac{1}{2}&\frac{1}{2}\\ \frac{1}{2}&-\frac{1}{2}\end{bmatrix}$；$\tilde{\boldsymbol{A}}=\boldsymbol{P}^{-1}\boldsymbol{A}\boldsymbol{P}=\begin{bmatrix}-1&0\\0&-3\end{bmatrix}$

(2) $\boldsymbol{P}=\begin{bmatrix}1&1\\-1&-2\end{bmatrix}$；$\boldsymbol{P}^{-1}=\begin{bmatrix}2&1\\-1&-1\end{bmatrix}$；$\tilde{\boldsymbol{A}}=\boldsymbol{P}^{-1}\boldsymbol{A}\boldsymbol{P}=\begin{bmatrix}-1&0\\0&-2\end{bmatrix}$

(3) $$\dot{\boldsymbol{x}}=\begin{bmatrix}0&0&0\\0&0&1\\-1&-2&-3\end{bmatrix}\boldsymbol{x}+\begin{bmatrix}1&0\\1&1\\0&1\end{bmatrix}\boldsymbol{u}$$

(4)

$$P=\begin{bmatrix}2&0&0\\-1&1&1\\0&-1&-2\end{bmatrix};\ P^{-1}=\begin{bmatrix}1/2&0&0\\1&2&1\\1/2&-1&-1\end{bmatrix};$$

$$\widetilde{A}=P^{-1}AP=\begin{bmatrix}0&0&0\\0&-1&0\\0&0&-2\end{bmatrix}$$

1-10 (1)

$$P=\begin{bmatrix}1&1&0\\1&0&2\\1&0&1\end{bmatrix};\ P^{-1}=\begin{bmatrix}0&-1&2\\1&1&-2\\0&1&-1\end{bmatrix};$$

$$\widetilde{A}=P^{-1}AP=\begin{bmatrix}3&1&0\\0&3&0\\0&0&1\end{bmatrix}$$

(2)

$$P=\begin{bmatrix}1&1&1\\1&2&2\\1&3&4\end{bmatrix};\ P^{-1}=\begin{bmatrix}2&-1&0\\-2&3&-1\\1&-2&1\end{bmatrix};$$

$$\widetilde{A}=P^{-1}AP=\begin{bmatrix}1&1&0\\0&1&0\\0&0&2\end{bmatrix}$$

(3)

$$P=\begin{bmatrix}1&1&1\\-1&0&0\\1&-1&0\end{bmatrix};\ P^{-1}=\begin{bmatrix}0&-1&0\\0&-1&-1\\1&2&1\end{bmatrix};$$

$$\widetilde{A}=P^{-1}AP=\begin{bmatrix}-1&1&0\\0&-1&0\\0&0&0\end{bmatrix}$$

1-11 状态空间表达式：

$$x(k+1)=\begin{bmatrix}0&1\\-6&-5\end{bmatrix}x(k)+\begin{bmatrix}1\\-4\end{bmatrix}u(k)$$

$$y(k)=[1\quad 0]\,x(k)$$

1-12 (1)

$$G(z)=\frac{z+1}{z^2+5z+6}$$

(2)

$$G(z)=\left[\frac{-3}{(z+1)(z+2)}\ \ \frac{-2}{(z+1)(z+2)}\right]$$

1-13 (1)

$$x(k+1)=\begin{bmatrix}-1&0\\0&-2\end{bmatrix}x(k)+\begin{bmatrix}1\\1\end{bmatrix}u(k)$$

$$y(k)=[-1\quad 3]\,x(k)$$

(2)

$$x(k+1)=\begin{bmatrix}1&0\\0&-2\end{bmatrix}x(k)+\begin{bmatrix}1\\1\end{bmatrix}u(k)$$

$$y(k)=[-1/3\quad 4/3]\,x(k)$$

2-1 (1) $e^{At}=\begin{bmatrix}1&1-e^{-t}\\0&e^{-t}\end{bmatrix}$;

(2) $e^{\boldsymbol{A}t}=\begin{bmatrix}\cos 2t & -\dfrac{1}{2}\sin 2t\\ 2\sin 2t & \cos 2t\end{bmatrix}$；

(3) $e^{\boldsymbol{A}t}=\begin{bmatrix}e^{2t}-2te^{t} & -2e^{2t}+2e^{t}+3te^{t} & e^{2t}-e^{t}-te^{t}\\ 2e^{2t}-2te^{t}-2e^{t} & -4e^{2t}+5e^{t}+3te^{t} & 2e^{2t}-te^{t}-2e^{t}\\ -4e^{2t}-2te^{t}-4e^{t} & -8e^{2t}+8e^{t}+3te^{t} & 4e^{2t}-te^{t}-3e^{t}\end{bmatrix}$；

2-2　(1)、(2) $e^{\boldsymbol{A}t}=\begin{bmatrix}e^{3t}+te^{3t} & te^{3t} & -2te^{3t}\\ te^{3t} & 2e^{t}-e^{3t}+te^{3t} & 2e^{3t}-2e^{t}-2te^{3t}\\ te^{3t} & e^{t}-e^{3t}+te^{3t} & 2e^{3t}-e^{t}-2te^{3t}\end{bmatrix}$

(3)

$$\boldsymbol{x}(t)=\begin{bmatrix}-2te^{3t}\\ 2e^{3t}-2e^{t}-2te^{3t}\\ 2e^{3t}-e^{t}-2te^{3t}\end{bmatrix}$$

2-3

$$e^{\boldsymbol{A}t}=\begin{bmatrix}\dfrac{1}{2}e^{-2t^2-t}+\dfrac{1}{2}e^{-2t^2+t} & -\dfrac{1}{2}e^{-2t^2-t}+\dfrac{1}{2}e^{-2t^2+t}\\ -\dfrac{1}{2}e^{-2t^2-t}+\dfrac{1}{2}e^{-2t^2+t} & \dfrac{1}{2}e^{-2t^2-t}+\dfrac{1}{2}e^{-2t^2+t}\end{bmatrix}$$

2-4　(1)

$$\boldsymbol{x}(t)=\begin{bmatrix}2e^{-t}-e^{-2t}\\ 2e^{-2t}-2e^{-t}\end{bmatrix}$$

(2)

$$\boldsymbol{x}(t)=\begin{bmatrix}\dfrac{1}{2}+e^{-t}-\dfrac{1}{2}e^{-2t}\\ e^{-2t}-e^{-t}\end{bmatrix}$$

(3)

$$\boldsymbol{x}(t)=\begin{bmatrix}\dfrac{1}{2}t-\dfrac{5}{4}e^{-2t}+3e^{-t}-\dfrac{3}{4}\\ \dfrac{5}{2}e^{-2t}-3e^{-t}+\dfrac{1}{2}\end{bmatrix}$$

2-5　(1)

$$e^{\boldsymbol{A}t}=\begin{bmatrix}\dfrac{5}{4}e^{-t}-\dfrac{1}{4}e^{-5t} & \dfrac{1}{4}e^{-t}-\dfrac{1}{4}e^{-5t}\\ \dfrac{5}{4}e^{-5t}-\dfrac{5}{4}e^{-t} & \dfrac{5}{4}e^{-5t}-\dfrac{1}{4}e^{-t}\end{bmatrix}$$

(2)

$$y=-\frac{8}{5}t-4e^{-t}+\frac{117}{25}e^{-5t}+\frac{58}{25}$$

2-6

$$\boldsymbol{x}(t)=\begin{bmatrix}-1+\dfrac{1}{2t}-\dfrac{1}{2t}e^{-2t^2}\\ e^{-2t^2}\end{bmatrix}$$

2-7　(1) 略。

(2) $e^{\boldsymbol{A}t}=\begin{bmatrix}\dfrac{1}{3}(e^{-2t}-2e^{-t}) & -\dfrac{2}{3}(e^{-2t}+e^{-t})\\ \dfrac{1}{3}(e^{-t}-e^{-2t}) & \dfrac{1}{3}(e^{-t}+2e^{-2t})\end{bmatrix}$

3-1　(1) 不完全能控；(2) 完全能控；(3) 不完全能控。

3-2　(1) 完全能观；(2) 不完全能观；(3) 不完全能观。

3-3　$-2b^2+ab-1\neq 0$

3-4　$b\neq a+1$

3-5　(1) $\begin{bmatrix}-1 & 1 & 0\\ 0 & -1 & 0\\ 0 & 0 & 2\end{bmatrix}$　$\boldsymbol{p}=\begin{bmatrix}1 & 0 & 1\\ -1 & 1 & 2\\ 1 & -2 & 4\end{bmatrix}$

(2) $\begin{bmatrix}2 & 1 & 0\\ 0 & 2 & 0\\ 0 & 0 & 1\end{bmatrix}$　$\boldsymbol{p}=\begin{bmatrix}1 & 1 & 0\\ 0 & -1 & 1\\ 1 & 1 & 1\end{bmatrix}$

(3) $\begin{bmatrix}-1 & 0 & 0\\ 0 & -2 & 0\\ 0 & 0 & -3\end{bmatrix}$　$\boldsymbol{p}=\begin{bmatrix}1 & 1 & 1\\ -1 & -2 & -3\\ 1 & 4 & 9\end{bmatrix}$

3-6　(1) $\dot{\boldsymbol{z}}=\begin{bmatrix}0 & 0 & -5\\ 1 & 0 & -6\\ 0 & 1 & -5\end{bmatrix}\boldsymbol{z}+\begin{bmatrix}1\\ 0\\ 0\end{bmatrix}v$，$\boldsymbol{w}=\begin{bmatrix}0 & 0 & 1\end{bmatrix}\boldsymbol{z}$

(2) $\boldsymbol{G}(s)=\dfrac{1}{s^3+5s^2+6s+5}$

3-7　(1) $\dot{\boldsymbol{x}}=\begin{bmatrix}-1 & 2 & 1\\ 0 & 0 & 1\\ 0 & -3 & 4\end{bmatrix}\boldsymbol{x}+\begin{bmatrix}0\\ 0\\ 1\end{bmatrix}u$，$y=\begin{bmatrix}1 & 0 & 0\end{bmatrix}x$

$$\boldsymbol{G}(s)=\frac{s+2}{s^3-3s^2-s+3}$$

(2) 完全能控、完全能观；

(3) $\dot{\boldsymbol{x}}=\begin{bmatrix}0 & 1 & 0\\ -3 & 4 & 0\\ 0 & 0 & -1\end{bmatrix}x+\begin{bmatrix}0\\ 1\\ 1\end{bmatrix}u$，$\boldsymbol{y}=\begin{bmatrix}2 & 1 & 1\end{bmatrix}x$

$$\boldsymbol{G}(s)=\frac{2s^2-s+5}{s^3-3s^2-s+3}$$

(4) 完全能控、完全能观。

3-8　$\dot{\tilde{\boldsymbol{x}}}=\begin{bmatrix}0 & 2\\ -2 & -3\end{bmatrix}\tilde{\boldsymbol{x}}+\begin{bmatrix}0\\ 1\end{bmatrix}u$

3-9　$\dot{\tilde{\boldsymbol{x}}}=\begin{bmatrix}0 & -8\\ 1 & -6\end{bmatrix}\tilde{\boldsymbol{x}}$，$y=\begin{bmatrix}0 & 1\end{bmatrix}\tilde{\boldsymbol{x}}$

3-10　(1)　$\dot{\tilde{\boldsymbol{x}}}_1=\begin{bmatrix}0 & -1\\ 1 & 2\end{bmatrix}\tilde{\boldsymbol{x}}_1+\begin{bmatrix}1\\ 0\end{bmatrix}u$，$y=\begin{bmatrix}-1 & -3\end{bmatrix}\tilde{\boldsymbol{x}}_1$

(2)　$\dot{\tilde{\boldsymbol{x}}}_1=\begin{bmatrix}0 & 1\\ -1 & 2\end{bmatrix}\tilde{\boldsymbol{x}}_1+\begin{bmatrix}-1\\ -3\end{bmatrix}u$，$y=\begin{bmatrix}1 & 0\end{bmatrix}u$

3-11　略

4-1　(1) 正定；

(2) 负定；

(3) 不定。

4-2 $\dot{V}(x)=2a_{11}x_1^2+2(a_{12}+a_{21})x_1x_2+2a_{22}x_2^2<0$

4-3 (1) 稳定；(2) 稳定；(3) 稳定；(4) 当$|x_1|<|x_2|$时，是稳定的。

4-4 (1) 平衡点：$x_{e1}=\begin{bmatrix}0\\0\end{bmatrix}$，$x_{e2}=\begin{bmatrix}-\frac{r}{\delta}\\-\frac{\alpha}{\beta}\end{bmatrix}$；

(2) 在x_{e1}处，只有当α，γ都小于0时才稳定；

在x_{e2}处，它是不稳定的。

4-5 大范围渐进稳定。

4-7 $x_2=0$是平衡点；当$x_1<-\frac{\gamma}{\delta}$时，稳定。

4-8 渐近稳定。

4-9 稳定。

4-11 不稳定。

4-13 $a<-1$，$b<0$时，使原点为大范围渐近稳定的。

4-14 当$0\leqslant x_1^2+x_2^2\leqslant 1$时，是稳定的。

4-15 当$x_1x_2<\frac{1}{2}$时，系统在原点平衡点$x_s=0$是渐近稳定的。

5-1 $\boldsymbol{F}=[15\quad -7]$

$$\dot{\hat{x}}=\begin{bmatrix}1&1\\0&1\end{bmatrix}\hat{x}+\begin{bmatrix}1\\1\end{bmatrix}[15\quad -7]\hat{x}+\begin{bmatrix}1\\1\end{bmatrix}=\begin{bmatrix}-14&8\\-15&8\end{bmatrix}\hat{x}+\begin{bmatrix}1\\1\end{bmatrix}r,\ y=[1\quad 0]\hat{x}$$

5-2 (1) 能；

(2) $\boldsymbol{F}=[8,\ 2.2,\ 3.1]$

$$\begin{aligned}\dot{\hat{\boldsymbol{x}}}&=\begin{bmatrix}0&1&0\\0&-1&1\\0&-1&10\end{bmatrix}\hat{\boldsymbol{x}}-\begin{bmatrix}0\\0\\10\end{bmatrix}[8\quad 2.2\quad 3.1]\hat{\boldsymbol{x}}+\begin{bmatrix}0\\0\\10\end{bmatrix}r\\&=\begin{bmatrix}0&1&0\\0&-1&1\\-80&-23&-21\end{bmatrix}\hat{\boldsymbol{x}}+\begin{bmatrix}0\\0\\10\end{bmatrix}r\\Y&=[1\quad 0\quad 0]\hat{\boldsymbol{x}}\end{aligned}$$

5-3 (1) $\dot{\boldsymbol{x}}=\begin{bmatrix}0&1&0\\0&0&1\\0&-3&-4\end{bmatrix}\boldsymbol{x}+\begin{bmatrix}0\\0\\1\end{bmatrix}u$，$y=[20\quad 0\quad 0]\boldsymbol{x}$

(2) 能；

(3) $\boldsymbol{F}=[120\quad 65\quad 15]$

5-4 $\boldsymbol{F}=[56\quad 18\quad 1]$

5-5 (1) 能；

(2) 不能。

5-6　不能。

5-7　(1) 能；

(2) $\dot{\hat{x}}=\begin{bmatrix}-3 & 2\\-2 & 1\end{bmatrix}\hat{x}+\begin{bmatrix}1\\1\end{bmatrix}u+\begin{bmatrix}2\\1\end{bmatrix}y$

5-8　$\dot{\hat{x}}=\begin{bmatrix}-6 & 1\\-8 & 0\end{bmatrix}\hat{x}+\begin{bmatrix}0\\1\end{bmatrix}u+\begin{bmatrix}6\\8\end{bmatrix}y$

5-9　(1) 能；

(2) $\dot{\hat{x}}=\begin{bmatrix}-13 & -14 & -2\\5 & 4 & 1\\5 & 4 & -1\end{bmatrix}\hat{x}+\begin{bmatrix}2\\0\\1\end{bmatrix}u+\begin{bmatrix}12\\-5\\-4\end{bmatrix}y$

5-11　(1) 可以。

5-12　(1) F＝［2，4，4］

5-13　(2) $\dfrac{2s+10}{s^2+5s+6}$

(3) 能控、能观；

(4) $\mathbf{e}^{At}=\begin{bmatrix}-2e^{-2t}+3e^{-3t} & -e^{-2t}-e^{-3t}\\6e^{-2t}-6e^{-3t} & 3e^{-2t}-2e^{-3t}\end{bmatrix}$

(5) $y=9e^{-2t}-6e^{-3t}$

(6) $\dot{\hat{x}}=\begin{bmatrix}-5 & 20.8333\\6 & -15\end{bmatrix}\hat{x}+\begin{bmatrix}0\\2\end{bmatrix}u+\begin{bmatrix}19.8333\\15\end{bmatrix}y$

(7) $\boldsymbol{F}=[2.4,\ -5]$

参 考 文 献

[1] 刘豹，唐万生. 现代控制理论. 3 版. 北京：机械工业出版社，2011.
[2] 胡寿松. 自动控制原理. 6 版. 北京：科学出版社，2013.
[3] 谢克明. 现代控制理论基础. 北京：北京工业大学出版社，2005.
[4] 王立国. 现代控制理论基础. 北京：机械工业出版社，2012.
[5] 王孝武. 现代控制理论基础. 北京：机械工业出版社，2006.
[6] 汪纪峰. 现代控制理论. 北京：人民邮电出版社，2013.
[7] 齐晓慧. 现代控制理论及应用. 北京：国防工业出版社，2007.
[8] Katsuhiko Ogata. 现代控制工程. 北京：电子工业出版社 2000.
[9] 于长官. 现代控制理论及应用. 哈尔滨：哈尔滨工业大学出版社 2005.
[10] 李斌. 现代控制理论. 重庆：重庆大学出版社，2003.
[11] 薛定宇. 反馈控制系统设计与分析——MATLAB 语言应用. 北京：清华大学出版社，2000.
[12] 飞思科技产品研发中心. MATLAB7 辅助控制系统设计与仿真. 北京：电子工业出版社，2005.